제철공학

김완규, 김공영, 김민정, 김종찬, 배대성
손일만, 이병찬, 이상기, 오진주, 조수연 공저

NODE MEDIA
노드미디어

머/리/말

우리나라의 철강 산업은 60년대에는 연간 총 생산량이 16만 톤 정도였는데 2017년 말 총 8,000만 톤의 생산량으로 몇 백 배 생산량이 증가하였다. 철강생산은 그 만큼 그 나라 산업발전에 기반이 되는 매우 중요한 산업이다. 철강은 자동차, 비행기, 조선, 전기, 전자, 통신, 가전제품, 기계, 건설 산업 등에 필수적인 소재로써 여러 단계의 공정으로 다양한 생산품을 제조하고 있다. 글로벌 시대 철강 산업은 최상의 기술과 정보를 공유하면서 국가산업의 핵심 산업으로 이어 왔으며 향후 더 빠른 속도로 발전 활용될 것이다.

따라서 철강을 생산하는 제철분야의 깊이 있는 전문 기술지식의 향상을 높여야 한다는 공감대가 형성되고 있으며 국내는 물론 세계화로 뻗어가는 제철분야의 고용 창출 증가와 산학 협력 구성체계의 인프라가 급속히 확산 되고 있다. 이에 따라 마이스터 고교, 대학 등 교육기관의 관련 교과목 신설과 기업의 직업훈련생 양성 및 국가기술자격 취득자에 대한 필수적 선호는 기술 보국의 선진국 진출과 평생 직업 선택의 비전을 밝게 해주는 희망의 메시지라고 할 수 있다.

본 교재 내용은 주로 산업 현장과 연계될 수 있도록 구성하는데, 역점을 두었고 제 Ⅰ편 [제선]은 제선원료와 예비처리, 고로 설비, 제선 반응의 이론, 열풍로와 고로에 대한 조업 공정과, 제 Ⅱ편 [제강]은 전로에 의한 용탕의 탈산과 탈 가스 등을 처리하여 탄소강을 제조하고, 전기로에 의한 산화·환원 정련, 조괴와 노외 정련 기술, 연속주조 등의 조업 공정과, 제 Ⅲ편 [압연]에서는 열간압연, 냉간압연의 각 세부 공정 등을 다루었으며, 일관제철의 각 공정은 산업현장과 직접 연계될 수 있는 실무 위주로 편성하였다.

이 교재가 제선, 제강, 압연의 기술을 배우는 학생들이나 기술인들에게 조금이라도 도움이 되기를 바라며 특히 철강인 들이 사랑하는 좋은 책이 되기를 희망하고 무궁한 발전을 기원한다.

CONTENTS 제철공학

PART I. 제선

CONTENTS 제철공학

PART Ⅱ. 제강

CONTENTS 제철공학

CONTENTS 제철공학

제 선

01 ≫ 서 론

제1절 철강 산업의 역사

1. 세계 철강 기술의 발달

고로(용광로)

산업용 재료로서의 철과 강은 화학원소로서 표시되는 순수한 Fe이 아닌 주성분 Fe에 다양한 종류의 원소가 포함되어 있는 합금이다. 역사적으로는 서아시아 지방에서 고고학적 증거에 의하면 기원전 6,000년 전에 인류는 금속(金屬)을 알고 있었다고 한다. 기원전 3,500년 전 메소포타미아 지방을 중심으로 청동기 문화가 발달 되었으며, 기원전 1,500년 전에 철기 문화가 시작되었다.

기원전 1,300년 전 흑해의 남부 지방인 나톨리아 지역을 중심으로 철을 녹여 야금(冶金, 합금)하는 기술이 존재하였으며, 그 이후 1,200년경부터는 중앙아시아와 중국 등에 기술전파 및 보급이 이루어져 실제적으로는 철강의 역사는 약 500년 전부터 라고 할 수 있다.

고대 사람들이 철을 제조하는 방법에는 그림 1-1의 (a), (b), (c) 및 (d)에서 보는 바와 같이 돌로 축조한 내부에 점토를 칠한 토갱로에 목탄과 철광석을 넣고 자연통풍이나 풀무로 바람을 불어넣어 철광석을 환원(還元)하여 해면철(海綿鐵)을 얻게 된다. 이것을 망치로 두들겨 단련시키면 그곳에 함유된 다량의 탄소와 같은 불순물이 제거되고 적당한 모양과 크기로 가공하여 단검이나 창, 도끼, 낫 등과 같은 도구를 만들어 사용하였다. 이러한 철을 연철(練鐵)이라 한다.

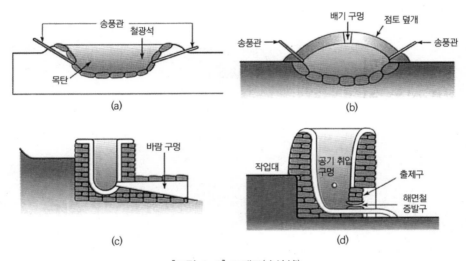

[그림 1-1] 토갱로(土坑爐)

14세기경 독일에서는 노의 높이가 높은 견형로(堅形爐)가 발달하였고, 또한 송풍에 수력을 이용하여 송풍량이 증가되고 그 결과로 로의 온도가 높아져 환원된 철(Fe)이 용융상태로 되면서 선철을 얻을 수 있게 되었다. 이 견형로가 오늘날과 같은 대형 용광로의 시초가 되어 수세기에 걸쳐 발전하게 되었다. 그 당시의 제철업은 철광석과 목탄 조달이 쉬운 산림과 동력을 얻을 수 있는 하천이 있는 곳에서 발달하였다.

철의 수요가 증가하면서 목탄이 부족하여 석탄을 사용하였으나, 석탄 내에 함유되어 이 있는 황이 철에 흡수되어 좋은 제품을 얻을 수 없었다. 18세기 초에 영국의 다비(Darby, A.)가 석탄에서 황의 성분이 적은 코크스(Coke)를 제조하여 제철에 이용하는데 성공함으로써, 이때부터 철은 대량생산의 기초를 이루게 되었으며, 석탄이 풍부한 영국에서 제철업이 발달하게 되었다.

또한 18세기 중엽에는 와트(Watt)가 증기기관을 발명하여, 수력송풍 대신에 증기 동력 송풍기를 사용함으로써 용광로의 높이가 더욱 높아지고, 노안의 온도는 상승하여 선철의 생산량이 증가하게 되었다. 특히, 1828년에는 닐슨(Neilson)이 공기를 예열하여 송풍하는 것을 시작으로, 포레(Faure)가 용광로의 폐가스를 연료로 이용하여 송풍, 가열 및 증기기관 등에 사용함으로써 제철업의 경제성이 높아지게 되었다. 1857년에 쿠퍼(Cowper)가 벽돌을 쌓아 축열로를 만들고 가열 송풍방법을 특허 출원하였는데, 쿠퍼식 열풍로는 현재도 제철소에서 사용하고 있다.

그 후, 노의 형식과 원료의 예비처리 등이 여러 가지로 발전하여 18세기 초에 30톤이던 용광로의 1일 생산능력이 현재 3,000~5,000톤이 보통이고, 10,000톤을 생산하는 용광로도 있다.

18세기 초까지의 철은 해면철 또는 반용융 상태에서 얻는 연철이었으며, 1740년에 영국의 헌즈먼(Huntsman)이 도가니 제강법을 개발하여 고급 강을 제조하였다.

그 후, 코트(Cort)가 반사로에 선철을 넣고 산화정련하면서 교반하여 대량의 연철을 얻는 교련법(攪鍊法)을 개발하였고, 1856년에는 베세머(Bessemer)가 연료를 필요로 하지 않는 제강법인 용선에 공기를 취입하고 단시간에 강을 얻는 베세머 제강법을 개발함으로써 일약 철강의 시대가 열리게 되었다.

또한 토머스(Thomas)는 인(P)이 대량 함유된 철광석에 적용할 수 있는 토머스 제강법을 개발하여 대량생산에는 획기적인 공헌을 하였으나 강중에는 해로운 인(P), 산소(O2), 질소(N2) 등이 함유되어 있어 저급강 수준을 벗어나지 못하였다.

1865년 시맨스(Siemens) 형제와 프랑스의 마르탱(Martin) 형제가 일종의 축열식 반사로법인 평로 제강법을 개발하여, 사용 원료의 범위가 넓어지고 생산성과 강의 재질이 향상되었다. 그리하여 평로 제강법은 세계 제2차 대전 이후까지 세계적인 제강법으로 이용되었다. 그러나 현재는 새로운 공법이 발달함에 따라 활용은 잘 안 되고 있다.

한편, 전기로를 제강에 이용한 것은 1800년에 데이비(Davy)가 발견한 탄소 아크의 원리를 1878년 지맨스가 전기 제강에 적용함으로써 시작되었으나, 산업적인 전기 제강은 1899년 프랑스의 에루(Heroult)에 의해서 완성되었다. 같은 해 스웨덴의 킬엘린(Kjelin)이 유도전기로의 산업화에 성공하여 이 두 가지의 전기로 제강법이 도가니 및 평로 제강법을 대신해 고급 탄소강과 합금강의 주요 생산법이 되었다.

이와 같은 전기로 제강법은 고급강의 생산으로는 적합하나 대량생산에는 적합하지 못하므로 요즘에는 고전력(HP) 및 초고전력(UHP)조업으로 일반 구조용 강의 대량생산에 기여하고 있다.

1949년, 오스트리아의 린츠(Linz)와 도나비츠(Donawitz) 공장의 공동 연구가 이루어져 린츠 공장에서 2톤 로의 최초 순산소 상취 전로법(LD)이 개발되어, 질이 좋은 강을 값싸게 대량 생산함으로써 종래의 전로법, 평로법 대신에 현재의 제강법으로는 고로-LD법과 전기로 제강법이 주종을 이루고 있다.

2. 우리나라 철강기술의 발달

우리나라의 초기 철기 시대에 대해서는 학자들 사이에 의견이 일치하지 않으나, 중국계 이주민들이 위만 조선에 철기 문화를 유입했다는 사실을 감안한다면, 우리나라의 철기 문화는 기원전 5세기경부터 시작되었을 것으로 생각된다.

당시의 제철법은, 철광석을 목탄으로 저온 환원하여 얻은 해면철과 반 용융철을 단련시켜 불순물을 제거하여 연철을 얻는 제철법이었다.

이러한 기술이 점차 한강 유역과 낙동강 유역으로 전파되어 철광석과 목탄이 풍부한 지역에서 발달하게 되었고, 생활용구 · 창 · 화살촉 · 칼 등의 무기를 만들어 사용하였다. 일본 사료(史料)에 의하면 3세기경에 백제로부터 단련된 철로 칼을 만드는 기술을 전수받았고, 신라 시대에는 철을 일본으로 수출하였다는 기록이 있다.

우리나라에 처음으로 현대식 제철소가 건설된 것은 1918년 일본이 황해도 겸이포에 연 5만 톤 규모의 선강 일관 공장을 설립하면서부터이며, 점차 생산 규모도 연 30만 톤으로 확장되어 고로, 평로, 압연 등의 설비를 갖추게 되었다.

그 후, 1937년에 성진에 특수강과 합금철을 생산할 목적으로 일본 고주파 중공업 주식회사가 건설되었고, 1942년에는 일본 제철 주식회사가 청진에 회전 원통로에 의해 입철을 생산할 목적으로 제철소를 건설하였다. 1941년, 조선 연금속 주식회사가 인천에 입철을 생산하기 위해서 인천 공장을 건설하였고, 1943년에는 시천(是川) 제철 주식회사가 소형 고로 8기를 삼척(현 동해시)에 건설하였다.

이와 같이, 일본의 기술에 의한 우리나라 철 생산은 1944년에 연 55만 톤에 달하다가 8 · 15 광복 후의 남북 분단과 6 · 25전쟁으로 인하여 우리나라 철강 산업은 많은 수난과 막대한 피해를 입었다.

우리나라 철강 산업의 발달과정을 살펴보면 표 1-1과 같다.

[표 1-1] 철강산업의 발달 과정

연도	내용	연도	내용
1918	삼척 겸이포 제철소 준공	1975	포항종합제철(주) 열연 공장 1차 확장 공사 준공 (120만 톤)
1941	조선이연금속(주) 인천 공장(현 인천제철(주)) 건설(이연식 회전로 조업 개시)	1976	포철2기 설비 확장 공사 준공(260만 톤 완성)
1943	일본시천제철(주) 삼척에 20톤 용광로 9기 건설(현 동국제강(주)의 삼척 공장)	1978	포철3기 설비 종합 준공(조강 연산 550만 톤)
1948	대한중공업공사(현 인천제철(주)) 발족	1981	포철4기 설비 종합 준공(조강 연산 850만 톤), 광양제철소의 입지 확정(전남 광양)
1954	삼화제철소 가동 개시 동국제강(주) 설립 (철근, 선재 생산)	1983	포철4기 2차 확장 공사 준공 (연간 조강 생산 910만 톤)
1956	대한중공업공사 50톤급 평로 제강 공업 준공(제강 능력 12만 톤)	1987	광양 1기 설비 종합 준공
1968	포항종합제철(주) 설립	1992	광양 4기 설비 종합 준공 (연간 조강 생산 2100만 톤)
1973	포항종합제철(주) 조강 생산 103만 톤의 제1기 설비 준공	1995	한보철강 연 300만 톤 규모의 1단계 공사 완료 (박슬래브 공법으로 열연 강판 생산)

1953년, 휴전으로 철강 산업도 점차 복구되고, 삼척의 삼화 제철 3기가 보수되어 선철을 생산하였으나 1969년부터 생산이 중단되었다. 한편, 1965년에는 동국 제강이 부산에 소형 고로(연 30,000톤)를 조업하였으나, 채산성이 맞지 않아 7년 뒤에 가동을 중단하였다.

제강 부분에서는 대한 중공업이 인천에 50톤급의 평로 1기를 건설하여 1957년부터 조업을 시작하였으나, 그 후 인천 제철로 개칭되고, 1969년에 연 16만 톤의 철강을 생산하였으나, 현재는 평로의 조업이 중단된 상태로 있다.

전기로는 1963년에 처음으로 부산 제철에 12톤급 1기가 설치되었고, 그 후 동국 제강(주), 한국제강(주), 극동철강(주) 등이 가동하여 1971년에 17개 공장에서 연 91만 톤의 강을 생산하였다.

1, 2차 경제 개발 계획의 추진으로 철강재의 수요가 급증한 반면에, 생산 시설은 영세성을 면하지 못하였고 시설 간의 불균형이 심각한 문제로 대두되었다. 정부는 선강 일관 제철소의 건설을 목적으로 1970년에 포항종합제철 건설을 시작하여, 1973년 7월에 조강 연 103만 톤 규모의 시설을 갖춘 1기 공사가 완료됨에 따라 획기적인 철 생산의 전환기를 맞이하게 되었다. 이어서 2, 3기 공사를 거쳐 4기 공사가 1981년에 완공되어 연 950만 톤의 거대한 제철소로 부상하였다.

한편, 1985년 광양 제철소에 연 270만 톤 규모의 1기 공사를 착수하여 1987년에 준공하였고, 그 후 2, 3, 4기가 준공되고 전기로 업체의 설비 확대 등으로 포항종합제철(주)은 세계 5위의 공장으로 부상하였다. 우리나라는 2012년도에는 연 70,000천만 톤의 조강을 생산함으로써 표 1-2에 나타난 것과 같이 세계 3대 철강 국으로 발돋움하게 되었다.

[표 1-2] 우리나라 최근 조강 생산능력

(단위 천 톤)

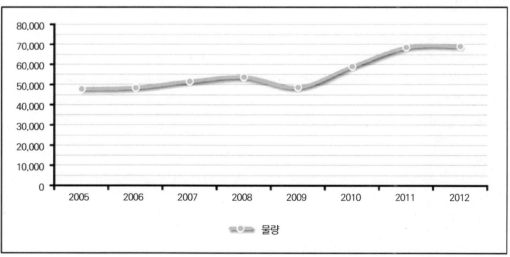

* 자료, 한국철강협회

가. 태동기(1960년~1972년)

이 시기는 60년대 초부터 시작된 경제개발계획의 본격화 및 급속한 경제성장으로 철강수요가 크게 증가하면서 기존설비의 확충이 이루어지고 국가 기간산업으로서의 면모를 갖추어 나간 시기이나 일관제철소 없이 전기로를 중심으로 운용되던 관계로 본격적인 철강 산업의 성장은 이후에 이루어졌다고 볼 수 있다.

나. 도약기(1973년~1982년)

이 시기에는 국내 최초의 일관제철소가 포항에 1기부터 4기까지 완성되어 설비 및 공급 측면에서의 불균형이 해소되기 시작했으며, 성장 및 수출주도산업으로서의 위치가 확고해진 시기이다. 저급강 위주의 생산기술을 선진 철강사로부터 도입하여 소화하는 시기였다.

다. 확대 성장기(1983년 이후)

광양 1~5기의 완공으로 조강생산능력의 괄목할 만한 증가가 이루어진 시기이며 선진국 수준의 국제경쟁력을 갖추게 되었다. 전기로 제강업 부문의 설비도 대규모 주택 건설 및 사회간접자본의 확충 등에 따른 수요증가에 힘입어 생산능력 확대와 신예설비로의 개체가 이루어진 시기로서 성숙단계에 진입하였다고 할 수 있다. 한편 국내 철강 산업의 기술발전의 초기단계는 저급강 위주의 생산기술을 선진 철강사로부터 도입하여 소화하였고, 80년대 이후 철강 산업이 급속히 성장을 하게 되자 선진철강 국들의 신기술 이전 기피로 기술개량 및 자력기술개발을 위해 연구소를 설립하는 등 기술개발에 총력을 기울였으며, 최신예 일관제철 공정이 완전 가동되고 특수강 및 전기로 제강 업체들의 능력이 급신장하여 고부가가치 생산제품공급이 확대되고 생산성의 획기적 향상으로 대외 품질경쟁력을 갖추는 때라고 볼 수 있다. 이와 같이 국내 철강 산업이 단기간 내에 세계적인 경쟁력을 갖추게 된 배경에는 여러 가지 요인들이 복합적으로 작용하였지만 보다 중요한 것은 세계 철강 산업의 구조변화에 발맞추어 대량·고속의 생산체제를 신속하게 구축하고 관련 기술의 시기적절한 도입 및 자체개발을 통하여 우수한 국제경쟁력을 바탕으로 수출시장 확보에 성공한 것을 들 수 있다.

제2절 산업용 철강

1. 산업용 철강의 분류

철강은 각종 기계, 선박, 자동차, 건설 등 기타 산업에 사용되는 재료로, 전 산업 소재를 공급하는 기반 산업 분야에 속하며, 국민경제에 큰 영향을 미친다.

산업용 재료로서의 철과 강은 화학원소로서 표시되는 순수한 Fe이 아닌 Fe를 주성분으로 하여 어떤 종류의 원소가 포함되어 있는 합금을 의미한다.

산업용 철강의 합금 원소로 여러 종류의 금속 및 비금속원소가 있으며, 이들을 산업용 철강의 보통원소와 합금원소(또는 특수원소)로 구분하고 있다.

가. 보통원소

보통원소(Common Element)란 C, Si, Mn, P, S 등을 말하며 일반적으로 제철원료, 보통의 제철방법으로부터 연유되어 불가피하게 철 또는 강에 어느 농도만큼 함유되어 있는 원소들이다. 이중에서 C와 Mn은 철강의 성질상 꼭 필요한 원소로 없어서는 안 된다. 가장 널리 사용되는 철 또는 강에 함유되어 있는 이들 원소의 함유량은 보통 표 1-3과 같다.

[표 1-3] 철강의 보통원소

원소	선철(주철)	강
C	2.0% 이상	0.08~1.2%
Si	0.2~2.0%	0.01~0.3%
Mn	0.2~2.5%	0.3~0.8%
P	0.02~0.5%	0.01~0.05%
S	0.01~0.5%	0.01~0.05%

나. 합금원소

합금 원소(Alloying Element)란 철과 강에 특수한 성질을 부여하기 위하여 첨가하는 원소로서 특수원소(Special Element)라고도 한다.

Cr, Ni, W, Mo 등과 같은 보통 원소 이외의 원소와 원래 보통 원소에 속하는 것이라 해도 보통 원소로서의 농도범위를 넘거나 특수한 성질을 부여하기 위해 첨가하였을 경우, 합금 원소로 보아야 한다.(예: 규소강판의 Si, 내마모 주강의 Mn과 같은 것)

합금 원소를 함유하는 강을 합금강(Alloy Steel)이라하며, 합금 원소를 첨가하지 않은 강은 **탄소강**(Plain Carbon Steel)또는 **보통강**(Common Steel)이라 한다. **특수강**(Special Steel)은 합금강과 같은 뜻으로 쓰이는 경우가 있다. 또한 특수강의 정의를 독일에서는 탄소강으로서 보통 원소를 매우 좁은 농도범위로 한정시킨 강을 특수강에 포함시키고 있으며, 일본에서는 표면경화강을 특수강에 포함시키고 있다.

다. 산업용 철강의 분류와 호칭

산업용 철강의 분류법으로는 표 1-4 산업용 철강의 분류에서 Fe-C 상태도에 준하여 그 원소의 농도에 따라 다음과 같이 분류한다.(표 1-4 참조)

[표 1-4] 산업용 철강의 분류

철 강	구 분	C량	비고
	순철	0.025% 이하	
	강	0.025%~2.0%	
	주철(선철)	2.0% 이상	

1) 순 철

순수한 순철은 실제로 얻기 어렵고 산업적으로도 널리 이용되지 않는다. 산업적으로 제조되고 있는 순철(Pure Iron)은 전해철, 암코철(Armco)철, 연철 등이 있다. 이들은 철 함유량이 약 99.99% 이상으로 회백색 금속광택을 나타내고 있으며, 비중은 7.86, 용융점은 1,539℃로 아주 연하다.

전해철로 만든 분말순철은 환원제로 화학 산업에 이용하고, 전기적 특성을 이용하여, 전기동 등의 부품이나 고급특수강의 제조 원료로 이용한다. 암코철은 미국의 암코회사에서 만든 일종의 평로강으로 탄소함유량이 극히 적어 박판을 만드는데 이용하거나, 그 밖의 특수한 용도로 이용하고 있다. 표 1-5는 순철의 종류와 성분이다.

[표 1-5] 순철의 종류와 성분

종류＼성분	C	Si	Mn	P	S	Cu	O	H
전해철	0.008	0.007	0.002	0.006	0.003	–	–	0.080
카르보닐철	0.020	0.010	–	–	0.004	–	–	–
암코철	0.015	0.010	0.020	0.010	0.020	–	0.150	–
연철	0.020	0.130	0.100	0.240	0.002	0.060	–	–
해면철	0.030	0.005	0.005	0.002	0.037	–	–	–
실험실 순철	0.001	0.003	–	0.0005	0.0026	–	0.0004	–

2) 강

일반적으로 강은 탄소강과 합금강으로 분류한다. 탄소강은 탄소함유량이 0.025%~2.0% 정도의 함유된 강을 말하며, 합금강은 합금원소인 Ni, Cr, Mo, W, V 등을 함유한 것으로서 특수강이라고도 한다. 합금성분의 첨가량이 많은 것을 고합금강, 적은 것을 저합금강이라고 한다. 표 1-6은 강의 탄소함유량의 따른 분류이다.

[표 1-6] 탄소함유량에 따른 탄소강의 분류

종류	탄소량 (%)	용도
극연강	0.15 이하	철사, 못, 리벳
연 강	0.15~0.28	철근, 강관, 볼트, 조선 및 일반 구조용재
반경강	0.29~0.35	경형강류, 차축
경 강	0.36~0.50	공구류, 탄환류, 형강류
최경강	0.51~0.70	스프링, 피아노선류, 공구류
탄소 공구강	0.60~1.50	각종 목공구, 석공구, 절삭 공구, 게이지
표면 경화강	0.08~0.20	표면 경화강, 기어, 캠, 축류

3) 주 철

주철은 금속 조직학 상으로 탄소함유량이 2.0~6.67%인 합금철을 말한다. 또는 선철 이라고도 하는데 보통 탄소 함유량 2.0~4.5% 정도 함유되어 있다. 주철의 제조는 용광로(고로: Blast Furnace)에서 얻은 선철과 강스크랩 등을 고주파 유도로 등에서 용해하여 목표치 성분에 알맞게 제조한다. 주철은 파면의 색깔에 따라, 열원에 따라, 용도에 따라 분류한다. 주철의 종류에는 보통주철, 고급주철, 합금주철, 가단주철, 구상흑연 주철 등이 있다. 표 1-7은 보통주철의 성분이다.

[표 1-7] 보통주철의 성분

(단위 %)

C	Si	Mn	P	S
3.0~3.6	1.0~2.0	0.4~1.0	0.3~1.0	0.06~0.1

제3절 ▌ 철강의 제조 공정

1. 철강의 제조 공정

철강을 제조하기 위한 방법은 철광석을 용광로(고로)에서 환원 및 용해한 철을 용선이라 하는데 이 용선은 탄소량 함유량이 많아 강으로 사용할 수 없어 제강로에서 탈탄처리와 불순물을 제거하여 탄소함유량이 적은 강으로 제조한다. 이와 같은 방법을 **간접 제철 제강법**이라 한다.

그림 1-2는 현재 널리 사용하는 철강 정련 공정도를 나타낸 것으로서 원료로는 자연계에서 얻어지는 철광석뿐만 아니라, 철강 생산 작업 중에 발생하는 자가설 및 시장에서 수집되는 고철이 이용되고 있다.

2. 철강 일관 공정과 독립 제강 공정

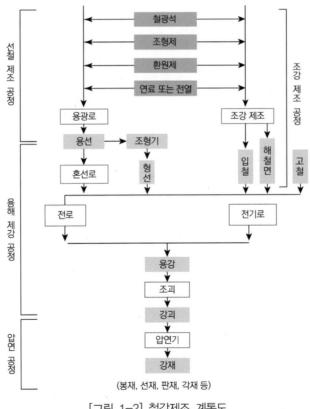

[그림 1-2] 철강제조 계통도

철강 제조법은 용광로(고로: Blast Furnace)에서 철광석을 제련하여 용선을 제조한 후 그 일부를 **주선기**(鑄銑機)에서 응고시켜, 선철로 제조하여 주물용으로 사용하고, 나머지는 용선을 혼선차에 실어서 제강공장으로 운반하거나 레이들로 운반하여 일단 혼선로에 저장한다. 그 다음 전로에 옮겨 정련하여 용강을 제조하고, 조괴법이나 연속주조법에 따라 강괴 및 반제품 등을 제조하고 압연 가공하여 철강제품을 얻는다.

이와 같이, 한 제철공장에서 제선, 제강, 압연 등 3가지 공정을 통해서 철강제품을 생산하는 조업 형태를 일관공정 또는 **일관제철소**라 한다.

이밖에 선철이나 고철을 원료로 하여 철강재를 생산하는 것을 **독립 제강공정**이라 한다. 이 생산법은 제선 설비를 갖추지 않고, 주로 전기로에서 제강을 하며, 연속주조나 강괴를 제조하여 압연 등의 가공을 한다.

특히, 우리나라의 많은 대·중·소 압연공장처럼 압연시설만을 갖추어 다른 제강공장에서 반제품(슬래브, 블룸 빌렛)을 받아 압연을 하는 것을 **단독 압연공정**이라 한다. 그림 1-2, 3은 이들 압연공장의 철강제조공정을 나타낸 것이다. 그림에 나타난 바와 같이 최근에는 조괴작업을 하지 않고 용강을 일정한 형상의 수냉 주형에서 연속 주조하여 반제품을 얻는 방법인 연속주조법이 널리 이용되고 있다.

선강일관공정과 독립 제강공정의 장단점을 요약하면 표 1-8과 같다.

[표 1-8] 선강일관공정과 독립 제강공정의 장, 단점

철강 제조업	장 점	단 점
선강 일관 공정	1. 고로에서 나온 용선을 그대로 사용하므로, 열효율이 높다. 2. 제선, 제강, 압연 시설 등 전체 시설을 합리적으로 배치해서 작업하므로, 생산 능률이 높고 수송비가 절약되어 생산비가 낮게 된다. 3. 고로 가스, 코크스로 가스를 연료 또는 화성 제품 재료에 이용하여 열효율의 향상과 생산비를 낮출 수 있다. 4. 복잡한 제조 공정을 총괄적으로 제어하며 관리할 수 있다.	1. 시설이 대규모로 되어 건설비가 많이 든다. 2. 코크스 제조용 석탄의 값이 비싸다.
독립 제강 공정	1. 강재를 생산하는 데에 전체적으로 소요되는 에너지가 적게 든다. 2. 적은 건설비로 철강을 생산할 수 있다. 3. 다품종 소량의 강재 제조에 적합하여 강질도 우수하다.	1. 전력비가 많이 들어 제조 원가가 비싸다. 2. 주원료인 고철의 가격은 변동이 심하고, 원료 확보에 어려움이 많다.

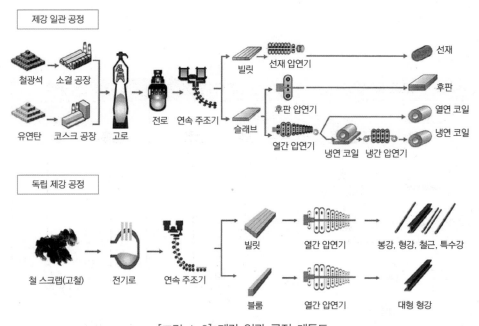

[그림 1-3] 제강 일관 공정 계통도

3. 파이넥스(FINEX) 공법의 철강제조 공정

파이넥스(FINEX) 공정은 분광석(Fine Ore)을 유동로에서 환원한 후, HCI(Hot Compacted Iron) 장비에서 성형철로 뭉친 후, 용광로에서 녹여 용선을 생산하는 공정이다. 일반 분탄 (Non-coking Coal)은 뭉쳐져서 용융로의 원료로 사용되며, 산소와 반응하여 철을 녹이고, 용융로에서 발생한 가스는 다시 유동로에서 환원제로 사용된다. 기존에 높이 100m 이상의 고로 위쪽에서 철광석과 코크스를 넣고 아래로 뜨거운 바람을 불어넣어 쇳물을 녹여내던 고로 공법이나 값이 비싼 원료를 사용해야 하는 코렉스 공법보다도 훨씬 효율적인 제선 공법이다.

좋은 점으로는 코크스 및 소결 공정을 생략하고 값싼 원료의 분광과 일반 분탄을 사용하여 원료조건의 제약이 크게 줄어든다. 유동로에서 작은 분광 입자들이 유동하는 상태에서 환원가스와 쉽게 반응하기 때문에 분광을 직접 사용할 수 있다. 또한 용융로는 유동로에서 환원된 철을 용해하는 설비 기능이 단순하고, 노내 장입물의 하중이 적어 강도가 높은 코크스 대신 점결성이 없는 일반탄을 사용할 수 있다.

고로 법에서는 소결, 코크스 공정에서 SOx, NOx 등과 같은 환경 오염물질이 다량 발생하나, 파이넥스 공정은 소결, 코크스 공정이 생략되고 공기대신 산소를 사용하여 오염물질 발생이 줄어든다. 원료의 조건 제약 완화로 원료비용이 절감되고 공정 단축으로 투자비와 운전비용, 정비비용이 절감되어 원가 경쟁력이 높다. 이처럼 파이넥스 공법은 환경, 원가 측면에서 경쟁력이 높으므로 미래의 경영 환경에서 획기적인 경쟁력을 가질 수 있는 프로세스로 평가 할 수 있다. 그림 1-4는 고로, 코렉스, 파이넥스 공법의 개략적 공정도이다.

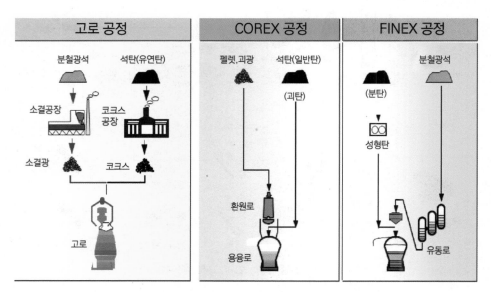

[그림 1-4] 고로 공법과 파이닉스 공법

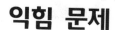

익힘 문제

1. 우리나라 철강기술의 발달과정을 설명하시오.

2. 산업용 철강을 분류하고 설명하시오.

3. 용광로 장입원료 3가지를 들고 설명하시오.

4. 파이넥스 공법과 기존 고로 공법의 비교 설명하시오.

5. 철을 분류하고 그 성분과 성질에 대하여 설명하시오.

Chapter

02 > 제선원료와 그 예비처리

제1절 제선 원료

1. 철광석

철광석이란 철로 제련할 수 있는 함철광물을 말한다. 우리나라에서 사용하는 철광석의 약 85%가 적철광이며, 갈철광 8%, 자철광 7%로 대부분 외국에서 수입해 사용한다.(그림 2-1) 세계의 철광석 총 매장량은 약 1,000억 톤으로 추정된다. 나라별로는 인도가 1위로 210억 톤, 2위가 브라질로 163억 톤, 오스트리아가 3위로 100억 톤 순이다.

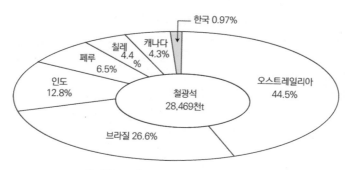

[그림 2-1] 철광석 수입국과 수입량

그림 2-2는 철광석 채취 전경과 수입한 철광석을 부두에서 하역 하는 전경이다.

연속식 하역기(CSU: continuous ship unloader)

[그림 2-2] 철광석 채취의 전경과 하역전경

가. 철광석의 종류

철은 자연금(自然金, Au), 자연구리(自然銅, Cu)와 같이 자연철(自然鐵, Fe)로서 지각 중에 존재하는 경우가 매우 드물며, 오늘날 철광석으로 사용하고 있는 것은 표 2-1과 같다. 그밖에 탄산철($FeCO_3$), 수산화철($Fe_2O_3 \cdot 3H_2O$), 황화철(FeS_2), 규산철($FeSiO_2$) 등의 광물이 있다. 산화광물로는 적철광(Fe_2O_3)과 자철광(Fe_3O_4)있으며, 이들이 용광로 제선의 주원료가 되고 있다. 그림 2-3은 철광석의 종류이고, 표 2-1은 주요 철광석의 종류와 특성이다.

자철광

적철광

갈철광

능철광

[그림 2-3] 철광석의 종류

[표 2-1] 주요 철광석의 종류와 특성

종류	광석명	화학식	Fe(%) 량	결정계	경도 (Mohs)	색	자성
산화철광석	적철광	$Fe_2 \cdot O_3$	70.0	육방정	5.5~6.5	적	약자성
	자철광	Fe_3O_4	72.4	등축정	5.5~6.5	흑	강자성
수산화 철광석	갈철광	$Fe_2O_3 \cdot 3H_2O$	66.3~48.3	비정질사방정	3.6~4.0	황갈	약자성
탄산철광석	능철광	$FeCO_3$	62.9 48.3	육방정	3.7~3.9	담황	약자성
철규산염 철광석	Chamosite Chamose	$FeO \cdot SiO2 \cdot nH_2O$	20~40	단사정	–	백	비자성
황화철광석	황철광	$FeS2$	46.5	입방정	–	황갈	비자성
	자화철광	$FenSn+1$	62-63	육방정	–	암회	자 성

1) 적철광

적철광의 주요광상(Magnitnaya형)은 순상지라고 하는 대륙의 최고층에 부존하며 세계의 전 매장량 중 60% 정도는 이 형태(Superior 호형)에 속한다.(미국 5대호 지방, 캐나다 동부, 인도 의 Goa Iron Belt, 브라질 철 4각대, 서호주, 아프리카 등) 일반적으로 적철광은 자철광에 비해 불순물도 적고, 피환원성이 양호한 반면, 괴광에서는 브라질, 호주 광석의 일부에 열 균열, 환원 분화를 일으키는 것이 있다. 한편 경철광(적철광인데 결정이 발달한 것)은 소결용 분광으로서 통기성을 저해하는 경향이 있고 펠릿 원료로도 마광[1])하기 어려운 점이 있다.

2) 자철광

자철광은 주로 화성광상으로부터 산출되며 접촉교대 광상(Magnitnaya형)과 정암장광상 (Kiruna형)이 있다. 전자는 페루의 Mareona, 칠레의 Algrrobo 광산이 있으며, 후자는 스웨덴 의 키트나바라(20억 톤) 대광산이 있다. 자철광은 일반적으로 P, S, Cu 등의 불순물이 많으며 피환원성은 적철광보다 나쁘다. 그러나 소결, 펠릿 원료로는 산화 발열 작용이 있으며, 융액을 생성하기 쉽고 열소비가 적다. 또한 산화 발열작용 평가 받고 있다. 이 외에 사철도 자철광의 일종으로 화성암 중에 포함되었던 미립의 자철광이 암석의 풍화로 해안선 등에 오래 퇴적한 것으로서 대부분 티탄 철광(Ilmenite)을 함유하고 있어 TiO_2가 높다. TiO_2는 고로의 로저 보호 등의 목적으로 사용되며 사철 외에 티탄철광도 사용된다.

3) 갈철광

갈철광은 결정수를 함유하고 있어 괴광은 용광로 내에서 열 분해되어 분화될 뿐 아니라 분해

---

1) 마광: 유용광물 단체분리 및 석탄과 같이 150mesh, 200mesh 등으로 잘게 부수는 작업

열을 필요로 하여 조업상 바람직하지 못하다. 소결 펠릿용 원료로서도 다량의 열소비형이며 생산성이 낮아지는 등의 문제가 있어, 고품위의 것(호주의 Robe River, Ma-rampa 광석 등) 이외에는 사용되는 일이 적다. 그러나 자원의 고갈과 함께 앞으로 사용 비율은 커질 것이라고 생각된다. 특히 열대지방에 200억 톤이나 매장되어 있는 Laterite광상의 장래 활용이 기대된다. Laterite는 염기성 암석이 풍화 분해되어 생성된 것으로서 갈철광 외에 Cr, Ni, Co를 1% 정도 함유하고 있어서 Ni 등의 합금원소를 회수하는 의미에서도 좋은 광석이다.

4) 능철광

탄산철광석($FeCO_3$)에 속하며, 순수한 것은 철분을 48.2% 함유하고 있다. 이 광물을 배소(焙燒)하면 CO_2를 방출하므로 Fe 성분을 높일 수 있다. 능철광은 산지에 가까운 유럽의 일부에서는 쓰이고 있으나 기타 지방에서는 거의 쓰이지 않는다.

5) 규산철광

규산철광($FeO \cdot SiO_2 \cdot mH_2O$)은 미국 베사비 광상(鑛床)의 Taconite가 대표적이며, 이 광물은 Fe의 함유량이 낮고, 규산 성분 때문에 제련이 곤란하여 사용하지 않는다. 그러나 분쇄와 선광 기술의 발달에 따라 최근에는 일부는 이용하고 있다.

6) 사철광

사철광의 주성분이 약자성 티탄철광(Ilmenite, FeO, TiO_2)을 함유한 사철광으로 철 성분이 40~70%이며, TiO_2를 1~40% 정도 함유하고 있다. Ti 성분이 높은 것은 고티탄 슬래그 제조에 이용하고, 철 성분이 높은 것은 소결광에 이용하여 용광로 장입광석의 약 10%의 범위로 이용하고 있다.

7) 황화철광

황화철강은 주로 담홍색의 황철광으로 산출되나 일부는 백철광(FeS_2) 또는 자황철광(Pyrrhotite, FenSn+1)으로도 산출된다. 순수한 황철광 및 백철광은 철분을 46.6%, S를 53.4% 함유하고 있다. 그러나 황화철광은 황이 많이 들어 있기 때문에 직접 철광석으로 사용하지 않고 이것을 배소[2](焙燒, Roasting)하여 사용한다. 이때 발생하는 SO_2는 황산 제조에 이용되고 잔사(殘渣)인 황산재(黃酸滓)는 소결 원료의 일부로 이용하고 있다.

이상과 같이 철광석의 종류는 많으나 이들은 단순한 상태로 존재하고 있는 것이 아니고 언제나 맥석(脈石, Gangue)과 같이 존재하고 있다. 맥석은 주로 SiO_2와 Al_2O_3이고, 그밖에 황화물 및 인산염 등이 있다. Fe 성분은 몇 % 이상을 철광석으로 해야 하는지를 일률적으로 규정하기는

---

2) 배소: 광석을 쉽게 환원처리하기 위해 금속을 녹는점 이하의 고온으로 가열하여 물리/화학적 성질을 변화시키는 것

어렵고 광석 중에 Fe 성분과 다른 성분의 결합상태, 제련할 때에 유해성분의 유무, 광석처리로 인하여 철광석의 가치는 다르게 평가된다.

나. 철광석의 구비조건과 성질

1) Fe의 함유량이 높을 것

철광석 중에 Fe의 함유량은 높을수록 좋다. 보통 55~65% Fe이 사용되고 있다. 맥석 성분 중에서 SiO_2, Al_2O_3 등은 조재제와 연료의 사용량이 많아지므로 좋지 않으나, CaO과 MnO 등은 조재제와 탈황의 역할을 하므로 들어있는 것이 좋다.

2) 해로운 불순물을 적게 함유할 것

S, P, Cu, As 등은 용광로 안에서 환원되어 용선에 들어가 그 품질을 해치므로 S<0.1%, P<0.01%, Cu<0.2%의 범위로 조절하는 것이 좋다.

3) 피 환원성이 좋을 것

철광석의 피환원성은 기공률이 클수록 입도가 작을수록, 산화도가 높을수록 좋아지며, 철감람석(Fayalite, $2FeO \cdot SiO_2$), 티탄철광($FeO \cdot TiO_2$) 등이 있으면 나빠진다.

4) 품질이나 성분이 균일할 것

양질의 용선을 얻고, 노안에 조업의 장기 안정화를 위해서는 성분이 균일해야 한다.

5) 적당한 크기를 가질 것

노안의 통기성, 환원성을 등을 고려하여 크기가 일정해야한다.

6) 적당한 강도를 가질 것

저장 및 운반 중의 붕괴나, 노내에서 환원 분화 현상 등이 없어야한다.

다. 철광석의 성분

용광로에 장입되는 철광석의 성분 중에서 철분은 55~65% 정도 함유되어 있고, 망간은 제련할 때에 탈황작용을 하는 원소로 유용한 성분이다. 광석 중에 0.01-0.2%, 정도 함유되어 있으며, 인(P)은 용선의 유동성을 좋게 하는 원소로 0.1% 정도 함유되어 있는 게 좋고, 황은 유해성분이므로 적게 함유 될수록 좋다. 용해 중에 슬래그의 탈황작용에 의해 황이 제거되지만 일부는 용선에 함유되어 강재의 성질을 저하시킨다. 특히 황은 적열취성의 원인이 되기도 한다. 그 외 티타늄원소도 함유되어 있는데 일부는 산화티타늄(TiO_2)으로 슬래그에 흡수되며, 용선에 유해한 원소로 작용한다. 그 밖에 암석분으로 SiO_2, Al_2O_3, CaO 등과 점토분이 포함되어 있다.

2. 연 료

가. 코크스(Coke, Koke)

점결탄의 고온 건류에 의해서 생기는 다공질 고체 연료로, 코크스라는 말은 독일어 'Koks'에서 온 것이다. 회색을 띤 흑색으로 고정 탄소가 주성분이며, 회분·휘발분을 약간 함유한다. 발열량은 1kg당 6,000~7,500kcal, 착화 온도는 400~600℃이다.

제조법은 분쇄한 석탄을 코크스로 안에 장입하고, 노벽에서 약 1,200℃ 정도의 온도로 가열하면 노벽에 가까운 부분부터 용융 수축하기 시작해서 휘발분이 발생한다. 이 용융 상태에 있는 층의 온도가 더욱 상승하여 고화하여 코크스가 된다. 가열 시간을 늘려서 노 안이 전부 코크스화하고 압출하여 냉각시킨다. 보통 24시간 전후로 건류는 끝난다. 노를 가열하는 데는 코크스로 가스, 고로 가스, 혼합 가스 등을 사용한다. 원료로 사용하는 석탄은 모두 점결탄으로, 석탄의 점결성은 견고한 코크스를 만드는데 중요한 성질 중 하나이다.

즉, 코크스는 석탄을 코크스로에 1,000~1,300℃의 고온으로 장시간 구운 것을 말한다. 철과 산소의 화합물인 철광석을 고로 안에서 녹이는 열원인 동시에 산소를 철분과 분리시키는 환원제로서 필수 불가결한 역할을 한다.

이때, 코크스는 고로 밑 부분에 유입되는 열풍에 의해 공기가 코크스를 태우면서 연소되는데, 이 과정에서 발생하는 일산화탄소(CO)가 철광석과 환원 반응을 일으키면서 쇳물이 생긴다.

제철 연료 중의 하나인 코크스(Coke)가 고로 내에서의 역할을 살펴보면 다음과 같다.

① 풍구 앞에서 연소하여 제선에 필요한 열원으로서의 역할을 한다.

② 일산화탄소(CO)를 생성하여 철광석을 간접 환원하는 역할 이외에 일부는 고체 탄소(C)로 직접 환원하는 역할을 한다.

③ 철 중에 용해되어 선철을 만들고, 철의 용융점을 낮추는 역할을 한다.

④ 고로 안의 통기성을 좋게 하기 위한 공간(통로) 역할을 한다.

노 안에 장입된 코크스는 노 안 용적의 60% 이상을 차지하고 있다.

1) 원료탄

역청탄을 건류하면 석탄 입자끼리 서로 점결해서 괴상의 다공질 코크스가 얻어진다. 이와 같이, 점결해서 괴상의 코크스가 되는 석탄을 **점결탄**이라 하고, 점결하지 않은 석탄을 **비점결탄**이라고 하며, 점결하는 성질을 **점결성**이라고 한다. 원료탄(Coking Coal)은 점착성이 있어야

하고, 코크스화성이 있어야 하며, 휘발분, 회분 등이 적은 강점결탄(Hard Coking Coal)이어야 한다. 강점결탄의 자원은 세계적으로 한정되어 있으므로, 원료의 수급에 큰 어려움이 따르며, 우리나라는 전량을 외국에 의존하고 있다.

일반적으로, 석탄의 성질과 코크스의 성질은 여러 가지 연관성이 크며, 공업 분석과 강도 시험, 그 밖의 각종 시험을 거쳐서 제철용 코크스의 원료탄으로 선정하고 있다. 원료탄으로 선정되었더라도 원료탄의 배합, 입도, 건류 온도, 건류 속도, 장입 밀도 등에 따라 코크스의 성질이 다르게 나타나므로, 이들에 대한 조업상의 주의를 해야 한다.

2) 코크스의 품질

코크스의 품질을 평가하는 주요한 성질은 강도, 회분, 황, 입도, 반응성 등이다.

① 강도

고로 안에서 코크스가 부서져 분화되면 통기성이 나빠져서 조업에 여러 가지 악영향을 주어, 코크스의 강도는 대단히 중요하다. 최근, 고로의 대형화에 따른 생산성의 증가와 코크스비의 저하는 코크스 강도에 더욱 큰 영향을 준다.

코크스 강도를 알기 위한 시험법은 회전 강도 시험법과 낙하 강도 시험법이 있다. 회전 강도 시험법에는 드럼(Drum) 시험법과 텀블러(Tumbler) 시험법이 있다.

② 회분과 황

고로에 사용하는 코크스 중의 회분은 장입탄의 회분에 따라 결정된다. 장입탄의 회분은 건류 뒤에는 거의 코크스 중에 남는다. 회분의 조성 성분은 SiO_2, Al_2O_3, Fe_2O_3이 주성분이다.

장입탄 중의 황(S) 성분은 60~65%가 코크스 중에 남으므로, 장입탄 중의 황 성분에 0.6~0.65를 곱한 값이 코크스 중의 황 성분이 된다.

③ 입도

고로에서는 통기성의 좋고, 나쁨이 조업에 큰 영향을 주고 있다. 노 안에서 코크스가 전체 용적의 2/3를 차지하므로 입도가 적당하고 균일해야 한다.

고로가 점점 대형화되고, 고압 조업이 되면서 입도는 상한과 하한이 좁혀져 40~55mm의 평균 입도를 요구하게 되고, 분말 코크스는 25~30mm의 체가름으로 제거한다.

④ 반응성

코크스가 고로 안에서 이산화탄소(CO_2)와 반응하여 일산화탄소(CO)를 생성하는 반응 [$C+CO_2 \rightarrow 2CO$]을 고로 쪽에서는 **탄소 용해**(Carbon Solution) 또는 **용해손실**(Solution

Loss)이라고 하고, 코크스 쪽에서는 코크스의 **반응성**이라고 한다. 이 반응은 흡열 반응이
므로 반응성 낮은 것이 좋다. 반응성은 일정 입도의 코크스 시료를 반응 관에 넣고, 950℃
에서 일정 유속(50mL/min)의 이산화탄소를 통하여 생성한 일산화탄소의 양을 측정한다.
반응성의 지표로는 이산화탄소의 환원 비율로 아래와 같이 나타내기도 한다. 표 2-2는
고로용 코크스의 성질을 표시한 것이다.

$$\text{반응성 지수(R)} = \frac{CO}{CO+CO_2}$$

[표 2-2] 고로용 코크스의 성질

(단위: %)

수분	회분	휘발분	고정 탄소	황	평균 밀도 (mm)	괴열 강도 (15mm 지수)		텀블 강도 (1,400 회전)	
						30회전법	150회전법	〉25mm	〉6mm
2~5	10~13	0.5~1.0	86~90	0.5~0.7	45~55	91~94	80~84	53~57	64~68

3) 코크스의 제조

원료탄의 품질 조건으로는 점결성 외에 낮은 팽창성과 적당한 고화 수축성을 필요로 하며,
화학 성분으로는 고정 탄소가 높고 회분과 황 함량은 가급적 적어야 한다. 여러 산지의 원료탄을
혼합하여 사용하는 경우에는 이러한 품질 조건에 맞도록 종류별 배합 비를 조정하게 된다. 원료
탄 배합 성분의 예는 표 2-3과 같다.

[표 2-3] 원료탄 배합 성분의 예

(단위: %)

고정 탄소	회분	휘발분	수분	황	회분				평균 입도
					SiO_2	Al_2O_3	CaO	기타	3mm〉
87.10	9.23	0.93	2.31	0.43	60.8	27.8	0.89	10.51	75~90%

① 코크스로의 종류

코크스로(Coke Oven)는 오토식(Otto Type), 코퍼스식(Koppers Type), 신일철식 등 여
러 종류와 모양 등이 있지만, 기본 구조는 연소실, 축열식, 탄화실로 구성되어 있으며,
대체로 부산물을 회수하는 로와 회수하지 않는 로(爐)로 분류할 수 있다. 그리고 코크스로
가스만을 연료로 사용하는 단식로와 고로 가스, 코크스로 가스 모두를 사용할 수 있는
복식로로 구분하기도 한다. 부산물을 회수하는 노에는 코퍼스식, 오토식, 솔베이식
(Solvay Type), 디디에르식(Didier Type), 구로다(勈勞多)식 등이 있고, 부산물을 회수하
지 않는 노에는 비하이브식(Beehive Type), 코프식(Coppe Type) 등이 있다.

오늘날에는 부산물을 회수하고 열효율이 높은 축열식 코크스로가 발달하고 있다. 그 구조는 그림 2-4와 같이 탄화실(C)의 양쪽에 가열실(F)를 설치하고, 그 아랫부분에 축열실(R)을 갖추면서 전부를 내화 벽돌로 축조하며, 보통 50~70조의 1단으로 설치한다.

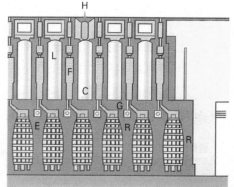

보 기	
C	탄화실
F	가열실
R	축열실
H	장입구
L	탄화실
G	작은 통로(G)

[그림 2-4] 코퍼스식 로

코크스로가 여러 가지 형식으로 나타나는 것은 주로 탄화실에 장입된 석탄의 가열 방식, 축열식의 배열 공기의 공급 방법 등에 따라 다르게 나타나기 때문이다. 그림 2-4는 코퍼스식 노의 끝 부분이다. 탄화실은 보통 나비가 400~500㎜, 높이는 6~8m, 길이는 10~18m로 하고, 그 윗부분에 석탄 장입구(H)를 만들며, 또 노 윗부분의 한쪽 끝에는 상승 관을 설치하여 휘발된 가스가 관을 통하여 부산물 회수 공장으로 흡입되도록 되어 있다.

연료(고로 가스, 코크스로 가스)는 가열실의 하부에 설치된 작은 구멍(G)으로부터, 공기는 축열실(R: 내부에 벽돌을 격자 상으로 쌓은 상태)에서 예열되어 G에 인접한 작은 구멍으로부터 각각 분출되어 연소하게 되는데, 이때의 연소 온도 1,000~1,200℃가 내화 벽돌을 통하여 탄화실 내의 석탄을 가열, 건류하게 된다.

폐가스는 배기관(W)을 거쳐 다른 축열실 내로 들어가 격자 벽돌을 가열하고 연돌로 빠져나간다. 이때, 가스와 공기의 흐름 방향은 약 30분마다 교대로 변경시켜준다. 사전에 적당히 배합하고 저장고(Coal Bin)에 장입된 배합탄을 배출구로부터 장입차에 받아 운반하여, 장입탄구(H)를 통하여 탄화실(L)에 장입한다. 장입할 때에 때때로 압출기(pusher)에 부착된 평준기(Leveller)로 탄의 표면을 수준이 같게 고른다.

장입이 끝나면 노 뚜껑을 덮는다. 그림 2-5는 코크스 제조 설비의 개략 도를 나타낸 것이다.

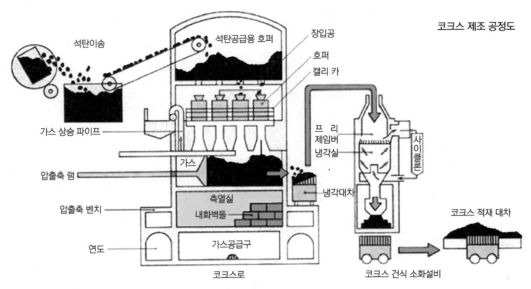

[그림 2-5] 코크스 제조 설비의 개략도

② 코크스로의 작업

가스는 장입 초부터 발생하나, 이 가스는 노 윗부분에 설치된 가스 흡입구를 통하여 흡입하도록 되어 있다. 일반적으로 24시간 정도 경과하면 건류가 완료되므로, 탄화실로부터 압출기에 의한 배출작업과 부착된 탄소의 조기 제거 등이 잘 이루어져야한다. 노에서 꺼낸 적열 코크스는 소화차로 소화 탑에 운송한 다음 소화, 냉각시킨다.

소화에 사용하는 수량은 보통 코크스 무게의 약 1.5~2배이며, 가능한 적은 양을 사용하도록 해야 한다. 소화된 코크스는 고로 코크스 탱크로 보낸다. 최근에는 건식 소화 방법을 채택하고 있다. 그림 2-6 탄화실의 코크스화의 상태이다.

③ 코크스로 가스의 부산물 회수

코크스로 가스 중에는 암모니아(NH_3), 벤젠(C_6H_6), 타르(tar) 등이 들어 있으므로, 이들을 각각 회수하여 염료의 원료, 비료, 유류 등을 만들고, 나머지 가스는 연료로 사용한다.

④ 코크스의 새로운 제조법

코크스 제조에서 가장 큰 문제는 원료탄 자원에 대한 것으로, 철강 생산량의 세계적인 신장에 따른 양질의 원료탄 자원 부족과 가격 인상, 고로의 대형화와 조업 조건의 규제 등에 의해 양질의 코크스가 요구되고 있다.

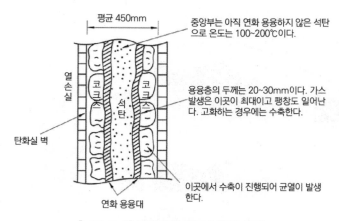

평균 450mm

중앙부는 아직 연화 용융하지 않은 석탄 으로 온도는 100~200℃이다.

열손실

탄화실 벽

코크스

석탄

코크스

용융층의 두께는 20~30mm이다. 가스 발생은 이곳이 최대이고 팽창도 일어난 다. 고화하는 경우에는 수축한다.

이곳에서 수축이 진행되어 균열이 발생 한다.

연화 용융대

[그림 2-6] 탄화실의 코크스화의 상태

특히, 우리나라와 같이 원료탄인 역청탄이 전혀 생산되지 않는 나라일수록 심각한 문제가 되고 있다. 그로인해 비점결탄과 같이 아직 이용되지 않고 있는 자원을 활용하여 양질의 고로용 코크스를 제조하는 연구가 활발히 이루어지고 있다.

4) 새로운 제조법

코크스 제조에서 미래에 가장 큰 과제는 원료탄 자원에 관한 확보이다. 철강 생산량의 세계적인 신장에 따른 양질의 원료탄 자원부족과 가격인상과 고로의 대형화와 조업조건의 규제 등에서 양질의 코크스를 요구하고 있다. 특히, 우리나라와 같이 원료탄인 역청탄이 전혀 생산되지 않는 나라일수록 심각한 문제가 되고 있다. 그러므로 비점결탄과 같이 아직 이용되지 않고 있는 자원을 활용하여 양질의 고로용 코크스를 제조하는 연구가 활발히 이루어지고 있다.

원료탄 문제와 관련 있는 새로운 기술로 최근 주목받고 있는 방법에는 예열탄 장입법, 성형탄 배합법, 점결제 첨가법, 성형 코크스법 등이 있다.

① 예열탄 장입법 : 석탄을 코크스에 장입하기 전에 가열하여 장입탄의 수분을 변화시키거나, 또는 200℃ 정도로 예열하는 방법이다. 장입 석탄의 수분을 일정하게 보존하여 코크스로의 온도 변화를 작게 하며, 노의 작업을 안정시켜 코크스의 품질을 균일화시킨다.

② 성형탄 배합법 : 장입 석탄을 코크스로에 장입하기 전에 장입 석탄의 일부를 압축 성형기로 성형하여 브리켓(Briquet)으로 만든 다음, 이것을 30~40% 취하고, 나머지는 역청탄과 혼합한다. 성형할 때에는 피치(Pitch), 타르(Tar) 등의 결합제를 사용하거나 사용하지 않을 수도 있다. 이 방법은 코크스화성의 개선 효과가 크고, 비점결탄을 10~20% 사용할 수 있으며, 기존 코크스로에서도 쉽게 작업할 수 있다.

③ 점결제 첨가법 : 원료탄 대책의 하나로 비점결탄 및 석유계 중질유를 개질하고, 인조 점결탄 및 점결성 보충제를 제조하는 것이다.

④ 성형 코크스법 : 석탄을 가압, 성형하면 석탄의 코크스화 성질이 좋아진다. 그 때문에, 이 방법은 오래 전부터 연구되어 실용화 되었다. 성형코크스법의 특징과 효과는 코크스화 성질이 대폭 개선되므로 종래에 사용이 곤란한 비점결탄을 다량으로 사용하고 원료탄 사용범위가 넓어지게 된다. 또한 괴의 크기와 형상의 선택도 임의로 설정할 수 있어 정립된 제품을 얻을 수 있다. 제조 방식에서 연속화 실현 가능성이 크고, 자동화에 따른 에너지 절감 및 환경 보존 대책이 쉽다. 성형코크스법의 작업계통도를 보면 그림 2-7과 같다.

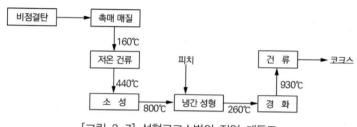

[그림 2-7] 성형코크스법의 작업 계통도

나. 중 유

중유는 다른 기름과 같이 화학 성분이 중요시되는 것이 아니고, 비중, 점도 및 발열량이 중요시되고 있다. 특히, 비중 및 점도는 온도에 따라 민감하게 다르므로 주의해야 한다. 발열량은 중유의 종류에 따라 큰 차이가 없고, 대략 41,870kJ/kg 정도이다.

중유가 석탄에 비하여 좋은 점은 다음과 같다.
① 발열량이 크다.(석탄 16,748~25,122kJ/kg, 중유 41,870kJ/kg)
② 연소 효율이 높다.(석탄 50~60%, 중유 80%)
③ 저장, 운반 및 취급이 편리하다.
④ 연소 설비가 간단하고 조절이 쉽다.

중유를 연료로 사용할 때에는 다음과 같이 주의해야한다.
① 버너를 사용할 때에는 연소효과를 높이기 위하여, 안개상태로 만들어 사용하는 것이 좋다. 또한 적당한 유동성을 주기 위해 항상 낮은 온도를 유지해야 한다.
② 기름속에 들어있는 불순물이 버너 분출구를 막는 원인이 되므로 수송 도중에 여과장치를 설치해야 한다. 불순물의 상태는 구입 경로에 따라 다르게 나타난다.

③ 장시간 가열에 따라 유리 탄소가 분리하여 유동성을 해친다. 또 수분이 분리되어 용기 바닥에 고이게 되므로 배수관을 만들어 규칙적으로 배수하여야 한다.

④ 중유에는 때때로 황이 많이 들어있는 것들이 있다. 이것을 제강로에 사용하면 용강에 황 함유량이 많아져 강재 압연 때 흠집이 생기게 된다.

다. 제철소 부생 가스

제철소에서의 고로, 코크스 및 제강 등의 조업 과정에서 발생되는 부생 가스(BFG, COG, LDG)는 제철소 각 설비의 연료로서 사용된다.

1) 코크스로 가스(COG: Coke Oven Gas)

코크스로에 석탄을 장입하여 밀폐시킨 후 가열하여 코크스를 제조하는 과정에서 석탄이 건류되어 석탄에 함유된 휘발성 물질이 가스 형태로 노정에 집합되며, 이 가스를 회수하여 가스 중의 불순물(타르, 나프탈렌, 황)을 제거한 가스 발생량은 석탄의 성분에 따라 변화하나 통상 320Nm³/t-coal 정도가 발생하며, 색과 냄새가 있는 유독성 가스로서 공기보다 가벼운 기체이다. 사용처는 고로, 코크스로, 제강로, 열연, 연주, 소결, 석회, MD 플랜트, 소각로(Incinerator), 증기, TLC, 발전소 등이다.

2) 고로가스(BFG: Blast Furnace Gas)

고로에 철광석과 코크스를 장입하여 선철을 제조하는 과정에서 코크스가 연소하여 철광석과 환원 작용할 때 발생되는 무색, 무취의 가스로, 주성분은 일산화탄소이다. 이 가스는 노정에서 온도가 약 200℃이고 연진이 함유되어 있어 노정 가스라 하는데, 선철 1톤당 3,500㎥가 발생되며, 무색·무취의 유독성 가스로서 공기보다 무거운 기체이다.

고로 가스에서 연진을 제거한 가스를 청정 가스라 하는데, 청정가스로 만들어야만 연료 가스로 사용할 수 있다. 사용처는 고로, 코크스, 발전소 등이다. 표 2-4는 고로가스의 성분을 나타낸 것이다.

[표 2-4] 고로가스의 성분

성 분	함량	성 분	함량
CO_2	9~14%	H_2	1~1.5%
O_2	0%	N_2	56~57%
CH_4	0.5~1.5%	발열량	3,768~4,187 kJ/m³
CO	27~31 %	비 중	1.02(공기＝1)

3) 혼합가스(Mixed Gas)

혼합가스(Mixed Gas)는 고로가스(BFG)와 코크스로가스(COG)를 혼합한 것으로, 사용목적에 따라 조성, 성질 및 발열량을 다르게 한다. 혼합가스의 조성, 성질, 발열량은 양자의 혼합비율에 비례하게 된다. 표 2-5는 고로 혼합 가스 조성의 예를 나타낸다. 그림 2-8은 표 2-5의 선도를 나타낸 그림이다.

[표 2-5] 고로 혼합 가스 조성 예

조 성 (%)		발 열 량	성 분 (%)						
BFG	COG	kJ/m³	CO_2	O_2	C_2H_4	CO	CH_4	H_2	N_2
0	100	17,584	4.5	0.5	4.0	8.75	28.0	38.0	16.5
37	63	12,561	6.3	0.3	2.5	15.9	17.8	24.8	32.4
52	48	10,467	8.4	0.2	1.9	19.0	13.6	19.4	37.8
68	32	8,374	9.6	0.2	1.3	22.0	9.4	13.5	44.0
86	14	6,280	10.7	0.1	0.7	25.1	5.2	7.8	50.4
100	0	3,977	12.0	0	0	28.5	0.5	1.5	57.5

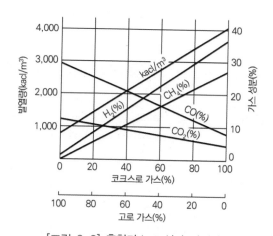

[그림 2-8] 혼합가스 조성과 발열량

4) 전로 가스

제강 공장의 전로에 용선을 장입하고 산소를 취입하여 제강하는 과정에서 용선중의 탄소가 산호와 화합하여 발생되는 가스로서 발생량은 $100Nm^3/ton-steel$ 정도이고 다른 가스와는 달리 산소 취련할 때에만 간헐적으로 발생되므로, 발생과 사용량의 밸런스 조정이 곤란한 무색, 무취의 가장 유독한 가스이다. 사용처는 발전소, 보일러, 화학 원료 발생이 간헐적이고 또 고온(1,600℃)에서 극히 미세한 연진을 함유하고 있어 특수한 회수 장치가 필요하다. 표 2-6은 고로가스의 성분을 나타낸 것이다. 가스를 취급할 때 주의해야 할 점은 유독성과 폭발성이다.

[표 2-6] 고로가스의 성분

성분	CO_2	CO	H_2	N_2	발열량 (kJ/Nm^3)	발생량 (Nm^3/t)
함량	10~15	70~80	3	5~10	8,374~10,467	80

3. 용제

가. 용제의 개요

광석에 들어있는 맥석 성분과 연료에 들어있는 회분 및 불순물과 결합하여 슬래그의 용융점을 낮추고, 유동성을 좋게 하며, 슬래그(Slag)를 금속으로부터 잘 분리되도록 하기 위하여 첨가하는 것을 **용제**(Flux)라 한다. 이 용제는 일반적으로 산성, 중성, 염기성으로 분류하고 있다. 고로나 제강로에서 쓰이는 용제의 종류는 다음과 같다.

① 산성 용제: 규암, 규석, 모래
② 염기성 용제: 석회석, 감람석, 사문암, 백운석, 망가니즈 광석
③ 중성 용제: 형석

이중에서 주로 많이 사용되는 용제로는 석회석, 생석회(Quicklime), 형석(CaF_2), 망간 광석 등이다.

용광로에서는 철광석의 맥석 성분 및 코크스 중의 회분은 광재(슬래그)로 하여 선철로부터 분리시키는 동시에 S를 광재에 흡수하도록 조업한다. 그런데, 철광석 맥석 성분이나 코크스 중의 회분만으로는 적정한 융점이나 유동성을 갖는 광재를 만들 수 없으므로 일반적으로 용제(Flux)를 쓰게 된다. 철광석의 맥석 성분은 코크스의 회분과 함께 산성이므로 용제로서 염기성(CaO, MgO) 물질이 요구되어 석회석, 백운석, 사문석 등을 첨가한다. 석회석 자원은 우리나라에서는 질과 양이 모두 좋아 이론 성분(CaO 56%, CO_2 44%)에 가까운 것이 산출되고 있다. 고로에 괴상으로 직접 사용되는 일도 있으나, 거의 자용성 소결광으로서 소결 과정에서 첨가되어 고로에 잠입하게 된다. 이 방법은 석회석 첨가에 따라 소결광의 생산성 및 품질이 함께 개선되며 고로 내에서는 석회석분해열이 필요 없게 되고 Solution Loss 반응도 그만큼 감소된다. 더욱이 소결용 석회석의 입도는 3mm 이하의 것이 사용된다.

최근에는 석회석 대신에 일부 생석회를 사용하는 기술이 실용화되어, 생산성 향상, 고수율과 품질 안정 등의 성과를 올리고 있는 공장도 있다. MgO 계의 매용제는 고로광재의 유동성을 향상시킬 수 있으며, 특히 고 Al_2O_3 광재에 효과가 있다. 백운석, 감람석, 사문석이 괴상(15~30m)으론 고로에 사용되는 일이 있으나 CaO 성분과 마찬가지로 대부분 소결을 거쳐 고로에 장입된다. 소결에는 이와 같이 첨가물에 Ni슬래그를 첨가하여 소결광의 품질(특히 환원분화,

하중연화성) 개선에 기여한다. 한편, 펠릿의 품질(고온성질) 개선에 백운석을 첨가하여 성과를 올린 예도 있다.

규석은 염기도 조정, Al_2O_3 희석 및 슬래그 양을 조정할 목적으로 고로의 소결에 사용되며 특히 소결에서는 강도, 환원 분화성 등의 품질안정 효과가 있다. 대표적인 용제의 성분은 표 2-7과 같다.

[표 2-7] 대표적인 용제의 성분(%)

종 류	CaO	MgO	SiO_2	Fe_2O_3	Al_2O_3
석 회 석	54.93	0.70	0.47	0.51	0.31
백 운 석	34.48	17.97	2.41	0.40	0.11
사 문 암	2.00	38.75	39.13	2.07	0.69
가 람 암	11.78	26.17	35.03	3.83	1.27
니 켈 슬 랙	1.19	35.84	56.37	–	1.55
규 석	0.20	0.20	95.96	0.70	1.31

나. 석회석과 형석

1) 석회석

석회석은 탄산칼슘을 주성분으로 하는 백색이나 흑회색의 광석으로, 순수한 상태의 석회석 ($CaCO_3$, CaO: 56%)은 산화칼슘(CaO)을 이용하기 때문에 산화칼슘 성분이 높아야 한다. 불순 물로는 SiO_2, Fe_2O_3, Al_2O_3, P, S, $MgCO_3$ 등이 소량 함유되어 있으며, 이 중에서 SiO_2(<2%), S(0.1%), P 성분 등은 적어야 한다. 또 고로에 사용하는 석회석은 치밀하고 균일한 입도(25~50 mm)를 가져야 한다.

철(Fe)은 자연에서 대부분 산화물로서 적철광(Fe_2O_3)이나 자철광(Fe_3O_4)으로 산출되는데, 이 철광석에 코크스 및 석회석을 섞어 용광로에서 제련하면 철광석이 환원되어 철이 된다. 철광석 을 석회석 및 코크스와 함께 적당한 비율로 용광로 속에 교대로 넣고, 풍구 밑에서 뜨거운 공기 를 보내면, 코크스는 연소하여 일산화탄소(CO)가 된다.

코크스가 탈 때 발생하는 열로 석회석은 산화칼슘(CaO: 생석회)과 이산화탄소로 분해되고, 이때 생긴 산화칼슘은 광석의 불순물(주성분: SiO_2)과 반응하여 규산염으로 된 슬래그(slag, 주성분: $CaSiO_3$)를 만든다.

$$CaCO_3 \Rightarrow CaO+CO_2$$
$$CaO+SiO_2 \Rightarrow CaSiO_3$$

즉, 슬래그를 만들기 위해 일부러 첨가한다.

최근에는 분해에 필요한 열량을 값이 싼 저질 코크스를 이용하여 소결광이나 펠릿을 만들

때, 석회석을 혼합하여 자용성 소결광 및 자용성 펠릿으로 이용하고 있다.

950℃ 이상으로 충분히 석회석을 소성한 소석회는 염기성 제강법에서 중요한 용제가 되고 있다. 이 용제는 황(S) 성분이 적어야 하고 소성 및 정련할 때에 원료에서 흡수하는 경우도 있으므로 주의해야 한다.

2) 형 석

형석(Fluorite, CaF_2)은 보통 담록이나 담홍색을 띠며, 중성의 성질을 가지고 있고, 불순물로는 $CaCO_3$, SiO_2, Fe_2O_3, S 등을 함유하고 있다. 염기도가 높은 광재는 유동성이 나빠지므로, 노 안의 반응 속도가 늦어지게 된다. 이때, 플루오르화칼슘(CaF_2)을 광재속에 소량만 첨가해도 유동성이 좋아져 정련을 촉진시킬 수 있다.

또, 형석은 탈황에도 효과가 크다.

그러나 형석은 값이 비싸고, 노 안의 내화물의 침식작용을 일으키므로, 고로 작업에서는 사용하지 않고 제강할 때에 소량 사용하고 있다. 형석은 이산화규소(SiO_2)와 황(S) 성분이 적은 것이 좋다. 형석의 용융점은 불순물의 영향을 받지만 보통 935~950℃이다.

다. 그 밖의 용제

1) Mn 광석

망간 광석은 제선이나 제강용에 없어서는 안 될 성분으로, 선철이나 용강, 광재 등에 들어가면 유동성을 좋게 하고, 탈황 및 탈산 역할도 한다. 제선용의 망간 광석은 Mn 성분이 30~35%인 저 품위가 사용되지만, 철 성분을 많이 함유하고 있을 때에는 20% 망가니즈도 사용할 수 있다.

제강용 및 Fe-Mn용 제조 원료일 경우에는 될 수 있는 대로 고품위의 망간강을 사용한다. 이때의 Mn 함유량은 40% 이하이며, 인(P) 함유량은 0.1% 이하, 황(S) 함유량은 0.2% 이하가 좋다.

2) 백운석

백운석(Dolomite)은 $CaCO_3$, $MgCO_3$의 복합 산염으로, 순수한 것은 $MgCO_3$45.6%, $CaCO_3$ 54.35%이다. 이것은 석회석보다 값이 비싸므로 특별한 경우, 예를 들면 고로 조업에서 산화알루미늄(Al_2O_3)이 많은 광재의 유동성을 개선하기 위하여 사용하는 경우 이외에는 별로 사용하지 않는다.

제강에서는 산화마그네슘(MgO) 17% 이상을 함유한 것을 표준으로 하여, 이것을 소성하여 무수 타르의 점결제를 도포하여 용제로 사용하기보다는 염기성 노의 라이닝(Lining)재로 사용하고 있다.

3) 감람암과 사문암

감람암은 감람석(Olivine)과 휘석을 주성분으로 하는 암석으로, 화학분자식은 $2(Mg \cdot Fe)O \cdot SiO_2$이고, 사문암은 함수 광물로 화학 분자식은 $3MgO \cdot 2SiO_2 \cdot 2H_2O$이다. 이들은 모두 산화마그네슘($MgO$)을 함유하고 있으므로, 고로에서 슬래그 성분 조절용으로 사용하며 백운석과 같이 광재의 유동성을 개선하고, 탈황 성능을 향상시키게 된다.

또, 경우에 따라서는 노의 내화재로 사용할 때가 있다. 이것은 값이 싸므로 유용하게 사용할 수 있다.

4. 기타 부생물

가. 전로 슬래그

전로에서 발생한 슬래그는 CaO, MnO, FeO의 유용성분을 많이 함유하므로, 소결 및 고로원료로서 일부 사용되는 일이 있으나, 유해원소인 인(P)이 있어서 사용량을 제한한다.

나. Mill Scale 등

밀 스케일은 소결 원료에 사용된다. 또 고로에 금속철 장입물로서, 전로 슬래그로부터 분리한 입철 등이 사용되는 일이 있다.

다. 제철소 발생 분진(Dust)

근년 환경 대책으로 제철소의 집진은 매우 진전되어, 분진 회수율이 급증하여 양적으로 경시할 수 없는 규모에 이르고 있어 그 이용 기술이 개발되고 있다. 제철소 내에서 발생한 함철분진으로서 고로 1차 분진, 고로 2차 분진, 전로 2차 분진은 Mini-Pellet으로 하여 소결 원료로 활용되는 외에, 환원 펠릿, Cold Pellet 등으로 만들어 고로원료로서 활용하고 있다.

제2절 철광석의 예비처리

1. 개 요

제선원료를 용광로(고로) 조업에 알맞도록 사전에 가공하는 것을 **예비처리**라 한다. 용광로의 대형화와 조업의 안정, 제선 능률의 향상, 용선 품질의 균질화 등을 위해서 광석의 입도조정, 품질향상을 위한 사전 처리작업을 해야 한다. 사전처리 작업에는 분쇄, 분급, 선광, 건조, 배소, 소결, 괴성화 작업 등이 있다. 철광석의 예비처리 방법 및 목적을 분류하면 표 2-8과 같다.

철광석을 1차, 2차, 3차 분쇄 및 볼 밀에 의한 파쇄 등을 통하여 제련하기에 적합한 크기로 만드는 작업 및 공정을 파쇄 및 **마광**(摩鑛)이라 한다. 그리고 광석을 크기와 무게에 따라 유용광물과 맥석으로 분리하는데 목적을 두고 하는 공정을 분급이라 한다.

[표 2-8] 철광석 예비처리법의 일괄표

조절목표	처리방법	처리의 내용	목 적
립 도	기 계 적	파 쇄 , 체 질	정 립
	열 적	소 결	분광괴상화
		pelletizing	
	비소성결합	pelletizing	
성 분	물 리 적	자 력 선 광	불순물, 유해성불 제거
		부 유 선 광	
		水 選	
		手 選	
		비 중 선 광	
		중 력 선 광	
	화 학 적	습 식 … 침 출	자화에 의한 자선
		건 식 … 배 소	피환원성의 향상
입도성분변동	기 계 적	yard blending	원 료 균 일 화

2. 선 광

철광석에는 광물과 함께 암석을 수반하고 있는 것이 보통이다. 선광의 목적은 철광석을 처리하여 철의 품위를 높이고 P, S, Cu 등의 유해성분을 제거하는 데 있다. 선광작업은 보통, 광산 또는 출하 항에서 이루어지고 선광하려면 입자가 단체분리(함철광물과 암석분이 각각 별개의 입자로 독립된 상태)되어 있는 것을 전제로 하므로 필요에 따라서 사전에 분쇄, 마광을 한다. 철광석 선광에는 자력선광, 부유선광, 수선(水選) 외에 수선(手選), 비중선광, 중액선광 등의 방법이 이용되고 있다.

가. 자력선광(Magnetic Concentration)

자력 선광법은 강자성 광물인 자력광, 사철에 매우 유효한 방식으로서 300~1,200gauso 정도 자력의 세기로 광석과 맥석분으로 분리할 수 있다. 이 방법에는 건식법과 습식법이 있으며 건식법에는 Grondal식이 습식법에는 Wetherill식이 대표적이다. 6mm 이상의 괴광석에는 건식법이 6mm이하의 분광은 습식법으로 처리가 적합하다.

적철광, 갈철광, 능철광 등의 약자성 광물도 미리 자화배소(磁化焙燒)하면 효율을 좋게 분리된다.

1) 그렌달(Grondal)식

그림 2-9와 같이 회전하는 원통 속에 자석을 고정시키고, 흘러내리는 물과 같이 조광을 흘리면 조광은 회전통속에 흡수되어 정광(Concentrate), 중광 미광 등으로 분리 된다.

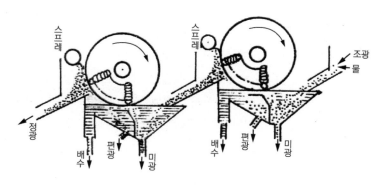

[그림 2-9] 그렌달식 자선기

2) 웨데릴(Wetherill)식

그림 2-10과 같이 교차식으로 장입 홈통에서 내려오는 조광이 벨트에 따라 이동하면서 자석

에 사이를 통과하면 자철광은 상부자석에 흡인되고, 벨트에 따라 자력권 밖으로 이동하게 되면 하부 통속으로 돌아오게 된다. 맥석은 그대로 운반되어 홈통c에서 낙하 된다.

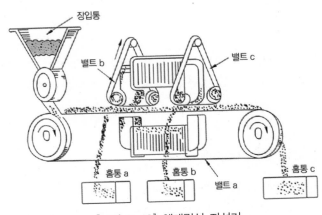

[그림 2-10] 웨데릴식 자선기

나. 부유선광(Flotation)

　부유 선광법은 철광석 중의 불순물을 선택적으로 기포에 부착 부상시켜, 광물에서 분리하는 방법으로 물에 소량의 부선시약을 녹여 표면장력이 큰 기포를 만들어 광물의 소수성과 친수성을 시약을 사용하여 인위적으로 조절한다. 미국 Michigan주 Humbolt에서는 적철광 중의 규사의 분리에, 페루의 마르고나 광산에서는 탈황을 스웨덴의 Ki-runa 광산에서는 탈인의 목적으로 실용화 되어 있다.

3. 균광 배합법

　용광로의 장입물은 물리적으로나 화학적으로 품질이 좋고 균일한 광석이 장기적으로 안전하게 공급되어야 한다. 장입물의 품질을 균일하게 하려면 여러 종류의 원료를 일정한 비율로 배합하여 사용해야 한다. 이와 같이, 장입 원료의 불균일성을 없애고, 장기간 안정된 품질의 원료를 확보하기 위하여 배합을 시행한다.

　배합하기 위해서는 야적장에 여러 종류의 광석을 여러 층으로 얇게 쌓아 놓고 이것을 한쪽에서 무너뜨려 운반하는 방식인 혼합법을 이용해야 한다.

　이때, 야적장은 두 곳 이상 준비하여 한쪽 야적장에 쌓아 둘 동안, 다른 야적장의 것을 사용하도록 한다.

　저장소의 출구에는 자동 칭량 송출 장치가 설치되어, 이미 계산된 양과 속도로 광석 산지별로 번갈아 가며 날개형 광석 퇴적기로 보낸다.

이 날개형 퇴적기는 양 날개로부터 배합상에 광석을 낙하시키면서 배합상 사이를 계속 왕복 이동하며, 밑변 약 15m, 길이 100m의 크기로 두 개의 광석 더미를 총 네 개씩 쌓아 올린다. 날개형 광석 퇴적기는 광석을 산지별로 소량씩 세로 방향으로 쌓아 가므로 잘 혼합되고, 광석 더미는 어떤 단면을 택해도 모두 균일하게 되도록 한다. 그림 2-11은 철광석 배합법의 계통도 이다.

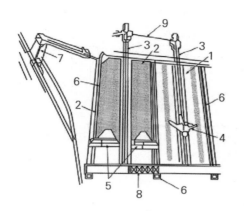

1 : 배합광 야드
2 : 쌓아 놓은 광석 산
3 : 분쇄 공장으로부터 오는 컨베이어
4 : 스태커
5 : 분출기
6 : 분출 컨베이어
7 : 고로로 이동됨.
8 : 이동 설비
9 : 분쇄 공장으로부터 오는 컨베이어

[그림 2-11] 배합계통도

4. 파쇄, 체질, 혼합 정립

선광처리의 전처리는 광산에서 파쇄, 마광이 이루어지나 여기에서는 제철소 내의 파쇄에 관련 된 광석처리에 대해서 설명하고자 한다.

절취광(괴분혼합광석)을 일정한 입도로 하면 고로 통기성이 개선되어 조업이 안정되고 성적이 향상되기 때문에, 최근에는 광산에서 정립화하여 수입하는 일이 늘고 있으나, 제철소 내에 파쇄 및 체질 설비가 되어 있어, 고로에 알맞은 입도(보통 10~25mm)로 정립하고 있다. 또 최근 소결용 분광 부족에서 분광을 적극적으로 늘려, 괴분의 균형을 맞출 목적으로 괴와 분의 중간입 자의 파쇄설비, 괴광석 전량 파쇄 설비를 설치하는 일이 많아졌다. 그림 2-12는 광석 파쇄 계통도이다. 파쇄는 100mm 정도까지는 조쇄기에서, 20~25mm까지는 중쇄기, 20mm이하는 분쇄기를 이용한다.

용광로의 장입 물은 물리적, 화학적으로 균일하고 장기적으로 안정해야 하는 일이 조업 안정 을 위한 기본 조건이며, 따라서 원료를 균일하게 배합하고 입도 및 성분의 변동을 억제하는 일이 원료 처리상 중요한 과제이다. 배합방법으로서 출처별로 산적시켜, 그 수에 따른 많은 저광 조를 설치하여 각 근원별로 일정 비율에 의해 따내는 저장 방식과 적치장에서 근원별로 광석을 여러 층으로 쌓아 올려 그 산더미를 직각단면으로 일정비가 되도록 하여 깎아 내리는 식의 Yard Blending 방식이 있다.

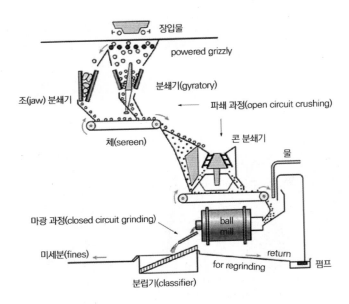

[그림 2-12] 철광석 파쇄 계통도

후자는 적치장에서 광석을 끌어 들일 때 광석의 산더미 위와 아래를 동시에 깎기 때문에 입도 성분에 있어서 편석이 적어 안정 효과가 크다. 장입물의 입도는 표 2-9와 같다.

[표 2-9] 장입물의 입도

분류	하한	상한
철광석	8~10mm	25~300mm
소결광	5~6mm	50~75mm
코크스	15~30mm	75~90mm

5. 배소(焙燒)

철광석의 배소(Roasting)의 목적은 수분 및 CO_2의 제거와 S및 As등 유해성분의 제거와 환원 배소해서 그 후 자선(磁選)에 의해서 철분을 향상하는 일이 배소의 목적이다.

철광석중의 수분 및 CO_2를 배소에 의해서 제거하는 것은 예로부터 행해졌던 것이다. 철광석의 부착수분은 110℃ 정도의 가열에 의해 제거되고 화합수의 분해는 광석의 종류에 따라 다르지만 500~600℃에서 완료된다. 탄산염의 분해는 $FeCO_3$에서는 500℃, $CaCO_3$에서는 800℃에서 완료된다.

배소는 화학변화에 따라 산화배소, 황산화 배소, 환원배소, 염화배소, 소다배소 등이 있다.

6. 분광 괴성화 및 소결

가. 괴성화

소립(小粒) 및 분상(粉狀)의 원료를 그대로 용광로에 장입하면 통기성을 해치고, 노정가스와 함께 용광로 밖으로 연진(Dust)이 많아지고 연진을 통해 광석의 손실이 증가 되며, 엉힘 (Hanging)등의 사고 원인이 되므로 덩어리로 만들어 사용한다. 이것을 **괴성화**라 한다.

지금까지의 괴성법은 고로 연진 등의 분상 원료를 경제적으로 이용하는 방법으로 출발한 것이지만, 최근에는 원료 처리뿐만 아니라 출선비의 향상이나 코크스비의 저하를 위한 효과적인 방법이 중요시되고 있다.

괴성법에는 소결법, 펠레타이징법, 단광법, 입철법 등이 있다. 이러한 방법에 의하여 만들어진 괴광은 고로 제선을 위한 원료로서 여러 가지 특성을 지녀야 하는데 그 중에서 중요한 성질은 다음과 같다.

① 강도가 커서 운반, 저장, 장입, 노 안에서 강하할 때에 부서지지 않을 것.
② 다공질로 환원성이 좋을 것.
③ 선철의 품질을 저하시키는 유해 성분, 즉 황·인·비소 등이 적고 고로의 내화물을 침식시키는 알칼리류를 함유하지 않을 것
④ 장기 저장할 때에 풍화와 고로 안에서 열팽창 및 수축에 의한 붕괴를 일으키지 않을 것 등이다.

소결광을 고 배합률로 하여 고로에 장입하면 출선 효율이 향상되고, 코크스 비를 저하시키는 장점이 있다. 한편, 미리 석회석을 배합하여 소결광으로 만들면, 제선조업 효율화뿐만 아니라 원료 중의 황(S), 비소(As), 인(P) 등을 제거할 수 있는 이점도 있다.

나. 소결법

소결법(Sintering)이란 분광석에 연료인 분 코크스, 용제인 분석회석을 혼합한 것을 화격자 위에 놓고 안에 들어 있는 분 코크스의 연소로 분광석을 부분적으로 용융해서 결합시킨 공정을 말한다. 제조 공정은 원료의 배합과, 혼합 공정, 소결공정, 생성한 소결대괴를 냉각, 파쇄, 체질로 정립하는 공정 등으로 나누어진다. 그림 2-13은 소결공정의 개요도이다.

제철 공장의 고로에서는 제선 원료에 대부분 소결광을 장입하고 있으며, 이와 같은 높은 소결광 사용비 조업은 세계적인 경향이다.

1) 소결공정

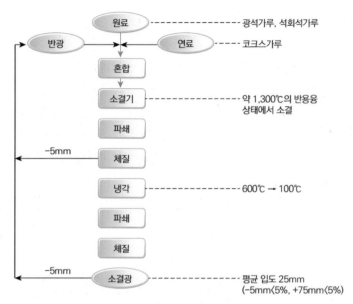

[그림 2-13] 소결공정의 개요도

본래 고로는 압풍을 사용하며, 괴광에 적합하도록 설계가 되어 있으므로 분광을 처리하려면 필연적으로 소결법과 같은 괴상법을 사용해야 한다. 특히, 소결광은 고로 장입물로 적당한 성질을 가지게 된다. 즉, 소결광을 고 배합률로 하여 고로에 장입하면 출선 능률이 향상되고, 코크스 비를 저하시키는 장점이 있다. 한편 미리 석회석을 배합하여 소결광으로 만들면, 제선의 능률화 뿐만 아니라 원료 중의 황(S), 비소(As), 인(P) 등을 일부 제거할 수 있는 장점도 있다.

2) 소결 설비

소결기로서는 연속 조업 방식의 드와이트-로이드식(Dwight-Lloyd)과 Batch 방식의 그리나발트식(Greenawalt)이 있으며, 각 소결기의 장단점은 표 2-10과 같다.

[표 2-10] 각 소결기의 장단점

종 류	장 점	단 점
Dwight-Lloyd 식	1. 연속이기 때문에 대량 생산에 적합하다. 2. 고로의 자동화가 가능하다. 3. 인건비가 적게 든다. 4. 집진장치의 설비가 쉽다.	1. 배기가스의 새는 공기량이 많다.(20-60%) 2. 기계부분의 손상과 마멸이 크다. 3. 1개소의 기계고장으로 전체가 정지된다. 4. 소결이 불량할 때 재점화 불가능하다. 5. 전력소비가 크다.
Greenawalt 식	1. 항상 동일한 조업상태로 작업이 가능하다. 2. 소결냄비가 고정되어있기 때문에 장입 밀도의 변화 없이 조업이 가능하다. 3. 1기가 고장이 나도 기타 소결 냄비로 조업이 가능하다.	1. 드와이드-로이드식 소결기에 비하여 대량생산에 부적당하다. 2. 조작이 복잡하여 작동법을 익히기 위한 노력이 많이 필요하다.

가) 드와이트-로이드식(Dwight-Lloyd)

드와이트-로이드식 소결법은 연속식으로 대량 생산 및 조업의 자동제어가 쉬워 세계 각 제철소에서 많이 이용되고 있다. 그림 2-14는 같이 화상이라고 하는 소결상자를 연쇄식으로 연결한 것을 양 끝의 스프로킷 휠(Sprocket Wheel)로 천천히 회전 시킨다. 화상이 소결기의 장입장치 밑에 이르면 배합원료가 장입되는데 장입 두께는 30cm가 표준이지만 최근 40~70cm로 대형화되고 있다.

점화부에서 착화되어 왼쪽으로 이동하면서 흡입 바람 상자를 통하여 불꽃이 흡인된다. 이에 따라 착화면이 점차 내려가게 되고 화격자면에 이를 무렵 왼쪽 끝에 도달한다. 여기서 소결광이 제거되고 화상은 비워지며, 이동하여 출발점으로 되돌아간다.

소결광은 냉각기, 파쇄기, 체 등의 설비에 의해 냉각되고, 고로에 적합한 입도로 분류되어 컨베이어 벨트로 운송된다. 이에 따른 소결시간은 보통 15-30분으로 코크스 착화(900℃ 전후)에서부터 냉각에 따른 용액 응고(약 1,100℃)까지 소결 고온대의 폭은 보통 20~80mm 정도이다. 이 방법은 연속작업을 함으로써 대량 생산 방식에 적합하고, 인건비도 싸며, 또 자동제어가 가능 한 것이 특징이다. 본래 고장이 자주 있고 누풍이 많은 결점이 있으나 최근에는 많이 개선되어 널리 사용되고 있다.

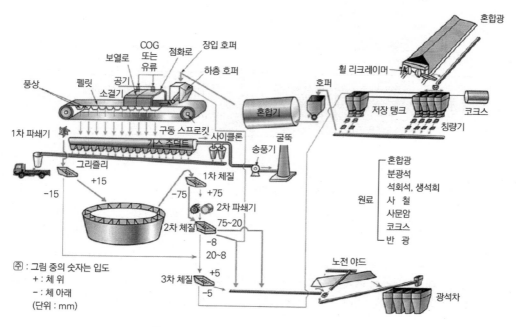

[그림 2-14] 드와이트 로이드식 소결기

나) 그리나발트식(Greenawalt)

그리나발트식 소결기는 그림 2-15와 같이 소결냄비, 장입차, 점화차, 원료혼합기, 배풀리 등으로 이루어져 있다. 일정한 위치에 있는 바닥에 격차로 된 주철제 또는 주강제의 직사각형의 냄비에 그 위를 이동하는 장입차로 소결원료를 편평하게 넣고, 이동차와 같이 궤도를 다니는 점화차로 중유 또는 가스를 불어 점화한다.

동시에 배풍기로서 하방으로 흡입하여 위층에서 아래층으로 소결한다. 소결이 끝나면, 소결냄비를 180°회전해서 소결광을 배출하여 봉체(Bar Screen)위에 떨어뜨려 큰 덩어리를 파쇄하고 이 체 밑의 가루는 다시 원료로 사용한다. 그리고 냄비를 정 위치에 다시 가져와 장입, 점화, 소결을 반복한다.

이 장비는 단속식(Batch Process)이므로 장입, 점화, 냄비의 전복 등의 시간적 손실이 많고, 또 방진, 수진(水進)장치를 설치하기 어려운 결점이 있다. 현재는 제철소에서 별로 사용하고 있지 않다.

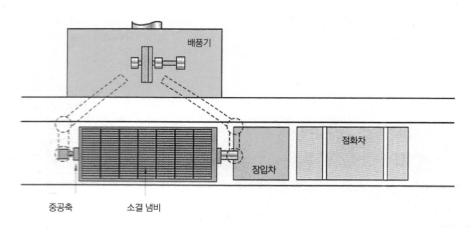

[그림 2-15] 그리나발트식 소결기

3) 소결 원료

소결용 원료는 철광석분광, 분석회석, 분 코크스 외에 철 원료로서는 사철 밀 스케일, 고로슬래그, 전로슬래그, 분진으로 만든 Mini-Pellet이 또한 연료로는 무연탄, Oil-Cake 그리고 성분 조정 및 품질안정제로 규사, 사문암, Ni슬래그, 백운석분 등이 주로 쓰인다.

4) 소결 원리

장입 원료의 표면에 열을 가하여 원료가 점화되면, 코크스를 연소시켜 하방 흡인에 의해 열은 밑으로 이동하고, 소결 원료는 그림 2-16과 같이 연속된 층으로 분리된다.

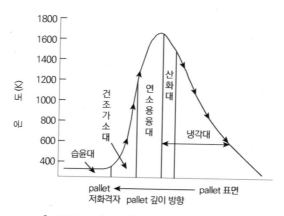

[그림 2-16] 소결층 내에서의 온도 분포

그림 2-17과 같이 표면의 연소대가 밑으로 이동하면, 젖은 원료는 부착수를 잃고 건조되어 하소대 에서 화합수 및 휘발분이 분해되며, 1,200~1,300℃의 최고 온도가 되는 연소대에서는 입자의 일부가 용융해서 규산염과 반응하여 슬래그를 만들어 광물 입자를 서로 결합시킨다.

광석의 소결이 가능하게 되는 것은 다음 두 작용에 기인한다.
① 용융 결합: 용융해서 생긴 슬래그의 점착 작용
② 확산 결합: Fe_2O_3, Fe_2O_4 결정 성장에 의한 확산 작용

용융형 소결광은 용융 규산염을 생기게 함으로써 유리질 규산염이 광석 표면을 덮어, 소결광의 강도는 높아지지만 피 환원성이 저하된다. 소결 작용과 소결 방법에 의해 좌우되는 소결광의 품질은 산화율, 강도, 기공률, 철분, 화학적 결합, 조성 등의 요소를 생각할 수 있다. 석회를 첨가한 자용성 소결광은 규산염의 생성을 방지할 목적으로 시작되었다. 표 2-11은 소결광의 화학 성분 및 물리적 성질의 예이다.

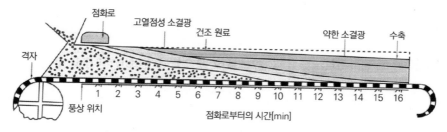

[그림 2-17] 소결기 내의 반응 진행상태 모식도

[표 2-11] 소결광의 성상

화 학 성 분 (%)							
T.Fe	FeO	SiO$_2$	CaO	Al$_2$O$_3$	MgO	TiO$_2$	MnO
54~57	5~9	5~7	5~18	1.5~2.3	0.2~2	0.1~0.6	0.1~0.6

평균입도	회전강도	환원분화율	피환원율	하중 연화성(1.400℃)	
				수 축 율	압 손
15~30mm	55~80 (+10mm%)	25~45 (−3mm%)	55~75(%)	42~50(%)	0.34~0.49 (kPa)

다. 그 밖의 소결법

1) 소립 펠릿(Mini-Pellet) 배합

소결 원료가 미세하면 통기성이 불량해서 소결 생산성을 저하시킨다. 따라서 제철소 내에서 발생한 소결 연진 고로 및 전로 연진과 같이 100mesh 이하의 미분은 조립기를 사용하여 5mm 전후의 소립 펠릿으로 만들어 연료의 입도를 높여, 이것을 소결 원료에 배합하여 소결한다.

원료 전체를 부서뜨려서 소립 펠릿을 만들어 소결하는 경우를 **포어 펠릿**(Fore-Pellet) 소결법이라 한다. 이 방법은 보통 소결법에 비하여 소결성이 높아 좋은 결과를 얻을 수 있다.

2) 자용성 소결광

원료 중에서 5~15%의 석회석을 배합하여 자용성으로 한 것이다. 고로 밖에서 석회석의 분해가 이루어지기 때문에 CO$_2$가 제거되고, 석회분과 원료가 균일하게 반응 할 수 있는 상태로 고로에 장입되므로, 환원성이 좋아 고로 조업에 좋은 결과를 가져오는 장점이 있다.

영국이나 독일에서는 산성 저 품위 철광석과 염기성 저 품위 철광석을 자용성이 되도록 배합하고 소결해서 사용하고 있다.

7. 펠레타이징(Pelletizing)

펠릿화 방법 또는 펠레타이징은 소결이 곤란한 미분을 처리하기 위하여 스웨덴에서 시작하여 1950년 미국에서 Fe 30% 함유한 Taconite라고 하는 고규산 빈광의 활용으로 실용화된 이후 미국을 중심으로 급속히 발전, 최근에는 대규모 광산 개발에 미분광 발생이 늘고 있어 부가가치가 인정되어 페렛 생산은 매년 확대되고 있다.

펠릿(Pellet)은 분체를 둥근 모양으로 제조한 것을 말한다. 미세한 분광을 드럼(Drum) 또는 디스크(Disk)에서 입상화한 뒤에, 소성 경화하여 계란 노른자 크기의 펠릿을 얻는 괴상법으로서, 단광과 소결을 합한 방법이다.

이와 같이 발달하게 된 원인을 요약해 보면 다음과 같다.

① 저품위광의 선광 강화와 미활용 분상 자원에 의해 미분 처리량이 증대한 것이다.

② 제철소 내에서 발생하는 폐기물을 이용한다.

③ 미세 분광에는 통풍 소결법보다도 이 방법이 우수하다.

앞으로, 보통 소결법에 적용할 수 있는 정도의 분광은 소결하고, 정광 또는 유동 배소법에 의한 황산재와 같은 미분은 이 방법으로 괴성화 되리라 생각한다. 이 방법의 작업은 원료의 분쇄(마광), 생펠릿(Green Pellet)의 성형 및 소성 등의 공정으로 이루어진다. 그림 2-18은 펠레타이징 작업의 계통도를 나타낸 것이다.

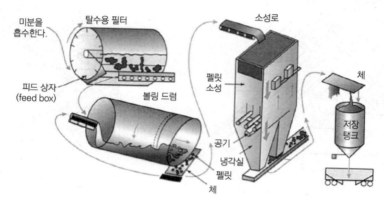

[그림 2-18] 펠레타이징 작업의 계통도

가. 생 펠릿의 형성

단순 단광법과는 달리 틀과 가압이 필요하지 않으며, 물리적으로 원심력을 이용하여 성형하는 것이다. 따라서 입자가 조립(粗粒)이면 불가능하므로 광석의 종류와 배합 비율에 의하여 입도를 적당히 조절한다. 일반적으로, 325mesh 이하를 60~80%로 하며, 마광(磨鑛)이 필요하다. 이 점은 소결과는 정반대이므로 마광에 비용이 많이 든다.

따라서 미국에서 많이 산출되는 저품위 규산질 광석인 타코나이트(Taconite, Fe 20~30%, SiO_2)와 같이 선광 단계에서 충분히 마광시킨 것이 가장 적당하다. 광석에 수분을 약 10% 가하여 그림 2-19 및 그림 2-20과 같이 경사진 디스크 또는 드럼에서 회전시켜 생펠릿으로 만든다. 그림 2-21은 각종 생펠릿 성형기 안의 성형과정을 나타낸 것이다.

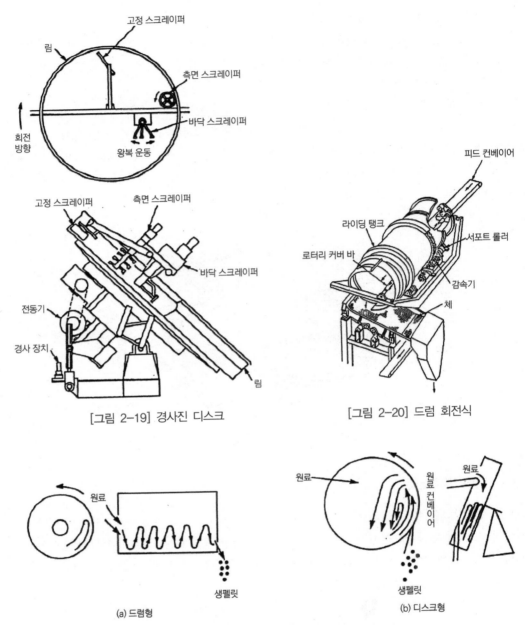

[그림 2-19] 경사진 디스크

[그림 2-20] 드럼 회전식

(a) 드럼형

(b) 디스크형

[그림 2-21] 생펠릿 성형기 안의 성형과정

생 펠릿의 강도를 높이기 위해 석회(CaO), 염화나트륨(NaCl), 붕사(B_2O_3) 및 벤토나이트 (Bentonite)등의 첨가제를 혼합하는 경우도 있으며, 또 만든 생펠릿의 표면에 녹말 액을 바른 다음 건조하는 방법을 쓸 수도 있다.

생 펠릿은 체로 분리해서 체 위의 것을 소성 과정으로 넘기거나, 밑의 것은 다시 연로로 사용한다.

나. 펠릿 소성 작업

수분을 매개체로 물리적 결합을 한 생펠릿을 가열하여 화학결합 시키는 공정을 **소성**이라 한다. 생펠릿의 소성에는 그림 2-22와 같은 직립로(Shaftfurnace), 그림 2-23과 같은 그레이트식 및 그림 2-24의 격자 원통식로(Gratekiln)의 세 가지 방식이 있다.

직립로는 열효율은 좋으나 균일한 소성이 어렵기 때문에 저온 소성이 가능한 자철광을 원료로 사용하는 경우에 사용된다. 이동 그레이트는 드와이트-로이드식(Dwight-Lloyd) 소결기와 동일한 구조로 되어있다. 직립식 소성로는 세계 각국에서 채용되고 있으나, 소결 작업과는 다르게 원료 중에 연료를 함유시키지 않기 때문에 소성 온도는 1,300℃ 정도가 가장 높다.

생펠릿은 고온에서 균일하게 소성하려고 하는 경우에는 격자 원통식 방식이 가장 우수하다.

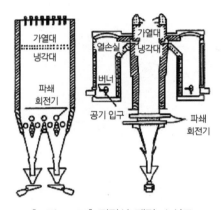

[그림 2-22] 직립식 펠릿 소성로

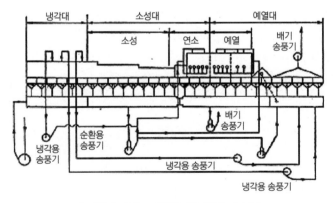

[그림 2-23] 그레이트식 펠릿 소성로

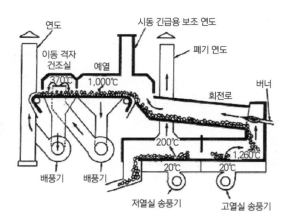

[그림 2-24] 격자 원통 소성로

다. 소성 펠릿의 성질

크기는 대개 20㎜, 비중 2.7~3.1, 기공률 15~30%, 내압 강도는 1,961~2,942MPa이다. 펠릿의 장점을 들면 다음과 같다.

① 분쇄한 것이므로 야금 반응에 민감한 물성을 가진다.
② 점결제 없이 성형되므로, 순도가 높고 고로 안에서 반응이 순조로우며, 해면철 상태를 거쳐 용해된다.
③ 가압하지 않는 자연적인 굴림에 의한 제조이므로 기공률이 높다.
④ 해면철과 유사한 조직으로, 점성이 강하고 균열 강도가 높으며, 가루도 생기지 않는다.
⑤ 산화 배소를 받아 적철광으로 변하며, 환원성이 좋다.
⑥ S 성분이 적고, 그 밖의 해면철 상태를 통해 용해되므로 규소의 흡수가 적다.
⑦ 저온 배소가 되므로 규산 철광이라 하더라도 철감람석(Fayalite, $2FeO \cdot SiO_2$)의 생산이 억제되고, 고로에서는 티탄의 환원율이 낮다.
⑧ 입도가 일정하고, 입도 편석을 일으키지 않으며, 공극률도 크다.
⑨ 고로 안에서 소결광과는 달리 급격한 수축은 일으키지 않는다.

그러나 단점으로는 제조비가 높고, 고로 내에서 부풀음(Swelling)이 일어난다.

익힘 문제

1. 철광석의 특징과 구비조건에 대하여 설명하시오.

2. 고로용 코크스로서 갖추어야할 성질과 고로 내에서의 역할을 설명하시오.

3. 고로에 사용하는 용제의 종류를 들고 그 역할에 대하여 설명하시오.

4. 분광의 소결원리에 대하여 설명하시오.

5. 펠릿의 제조공정을 설명하시오.

03 》 고로 설비

1. 개 요

　현재 선철생산의 대부분이 고로(Blast Furnace)에서 이루어지고 있다. 고로의 역사는 14세기부터 현재에 이르기까지 제조 원리에는 변화가 없으며 산업적인 생산설비의 그 생명은 길다. 아래에 고로조업 과정을 기술하였고 그림 3-1에 고로 각부의 명칭과 반응대를 구분하였다.
　노내 과정을 기상과 응축상의 2상으로 나누어 보는 경우 우선 응축상 측에서 보면 코크스와 광석류는 노정의 장입 장치에 의해 노내에 장입되어 그림 3-1에 나타낸 바와 같이 서로 번갈아 쌓아 올린 층상구조를 형성한다. 장입된 코크스와 광석류는 광석의 연화수축, 용해 및 풍구 앞에서 코크스의 연소로 인해 노내를 천천히 강화하면서 상승가스에 의해 가열된다. 이들 장입물의 온도가 500℃ 전후가 되면 광석류의 환원이 시작되어 900~1,000℃의 온도 구역에 이를 때까지 FeO로 된다. 장입물 온도의 상승에 따라 장입물과 가스의 온도차가 감소하여 대개 900~1,000℃에서의 온도차와 온도구배는 극소로 된다. 이온도가 거의 일정한 영역을 **열 보전 대**라고 한다. 광석류의 환원이 진행함에 따라 열 보전대에서는 상승 가스의 조성이 FeO-Fe 공존 고상과의 평형조성에 가까워져 거의 변화하지 않는 영역이 생긴다. 여기에서는 사실상 광석류는 FeO의 단계에 머문다. 이 영역을 **화학 보전대**라고 한다. 열 보전대는 거의 모든 고로 에서 다 볼 수 있으나 전형적인 화학 보전대는 저 연료비로 조업하는 고로에서만 볼 수 있다. 화학 보전대를 지나면 광석류의 화학반응은 다시 활발하게 되어 FeO는 Fe로 된다. 900~1,00 0℃의 영역에서는 아직 반응에 관여하지 않은 코크스가 가스 중의 CO_2 와 반응을 시작한다. 이것은 기상을 매개로 FeO가 직접 환원되기 시작한 것이다. 이 부근에서 장입물의 온도상승은 처음에는 완만하며 점점 급속하게 된다.

    1,000℃를 넘는 영역에서는 광석류는 연화에 따라 수축하기 시작한다. 1,100~1,200℃의 영역에서 수축률은 20%를 넘어 광석층의 통기성은 현저히 저하되기 시작한다.

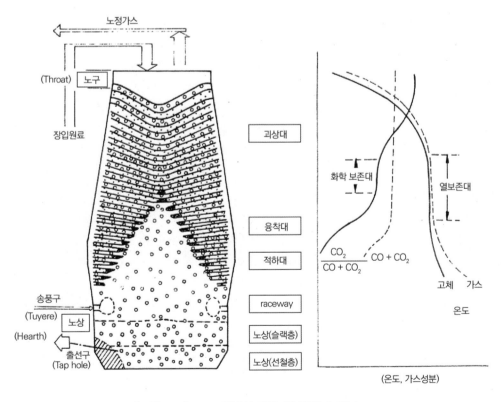

[그림 3-1] 고로 각부의 명칭 및 반응대 구분

온도상승과 함께 다시 입자 상호간의 융착이 저융점 슬래그나 금속 절층을 통하여 진행되므로 1,250~1,350℃ 온도에서 수축률이 45~50% 이상으로 되어 이때 융착층의 통기저항은 연화전의 6~8배에 달한다. 이상의 과정을 거쳐 융착층은 1,380~1,450℃에서 액적상의 슬래그와 철로 적하하기 시작한다. 적하직후에 철은 약 2%의 C를, 슬래그는 수 %의 FeO를 함유한다. 용융 적하 개시 직전의 융착층은 거의 가스를 통과시키지 않는다. 용융된 슬래그와 금속상은 상승 가스 또는 코크스와 상호 반응하여 코크스층과 상승가스에 의해 가열되면서 코크스층 내를 적하하여 노상에 고이게 된다. 이와 같이, 광석류의 변화에 따라 고로는 괴상대, 융착대, 적하대 노상으로 나눠진다. 괴상대에서는 광석 입자 층과 코크스 입자층이, 융착대에서는 융착한 광석층과 코크스 입자층이 번갈아 있으며 적하대에서는 코크스 입자간격을 통해 용융 상태의 선철과 슬래그가 적하한다. 노상에는 코크스층 공극에 슬래그와 선철의 정지층이 생겨 비중차로 분리된다. 노상의 코크스층은 노저에 이르고 있을 경우와 그렇지 않을 경우가 있다. 노상에 고이는 선철은 고이기 직전에 정지 슬래그층 내를 입자 상태로 내려오므로, 이런 과정에서 노상에서 슬래그 금속반응의 대부분이 일어나게 된다. 노상에 고인 슬래그와 선철은 간헐적으로 출선구에서 배출되어 슬래그는 처리장으로, 선철은 제강공장으로 보내진다.

한편, 기상 측에서 보면 약 1,250℃로 가열된 공기는 노화부쪽 바깥 둘레에 노중심을 향하여 설치된 풍구로부터 약 220~280m/s의 속도로 노내로 들어온다. 송풍의 운동량에 따라 노내의 풍구 앞에는 코크스가 선회하는 지름 1~2m의 Race Way라고 하는 공간이 형성된다. 송풍 중 산소는 코크스와 풍구로부터 별도로 흡입되는 중유와 반응하여 Bosh 가스를 생성한다. 그 가스 조성은 대체로 CO 33.5%, H_2 5.5%, N_2 61%이다. 이 Race Way로부터 유출되는 가스는 풍구 수준에서 노 반지름과 같은 높이 이상의 위치에서는 주변에서 불어대는 영향은 작아져, 반지름 방향에서의 가스 흐름 분포는 주로 장입물의 충전과정에 따라 결정되는 통기저항분포에 의해 지배된다. 융착층 부근에서는 통기성이 극히 나쁘기 때문에 가스는 두 융착층 사이에 있는 코크스층을 지나게 된다. 그림에서 같은 융착대가 있는 상태에서, 가스는 적하대로부터 이 코크스 층을 지나 괴상대에 분대된다. 노구 반지름과 동일 거리의 깊이로부터 장입물면에 이르는 영역에서는 장입물면의 형상이 절구 모양이기 때문에 가스의 흐름은 중심으로 향해 재분배된다. 따라서 장입물면에서는 아래쪽에 비해 중심부의 가스 유량이 많다. 이상과 같이 가스의 흐름은 Race Way주변, 융착대 부근, 장입물면 부근을 제외하면 노축에 거의 평행하다. 가스 조성은 1,100~1,200℃의 영역까지는 주로 FeO의 직접환원에 따라 CO의 농도가 증가하나 그 이하의 온도 영역에서는 직접환원의 기여가 적어져 CO의 농도는 감소하며 CO_2와 H_2O 농도가 차츰 증가한다.

이상이 노내 현상이나 일반적으로 응축상과 기상의 흐름은 반지름 방향으로 다른 분포를 갖게 되므로 이런 경우 고로를 대충 몇 개의 원주로 나누어 생각할 수도 있다.

제2절 고로의 설비

1. 고로의 본체

그림 3-2는 고로설비의 구조로, 고로본체, 원료장입설비, 송풍기, 열풍로, 가스 청정설비, 주상설비 및 환경집진설비 등으로 되어 있다.

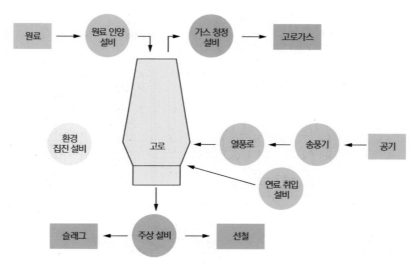

[그림 3-2] 고로 설비의 개략도

고로(Shaft Furnace)는 용광로(Blast Furnace)라고도 하며, 제선 설비의 주체이다.

장입된 제선 원료에 화학변화를 가하여 용융 상태의 선철과 슬래그를 만들어 내며, 노정으로 고로 가스를 배출한다. 이 가스는 제철소내의 각 공장의 열원으로 이용된다.

이 작업은 고로의 조업 개시로부터 노의 수명이 다할 때까지 계속되므로, 제철소의 심장이라 할 수 있다.

고로는 기능상 거대한 가스 발생로라고도 할 수 있고, 제철을 위한 철광석의 환원로(還元爐), 그리고 장입물 용해로와 가스 발생로를 겸한 것으로 볼 수 있다.

최근에 이용되고 있는 고로의 특징으로 생산의 증가에 따른 건설비의 절감을 위해 대형화되고, 제선 능률을 높이기 위해 노의 기계화와 자동화로 생산된다. 제선 작업의 대부분은 고로 본체 이외에 각종 부대설비가 필요하다. 컨베어벨트로 노정까지 운반되어 온 철광석과 코크스, 석회석 등은 장입 장치를 사용하여 노정에서 코크스, 철광석, 석회석 순으로 균일하게 장입한다.

Race Way를 통하여 미리 가열된 열풍을 열풍로에서 공급하고, 발생한 노정 가스는 제진기,

가스 청정기에서 연진을 제거한 뒤에 열풍로에서 연소시켜 축열실 벽돌과 열 교환하여 저장하고, 나머지는 제철소 안의 각 공장에서 연료로 사용하기도 한다. 다음으로 고로에서 환원, 용해된 선철은 출선구를 통하여 출탕되고, 용선차로 운반된다. 또한 슬래그는 슬래그 운반처리 장치에 의하여 슬래그 처리장으로 운반된다. 그림 3-3은 고로의 개략도와 그 부대시설이다.

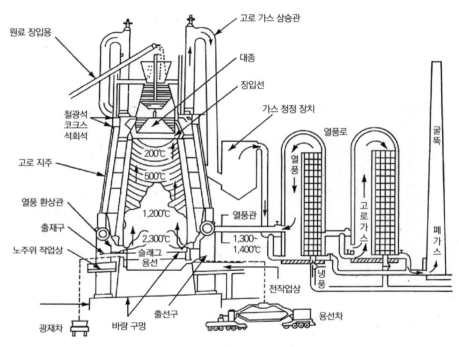

[그림 3-3] 고로의 개략도와 부대시설

2. 고로의 내형

고로의 내형과 각부의 명칭은 그림 3-4와 같이 노구(Throat), 샤프트(Shaft), 노복(Belly), 보시(Bosh) 및 노상(Hearth 또는 Crucible) 등의 구조로 이루어진다.

가. 노구(Throat)

노구 지름은 가스의 유속, 송풍량 및 노상 지름과 관계가 있어 연진(Flue Dust)을 줄이기 위해 유속을 알맞게 조정해야 한다. 노구 지름이 너무 크면 장입물이 고로의 단면에 균일하게 분포되지 않을 우려가 있다.

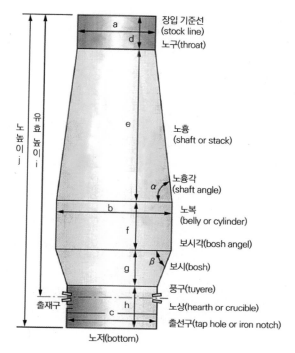

[그림 3-4] 고로의 내형과 각부 명칭

나. 노흉(Shaft)

샤프트는 장입물의 강하를 쉽게 하고, 상승 가스에 의한 환원이 손쉽게 이루어지도록하기 위하여 샤프트 각을 두어 밑 부분을 넓게 하고 있다. 이 각도는 예부터 크게 하고 있으며, 일반적으로 85~87°정도이다. 그러나 너무 크면 노벽과 장입물과의 마찰이 크게 되어 노벽을 상하게 하고, 작으면 노벽을 따라 가스가 상승하여 균일한 가스 분포를 저해하는 결과가 나타난다.

다. 노복(Belly)

노복은 예정 출선량으로 부터 노상의 지름이 결정되고 보시각, 보시 높이 등으로 노복의 지름이 정해진다.

라. 보시(Bosh)

장입물이 용해해서 미화원의 Fe, Si, Mn이 직접 환원되는 부분이며, 장입물의 용적 축소와 강하 속도를 낮추어서 반응이 충분히 이루어지도록하기 위해 원뿔형으로 되어 있다. 이 부분의 경사를 나타내는 보시각은 종래에는 75°정도였지만, 점차 증가하여 80°이상이 되었다.

또, 보시 높이는 낮아지는 경향이 있으나, 환원하기 어려운 광석을 사용할 때에나 주물선을 제조할 때에는 높은 것이 좋다.

마. 노상(Hearth or Crucible)

용선과 용제를 저장하는 부분으로서, 1회의 출선량과 일부의 슬래그를 충분히 저장할 수 있는 용적이 필요하다. 노상의 지름은 코크스의 연소량을 결정하는 중요한 요소로서, 출선량을 좌우한다.

바. 고로의 높이

고로의 높이는 노 바닥에서부터 장입 기준선까지의 높이이고, 노의 유효 높이는 바람구멍의 중심선에서부터 장입 기준선까지의 높이다. 고로 높이는 코크스의 강도, 철광석의 피환원성, 장입물의 입도 등에 따라서 결정되며, 일반적으로 20~28m 정도이다.

3. 고로의 능력 및 내용적

가. 생산 능력

고로의 생산 능력은 1일 출선량(톤/일)으로 나타낸다. 선철 생산량은 동일한 고로라도 장입 원료, 제조할 선철의 종류, 조업법 등에 따라 다르다. 보통 조업 조건에서 설계할 때에 목표로 한 출선량을 **공칭 능력**이라 하며, 현재의 생산 능력은 공칭 능력을 훨씬 웃돌고 있다.

새로 건설한 고로의 출선량에 대한 식은 다음과 같다.

$$P \frac{Q}{365 \times K \times S \times B}$$

단, P: 출선량(톤/일)   Q: 필요한 출선량(톤/년)
K: 가동률   S: 조업도   B: 선철의 회수율

나. 내용적

내용적은 출선 능력에 가장 큰 영향을 끼치며, 이를 나타내는 방법에는 다음과 같은 것들이 있다.

① 전용적: 노 바닥에서부터 노구까지의 용적
② 내용적: 출선구로부터 장입 기준선까지의 용적
③ 유효 내용적: 바람구멍 수준면에서부터 장입 기준선까지의 용적

유효 내용적(Effective Volume)은 바람구멍 선단에서 발생한 가스가 노 안을 올라갈 때,

가스가 장입물과 접촉해서 반응하는 용적이다. 고로의 대형화에 따라 내용적도 증대되어, 현재 건설되고 있는 고로는 400Nm³ 이상의 것도 있다.

다. 내용적과 출선량

내용적과 출선량은 대체로 비례 관계가 성립한다. 출선비 또는 출선율이란, 고로의 출선량(톤/일)을 고로의 내용적(m³)으로 나눈 값, 즉 출선비는 고로의 능률을 나타내는 중요한 수치이다.

$$출선비 = \frac{출선량}{내용적}(t/d/m³)의 \ 관계에 \ 있다.$$

과거에는 이 값이 1.8~2.2톤/Nm³이었지만, 출선량이 10,000(t/d) 정도의 대형 로에서는 2.5이상 되는 경우도 있다. 최근에는 사전 처리 조업 기술의 진보에 따라 매년 상승하고 있다.

4. 고로의 구조

가. 노체의 지지 형식

고로의 노체, 노정 장입 장치 등의 하중을 지지하는 방식에 따라 네 가지 형식으로 나눌 수 있다.(그림 3-5 참조)

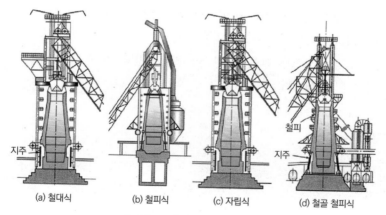

(a) 철대식   (b) 철피식   (c) 자립식   (d) 철골 철피식

[그림 3-5] 고로 지지 형식

1) 철대식

철대식(German Type)은 독일에서 시작한 형식이며, 노정의 하중은 철탑으로, 노체 상부의 하중은 6~8개의 기둥으로, 그리고 보시 이하는 노 바닥의 기초로 지지한다. 별도의 철골 구조로 지지하는 노정 장입 설비와 노체의 연결은 샌드 실(Sand Seal)로 되어 있으며, 벽돌은 철대로

고정되어 있다.

철대 사이의 벽돌은 공기 중에 개방되어 있어, 공랭 효과가 좋으나 가스 누설과 벽돌 침식이 심하고, 벽돌이 팽창, 연화되는 결점이 있어 요즈음에는 사용하지 않는 형식이다.

2) 철피식

철피식(American Type)은 미국에서 시작된 형식이며, 강판으로 노의 외피를 만들고, 이 철피의 안쪽에 벽돌을 쌓은 것으로, 노정과 샤프트 하중을 6~8개의 기둥으로 지지하는 구조이다.

개수할 때에 철피 교환이 어려우며, 또 기둥 때문에 노 주위에서 작업하는데 불편하여 대형 고로에서는 사용하지 못하는 형식이다.

3) 자립식

자립식(Free Standing Type)은 제2차 세계 대전 중에 독일에서 개발된 형식으로, 노정 하중은 철탑으로, 노체의 철피와 벽돌 하중은 노 바닥 기초로 지지한다.

노체 하중의 증대로 바람구멍과 냉각반 삽입부의 철피에 대한 강도가 문제시되고 있으며, 보시 하부의 벽돌이 두꺼워진다는 결점이 있다.

그러나 노 주변의 작업성이 좋은 장점이 있다. 또, 벽돌 침식으로 인한 철피의 적열 및 균열이 발생한 때에 위험 요인 등이 남아있으나, 최근 대형 고로에 많이 채용되고 있다.

4) 철골 철피식

철골 철피식은 고로의 대형화에 따라 개발된 형식이며, 노정하중은 철탑으로, 그리고 노체 상부하중은 이중 거더를 사용한 기둥으로 지지한다. 또, 노체 하부 하중은 노 바닥 기초로 지지하는 등 세부분으로 전체 하중을 분산시킨다. 이 형식은 자립식의 문제점을 해결하는 데에 중점을 둔 것으로 지반이 약하거나 지진이 많은 곳에서 채용되고 있다.

나. 노 바닥과 노상부

노 바닥 맨틀(Mantle)은 32~36mm의 광관을 용접 또는 리벳 이음 하여 만든다. 노상부에는 노 안으로 열풍을 송풍하는 바람구멍, 용선, 슬래그를 압출하는 출선구, 출재구가 있다.

1) 바람구멍(풍구)

송풍기에서 가압되어 열풍로에서 예열된 공기는 Bosh에 근접한 노의 상부 상단에 노의 중심을 향해 설치한 풍구를 거쳐 노내로 송입(送入)된다. 풍구 근처의 송풍관에 대한 구조는 그림 3-6과 같다.

풍구의 선단으로부터 노 내측의 Race Way안에서는 코크스 연소 반응이 일어나고 있어 풍구 주변은 고온이므로 풍구는 수냉되며, 그 재질은 열전도율이 큰 순구리(Cu)이다. 또한 Race Way에는 약 1,500℃의 선철이 유입되므로 융점이 낮은 구리(Cu)는 자주 용융손상을 받는다. 따라서 최근에는 풍구 내에 여러 가지 고안을 한 높은 유속형의 풍구가 사용되고 있다.

또한 노상지름이 14m급 정도의 대형 로에서의 풍구의 수는 원주방향 설치 간격이 약 1.2m 이므로 38개 정도가 된다. 또 풍구선단 내경은 100~150mm이다.

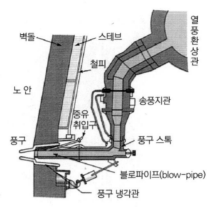

[그림 3-6] 바람구멍의 구조

2) 출선구

냉각 장치는 없지만, 상부와 고로에 따라 좌우에 1개씩의 냉각 통을 벽돌 속에 장입한다.

3) 출재구

구조가 바람구멍과 비슷하므로, 슬래그 바람구멍이라 한다. 현재 슬래그는 출선구를 통하여 용선과 함께 배출시키고 있다.

다. 보시(Bosh)부

구조는 철피식에서는 22~25mm의 강관을 사용하고, 샤모트 벽돌로 쌓으며, 노벽 두께는 500~900mm이다. 또, 고열을 받으므로 냉각 통을 다수 삽입하거나, 물을 뿌려서 냉각하여 보호한다.

라. 노복(Belly)과 노흉(Shaft)부

철대식 구조는 3-4단 벽돌을 쌓을 때마다 1개의 철대를 두르며, 철피식은 16~32mm 강관의 철피를 조립한 안쪽에 벽돌을 쌓는다.

마. 노정 장치

고로의 상부에 거대한 철 구조물이 놓이게 되는데, 이의 주요 구성 요소는 원료의 장입 장치와 그림 3-7과 같은 고로 가스의 배출 장치이다.

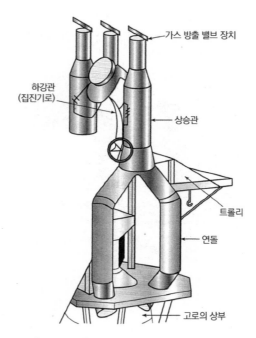

[그림 3-7] 노정장치와 가스 방출 장치

1) 연돌관

고로에서 발생하는 가스를 노에서 배출하는 관으로 노의 최상부에 원주를 4등분한 각각에 위치하며, 가스분포를 균일하게하기 위하여 출선구와 출재구의 직상부는 피하고 있다.

2) 상승관

가스를 상승시키는 관으로 네 개의 관이 상부로 가면 두 개로 합쳐지고, 다시 한 개의 관으로 되어 하강부에 연결된다. 상승관은 가스의 유속이 100mm/s이하가 되도록 관의 지름을 정하고, 높이는 장입장치의 높이와 하강관의 각도들을 고려하여 설계한다.

3) 가스 방출 밸브 및 개폐장치

가스 상승관의 상부에 설치한 노정가스 배출장치이다. 방출밸브는 가스 상승관의 형상에 따라 다르지만 보통 네 개를 설치한다. 방출 밸브형식에는 외개식과 내개식이 있는데 저압고로에서는 내개식, 고압고로에서는 외개식을 사용하나 최근에는 병합하여 사용하고 있다.

바. 노체의 냉각 장치

고로는 내화 벽돌이 노 안의 고온을 차단하고 있지만, 노체 벽돌을 보호하여 수명을 연장하기 위해서는 필요한 위치를 충분히 냉각하여 벽돌의 온돌을 내려야 한다. 노체의 냉각에는 바람구멍과 출재구 뿐만 아니라, 모든 부분에 냉각수통을 다수 삽입하여 냉각시키고 있다.

냉각 방법으로는, 그림 3-8, 9와 같이 철피 내면에 설치하는 스테이브(Stave) 냉각식과 냉각반 냉각식, 철피의 외면으로부터 냉각하는 살수 냉각식과 재킷(Jacket) 냉각식 등이 있다. 스테이브 냉각 방법에는 증발 냉각식과 수냉식이 있다. 증발 냉각식은 냉각수가 자연 순환하는 것이고, 수냉식은 강제 순환하는 방법이다.

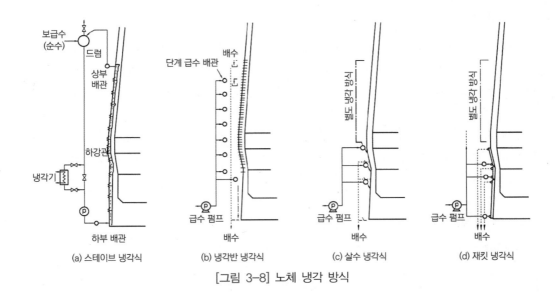

[그림 3-8] 노체 냉각 방식

사. 노체의 관리

고로는 한 번 화입(火入)하게 되면 바깥에서 간단히 보수하는 것 이외에 그 안에서 수리할 수 없다.

따라서 바깥에서 노의 수명을 연장하는 대책을 실시할 뿐이다. 그러므로 현재 조업 중인 노의 노체 관리는, 노체에 설치된 각종 계측기를 유효하게 활용해서 이 정보를 기본으로 노체의 장기 및 단기적 경향을 정확하게 파악하고, 과거의 경험과 신기술을 이용해서 정확한 관리로 노의 수명을 연장시키는 것이 노체 관리의 목적이다.

(a) 스테이브   (b) 냉각반

[그림 3-9] 스테이브와 냉각반

1) 노벽관리

고로는 화입 후에 2~3년이 지나면 노체 벽돌의 침식 문제와 노벽에 부착물 생성 등 노체 문제의 발생이 빈번해지기 시작하여, 수년 후부터는 그 정도가 급격하게 증가되어 휴풍(休風) 시간의 증가로 가동률이 떨어지는 경향이 나타나게 된다. 즉, 노벽 벽돌은 장입물에 의한 마멸, 노 안의 온도 변화에 의한 스폴링, 벽돌 가열 때의 팽창에 의한 탈락 등으로 인한 손상 및 화학 반응에 의한 벽돌 조직의 파괴 등 벽돌에 큰 침식을 주게 된다. 노벽의 안정된 수명을 얻기 위해서는 벽돌 조직의 적합한 선택과 충분한 냉각과 노벽에 열부하가 걸리지 않는 조업 기술 등이 필요하다.

2) 노 바닥관리

노 바닥의 탄소 벽돌의 침식이 일어나는 원인은 다음과 같다.

① 용선의 가탄 용해 반응 온도의 상승과 함께 촉진된다.
② 공기: CO_2, H_2O 등에 의해 산화된다.
③ 알칼리 금속과 반응하여 알칼리 탄화물을 생성하여 부피 변화에 의한 강도 저하 등이 일어 난다.
④ 급격히 온도가 변화할 때에는 열응력에 의해 탄소 벽돌에 균열이 생긴다.

대책으로는 TiO_2 등을 장입하여 노 바닥에 침적시켜 보호 구역을 형성시키거나, 철피와 탄소 벽돌 사이에 열전도율을 향상시키도록 하여 냉각 효과를 높이고, 노 바닥 철피에 생성된 녹을 제거하여 냉각수에 의한 냉각 효과를 향상시킨다.

5. 노정 장입 설비

가. 권양장치

고로에 원료를 장입하려면 먼저 철광석, 코크스, 석회석 저장고에서 원료를 출고, 평량한 다음 노정으로 운반한다. 노정으로의 운반에는 그 동안 Skip식 권양기가 사용되었으나 요즘 대형 로에서는 거의 장입 컨베이어 방식이 채용되고 있다. 권양 장치는 생산 규모에 따른 1회의 각 장입량과 소요장입 회수로부터 장입 1 cycle의 Time Schedule을 정하고 Skip용량, 벨트 폭 주행속도를 결정한다.

1) 스킵식 권양 장치

Skip 권양기는 고로에 걸쳐서 설치된 경사 탑의 궤도 위를 주행하는 Skip Car에 의하여 장입 물을 노정에 운반한다. 2개의 Skip을 교대로 승강하며, 장입횟수는 1일 360~450회 장입하고, Skip의 용량은 최대 25m²까지 있고, 주행속도는 90~120m/min이다.(그림 3-10 참조)

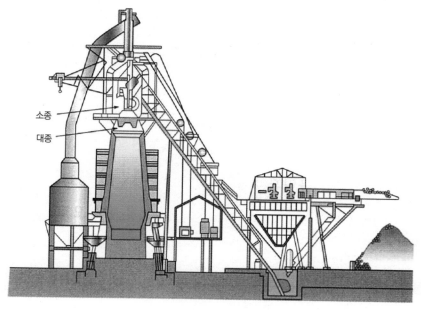

소종
대종

[그림 3-10] 스킵식 권양기

2) 컨베어 벨트식 권양기

철광석 저장소로부터 노정까지 컨베어 벨트에 의하여 자동으로 장입장치에 장입물을 떨어트 리는 방식이다. 장입 원료가 굴러 내리지 않도록 12°이하의 경사로 설치하며, 벨트 폭은 대형 로에서 2m 정도이고, 속도는 120m/min 정도이다.(그림 3-11 참조)

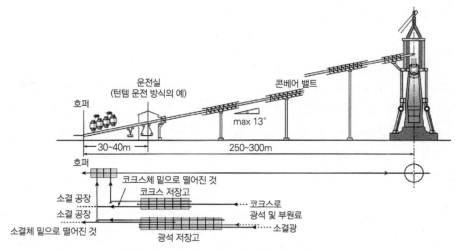

[그림 3-11] 컨베이어 벨트식 권양장치

나. 원료 노정 장입장치

노정에 운반된 원료를 노 내에 장입하는 장치로, 다음과 같은 조건이 요구된다.

① 원료를 장입할 때에 가스가 누출되지 않도록 하여야 하므로 개폐에 따른 마모를 방지해야 한다.
② 원료를 균일하게 장입하여야 하며, 장입 방법을 자유로이 바꿀 수 있어야 한다.
③ 조업 속도에 따른 충분한 장입 속도를 가져야 한다.
④ 장치가 간단하여 보수하기 쉬워야 한다.

그림 3-12는 노정장입 장치의 형식을 나타낸 것으로, 장입장치는 2종(Bell)의 메키(Mckee) 식이 주류를 이루었으나 고로의 고압화에 따라 3bell이나 4bell 또는 2bell 1밸브 밀폐의 2균압 형이 일반화 되어있으며, 최근에 사용되는 밸리스(Bell-Less)식인 풀워스(Paul-Wurth)식이 개발되었다.

1) 1밸브 2벨 밀폐식 장입장치

가스를 밀폐하기 위하여 상부종 호퍼의 상단에 밀폐밸브가 설치되어있다. 이것은 상부종과 하부종의 가스 차단으로 인한 마멸을 피한 것으로 균압실을 갖추고 있다. 특히, 고압조업의 발달 로 중간에 균압실의 설치가 필요하게 되어 두 개의 종과 가스 밀폐 밸브 장치가 있다.(그림 3-12 참조)

1)의 조건을 만족시키기 위하여 그림 3-12(a)에서와 같이 상종(Upper Bell)과 하종(Lower Bell)의 2개종을 쓰며 때로는 3개종을 쓰는 일도 있다. 특히, 고압조업의 발달에 1)의 조건이

중요하게 되어 중간에 균등 압력실을 설치할 필요가 생겨 많은 종의 조합이나 기밀을 위한 Seal Valve를 쓰는 장치가 개발 돼 있다.

2)의 조건에 대해서는 원추형의 장치를 갖는 종을 사용하며 또 원료분배기(Movable Armour)를 설치하여 균일한 장입을 할 수 있게 되어 있다.

장입물이 노구의 내벽에 떨어져 마모되지 않도록 내벽에 내마모판(Throat Armour)을 설치하는데 원료 분배기는 이 내마모판 위에 설치하여 로의 외부에서 조정하게 되어있다.

2) 선회슈트식(Bell-Less) 장입장치

장입 방법을 더욱 자유롭게 바꾸기 위하여 종을 쓰지 않고 선회 Chute로 직접 노내에 장입하는 PW장입 장치(Paul Wurth식)가 개발되어 소형 고로에 사용되고 있다. 노내 장입물의 강하상태를 알기 위해서 장입 심도계(Stock Indicator)가 노정부에 2~4개 설치되어 있다. 이것은 검척봉이나 Chain을 이용하여 장입물 상층까지의 길이를 측정하여 강하 길이를 원격으로 지시하게 되어 있다.(그림 3-12(b)참조)

3) 메키식 장입 장치

원료를 균일하게 장입하기 위하여 선회 호퍼(Hopper)를 회전시켜 분배하며, 노정가스의 누출을 방지하기 위하여 이중 장입 종을 설치하는 이외에 여러 가지 밀폐 수단이 강구 되고 있다.(그림 3-12(c)참조)

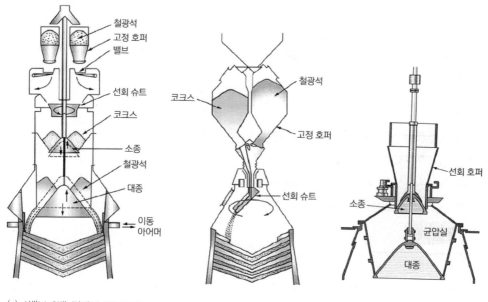

(a) 1밸브 2벨 밀폐식 장입장치   (b) 선회슈트식 장입장치   (c) 메키식 장입장치

[그림 3-12] 각종 장입 장치

6. 고로용 내화 재료

고로 일대의 수명은 사용 내화물 품질, 형상, 연와적 구조 축로기술에 크게 좌우되는 것으로 냉각법과의 연관 관계를 충분히 고려해야한다. 로의 수명은 소형로에서 10년 이상의 것도 있으나 대형 로에서는 보통 5~6년이다. 고로용 부위별 내화재의 특성과 재질을 표 3-1에 나타내었다.

[표 3-1] 부위별 내화재의 특성과 재질

부위	요구 특성	사용 재질
샤프트 상중부	내마모성 저기공률	점토질(샤모트: chamotte)
샤프트 하부 벨리부 보시부	내스폴링성 저기공률 내마모성 내용재성	고알루미나질 흑연 탄화규소질 탄소질
노상부 노저부	고내화성 내용재성	미세탄소 블록 (micro carbon block)

가. 고로 본체용 내화물

고로용 내화물은 장입 원료의 하강에 따르는 마멸, 고온 반응에 의한 강력한 침식, 장기간의 연속적 조업, 그리고 대부분은 조업 도중에 수리도 불가능하므로, 형상의 치수가 정확해야하고, 최고의 품질을 가지는 내화물을 사용해야한다. 고로용 내화물은 그림 3-13에 나타낸 바와 같이 점토질벽돌이 대부분을 차지하고, 내화물의 손상이 큰 보시(Bosh)부와 바람 구멍부에는 고알루미나질 벽돌, 그리고 노의 바닥과 노상(爐床)부에는 탄소질 벽돌을 사용하고 있다.

나. 노상 내화재

로상 상부에는 탄소벽돌, 하부에는 점토질벽돌이 많이 사용되어 왔으나 점토질벽돌에 침식이 일어나는 경우가 있고, 또 비교적 소모가 빠르므로 최근에는 전체를 탄소 벽돌로 하는 경우가 많아졌다. 탄소 벽돌의 원료는 흑연, 배소 무연탄, 코크스 등이며 원료의 배합에 따라 차이가 있다. 표 3-2는 고로용 내화재료의 특성이다.

다. 풍구부 내화재

이 부분은 고알루미나질, 점토질 연와가 사용된다. 내화도, 내용재성, 누수시 내스폴링 (Sapalling)성이 요구된다.

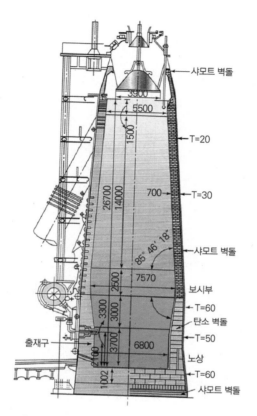

[그림 3-13] 고로 노체의 내화벽돌 축적도

[표 3-2] 고로용 내화재

구분		점토질 (샤모트)	고알루미나질			탄소질	흑연 탄화규소질
			A	B	C		
성분(%)	SiO₂	45~55	45~55	33~34	3~5	C: 96.6~96.9 회분: 2.4~2.7	C: 61, SiC: 21 SiO₂: 11
	Al₂O₃	41~44	56~62	62~63	93~96		
	Fe₂O₃	1.0~1.5	1.0~1.5	1.0~1.3	0.2~0.5		
사용 위치		샤프트	샤프트 하부 노저			샤프트 하부, 벨리, 보시, 노저	샤프트 하부, 벨리, 보시, 노저
원료		내화 점토	내화점토, 보크사이트, 다이어스포어, 멀라이트, 실리마나이트			흑연, 코크스분, 무연탄	흑연, 코크스분, 무연탄, 탄화규소
화학적 성질		산성	약산성			중성	중성
특징		내스폴링성	고 Al₂O₃일수록 내화도, 내식성, 내스폴링성			내용재성, 고내화성, 열전도도 양호, 700℃ 이상에서 산화됨.	내용재성, 고내화성, 열전도도 양호, 1,300℃ 이상에서 산화됨.
내화도 부피 비중 겉보기 기공률 압축 강도 (kg/cm²)		SK 34 2.36 12.2% 854	〉37 2.4~3.2 14.5 800~1,200			1.6 17.3 460-510	2.0 15.5 418

라. 보시부 내화재

샤프트 상부는 고체와 기체만이 존재하므로 내마모성이 중요하며, 저기공율, 고강도의 점토질 내화재가 쓰인다. 벨리, 보시부분은 내용선용재성, 내알칼리성이 중요하므로 점토질 벽돌 이외의 고알루미나, 탄소 벽돌 등의 고급 내화재가 쓰인다. 고알루미나 벽돌은 Al_2O_3 함량이 높고, 내화성, 내식성이 우수하다. 탄소 벽돌은 내용재성이 우수하여 CO_2에 의한 산화 위험성이 적은 벨리, 보시부에 쓰이고 있다. 그림 3-13은 고로 노체의 내화벽돌 축적도이다.

7. 주상설비

가. 용선, 슬래그의 축출

주상의 높이는 용선차의 높이에 따라 결정되고 조업상은 풍구보다 1m 정도 낮게 한다. 과거에는 1개의 출선구와 2개의 출재구의 주상을 사용하였으나 출선량 증대에 따라서 출선구수의 증가, 주상의 단면화가 실시되고 있다. 일반적으로 출선구 수는 출선량 2,500t/day 이하의 로에서는 1개, 2,500~6,000t/day에서는 2개, 6,000~10,000t/day에서는 3개 정도이고, 출선구가 4개인 로도 있다. 출재구 수는 오히려 적어지는 경향이 있다.

출선구의 개구는 압축공기로 작동하는 Air Motor에 의한 드릴착공과 공기 햄마에 의한 강봉의 타입에 의하여 폐색하고 있는 점토(Mud)를 개구한다. 출선구에서 나오는 용선과 광재는 비중차(용선: 약 7, 용재: 약 2.5)를 이용하여 그림 3-14와 같은 Skimmer에 의하여 분리된다. 분리된 용선과 슬래그는 각각 별개의 통(Trough)을 통하여 용선차 및 용재차(Cinder Ladle)로 흘러간다.

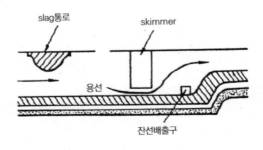

[그림 3-14] Skimmer부의 단면도

광재(Slag)는 출선 전에 출재구로부터 축출하여 슬래그통을 통하여 용재차로 유출시킨다. 최근에는 출재구가 없는 고로도 있다.

나. 폐색

출선구의 폐색에는 그림 3-15와 같은 출선구 폐색기(Mud Gun)가 사용된다. Mud Gun에는 전동식이 많이 사용되고 있으나 유압식도 사용되기 시작했다. 고로내압의 상승에 다라 점점 강한 충전력이 요청되고 있어 요즘에는 충전 동작에 유압 기구를 사용하는 예도 있다. 폐쇄용 점토는 미분 코크스, 샤모트분 등에 타르(Tar)를 첨가하여 충분히 혼련 한 것을 사용한다. 요즘에는 SiC, 알루미나 등을 첨가 하여 성능을 향상 시키고 있다.

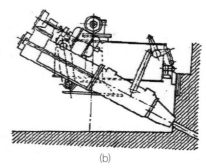

(a)   (b)

[그림 3-15] Mud Gun

8. 용선, 용재처리

용선은 용선차에 의해 제강공장 또는 주선기로 운반되고, 용재는 용재차로 광재 처리장에 운반하거나 주상 주위에 설치된 Dry Pit에 넣어서 살수 냉각 파쇄 하여 자갈상태로 하거나 또는 많은 물과 같이 수재지에 넣어서 수재로 한다.

보통 용재차와 수재 또는 Dry Pit와 수재 등의 조합을 채용한다. 용선차는 강판 용접제이고 300mm 정도의 내화물을 내장한다. 형상에는 그림 3-16과 같은 상부 개방형, 구형 혹은 양리형, 혼선차(Torpedo Car) 등이 있고, 상부개방형은 방열량이 크며 최대 용량도 60t 정도이다. 대형로에서는 구형 및 혼선차형이 주로 사용되는데 구형은 150t, 혼선차형은 200~600t 정도의 것이 사용된다. 용선은 대부분을 제강공장의 혼선로에 보내어 제강하거나 Tropedo Car로 운반하여 전로제강을 하고 있다. 용선을 냉선(형선)으로 하고자 할 때에는 주선기(Pig Casting Machine)에 보낸다.

(a) 상부 개방형 혼선차

(b) 구형(양리형) 혼선차

[그림 3-16] 혼선차 종류

용재차(Cinder Ladle, Slag Buggy)는 50t의 것이 사용되고 있다. 재질은 주철제와 주강제가 있으며 현재는 주강제를 많이 이용하며 내화물을 재장하지 않는다. 형상은 열응력을 줄일 수 있는 원추형이 좋다.(그림 3-17 참조)

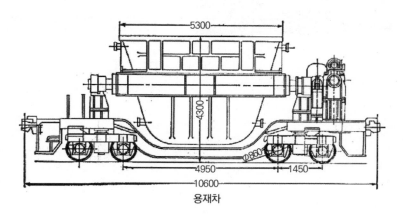

[그림 3-17] 용재차 모형도

Slag Dry Pit은 주상 주위에 설치되고 유입과 냉각파쇄 제거가 교대로 반복된다. 용수량 이외는 경제적이며 용재에 혼입하는 유선에 대하여도 영향은 없으나 결점은 작업 분위기를 약화시키며, 풍향 등에 따라 주위 환경에 큰 영향을 주므로 주변 기기의 방식 대책이 필요한 단점이 있다.

슬래그 덩어리는 용재통로에 설치한 살수설비에 의하여 용재에 물을 분사해서 직접 또는 강판통을 통하여 수재지에 유입시켜서 만든다.

제3절 **고로 부속 설비**

1. 열풍로의 구조와 설비

일반적으로 고로 1기에 대해 3~4기를 설치하는 열풍로는 고로 가스, 코크스 가스, 중유 또는 LPG를 연소시켜 그 열을 벽돌 격자로 되어 있는 축열실에 축열하여 여기에 공기를 보내 가열하는 송풍예열장치이다. 따라서 운전은 연소, 축열과 송풍가열의 2기로 나눠지며 열풍로 본체는 연소실과 축열실의 2개 부분으로 되어 있다. 그림 3-18에 Cowper식(내연식)과 Koppers식(외연식)의 열풍로의 공기 예열창치를 나타내었다.

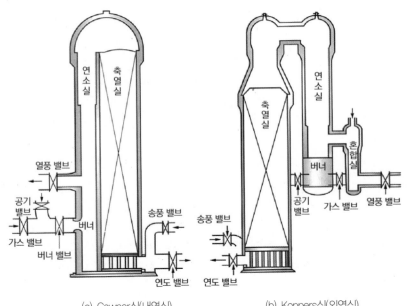

(a) Cowper식(내연식)　　　(b) Koppers식(외연식)

[그림 3-18] Cowper식과 Koppers식 열풍로

Cowper(내연식) 열풍로는 연소실과 축열실(Regenerative Chamber)이 동일의 원통 철피 내에 들어 있으며, Dome의 온도 1,300℃, 송풍온도 1,150℃ 정도로 사용되고 있다. Koppers (외연식)에 비하여 건설비는 저렴하나 고온송풍의 경우 연소실과 축열실의 온도차에 의한 격벽 균열이 문제가 된다. 이 결점에 대한 대책으로 개발된 것이 Koppers식(외연식) 열풍로이다. Koppers식 열풍로의 특징은 연소로와 축열로의 각 Dome을 신축관이 붙은 연결관으로 결합한 것이다. 규석연와를 고온부에 사용한 외연식 열풍로에서는 Dome온도 1,500℃, 송풍 온도 1,300℃ 이상이 얻어진다.

열풍로의 내화물은 열전도율과 비열이 높아야 한다. 특히, 고온에서 체적 안정성, 온도변화에 따른 강도, 그리고 연소 가스나 공기 중인 먼지에 대한 내구성 등도 중요시된다. 보통 점토질, 고 알루미나질의 벽돌이 사용되어왔으나 최근에는 고온 송풍화에 따라 더욱 내화도와 열간 용적 안정성이 좋은 벽돌이 요구되고 건설비 측면에서도 경제적인 규석질 벽돌이 많이 사용되고 있다. 그러나 그림 3-19에서 보는 바와 같이 600℃ 이하에서의 용적변화가 현저하므로 사용범위는 한정되며, 구조설계, 건조, 노의 조업에 신중한 배려가 필요하고, 건조기간도 50~60일로 종래의 2~3배가 필요하다.

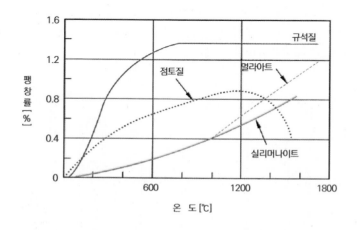

[그림 3-19] 열풍로 내화벽돌의 팽창률

 열풍로의 설비는 그림 3-20에서 보는 바와 같이 버너와 각종밸브, 자동교체장치 및 자동 연소제어 장치 등으로 구성되어있다.
 가스의 연소는 예전에는 자연통풍에 의하여 이루어져, 가스의 연소량도 적었으나, 현재는 강제통풍 방식인데 압력버너를 사용하여 연소시키기 때문에 연소량이 많아야 고온을 얻을 수 있다.
 최근 열풍로는 자동연소 제어장치를 구비하고 있으며, 공기와 가스의 비율 제어, 돔 온도의 제어, 연소가스 유량의 제어 등을 제어하고 있다.
 밸브에는 열풍밸브, 송풍밸브, 냉풍밸브 가스차단 밸브 등이 있는데 이러한 밸브의 조작은 교체시간의 단축, 교체순서를 정확하게하기 위하여 자동 제어로 이루어지고 있다.

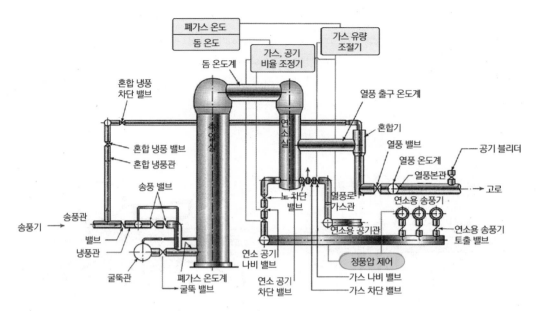

[그림 3-20] 열풍로의 구조

2. 송풍기

송풍기가 송출하는 공기는 노정압력에 노내 장입물층을 통과하기 위한 통풍저항 및 열풍로,
송풍Line 등의 관로저항을 합한 압력이 필요하다. 일반적으로 풍량, 풍압 계산은 다음 식을
이용한다.

① 풍량: $v_{BF} = \dfrac{P.F.V_P}{1,440}$

v_{BF} : 고로의 필요 풍량(Nm^2/min),

P : 1일 출선량(t/day)

F : 연료비(t/t), v_F: 연료 t 당 필요 풍량(Nm^2/t)

(연료비 500kg/t에서 2,500정도)

② 풍압: $P_{BF} = P_{BF} + P_{BL}$

P_{BL} : 송풍기 출구의 절대압력(kg/cm^2)

P_{BF} : 고로 풍구 앞의 절대압력(kg/cm^2)

P : 송풍기로부터 풍구까지의 압력손실(kg/cm^2) (보통 0.2~0.3)

전에는 고로용 송풍기로는 원심형 송풍기(Turbo Blower)가 사용되었으나, 요즘은 고로의 대형화, 고압화에 의한 풍량의 증가, 송풍압력의 상승에 따라 고로의 조업 특성에 맞는 높은 효율의 축류 송풍기(Axial Flow Blower)가 많이 쓰이고 있다. 동력원은 증기 터빈 또는 전동기 이다. 층류 송풍기는 소형으로 대풍량이 얻어지고 효율이 좋으며, 풍압변동에 대하여 정풍량 운전이 쉬운 장점이 있다. 그림 3-21은 터보 송풍기와 축류 송풍기이다.

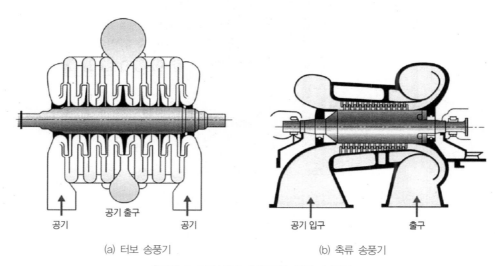

(a) 터보 송풍기 　　　　　　　　 (b) 축류 송풍기

[그림 3-21] 터보 송풍기와 축류 송풍기

3. 고로 가스 청정 설비

고로에서 발생하는 가스의 성분은 대략 CO 18%, CO 2.4%, H_2 3%, N_2 55%이고, 약 800 $Kcal/Nm^2$의 발열량을 가지므로 열풍로, 코크스로, 화력 발전용 보일러 또는 가열로 등의 연료로서 단독 또는 코크스로 가스나 중유 또는 LPG가스등과 혼합하여 사용된다.

그러나 노정에서 발생된 상태는 $10\sim30g/Nm^2$ 정도의 광석, 코크스분으로 된 Dust(연진)를 함유하므로 이것을 사용하기 위해서는 집진장치로 제거할 필요가 있다. 사용상 요구되는 허용 함진량은 $5\sim10mg/Nm^2$ 이하 이므로 각종 청정장치를 통하여 연진의 대부분을 제거한다.

가스 청정장치에는 Spray Tower → 전기집진기 또는 고압조업의 채용에 따라서 Venturi Scrubber → 전기집진기 또는 1차 Venturi Scrubber → 2차 Venturi Scrubber의 조합으로 변하여 가고 있다. 그림 3-22는 Spray Tower 전기집진기 Venturi Scrubber 전기집진기를 조합한 가스청정 장치이다.

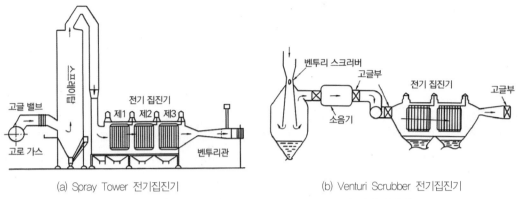

(a) Spray Tower 전기집진기   (b) Venturi Scrubber 전기집진기

[그림 3-22] Spray Tower식, Venturi Scrubber식 전기집진기

가. 제진기

고로가스의 유속을 낮추고 방향을 바꿈으로써 미세한 연진을 분리 침강시키는 장치이며, 지름 5~15mm의 강판제 원통 내에 콘(Cone)을 내장하고 있다. 제진효율은 50~10g/Nm³이다. 집진된 연진은 제진기 하부의 배출구로 보내어 소결의 원료로 사용한다.

나. 전기 집진기

현재의 고로가스 청정용 전기 집진기는 거의 습식이다. 전기집진기는 기본적으로는 Corona 방전을 발생하는 방전극과 이것에 의해서 제진된 연진을 모으는 집진극으로 구성되나 가스류의 방향과 집진극의 형상에 따라 수평류 평판형과 수직류 원통형으로 분류된다. 또 극판의 세정방식은 Flushing Nuzzle 방식을 후자에서는 일류(溢流) 방식을 채용하고 있다.

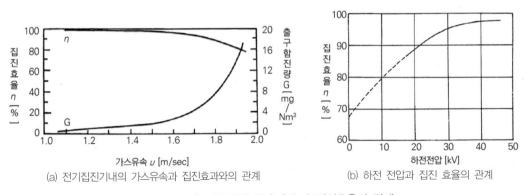

(a) 전기집진기내의 가스유속과 집진효과와의 관계   (b) 하전 전압과 집진 효율의 관계

[그림 3-23] 집진기의 통과 유속과 집진효율의 관계

고로가스의 집진에 있어서 통과 유속과 집진효율의 관계는 그림 3-23과 같다. 평행판 수평류 식에서는 통과 유속이 1.3~2m/sec 정도이이며 하전전압은 5~6×10⁴V 정도이고 집진실은 2~3실이며, 약 4시간 마다 각 실을 교대로 담수 또는 해수를 사용하여 Flushing 하는데 세정수 는 담수 $0.2~0.3l/Nm^3$ 정도이다. 능력은 $250,000Nm^3/h/기$ 이상의 것도 있다.

다. Venturi Scrubber

고로가스 청정에 관세척기(Venturi Scrubber)의 이용은 고압조업의 발달에 따라 사용되고 있다. 즉 노정압의 상승에 따라 Venturi Scrubber의 채용이 가능하게 되고, 무화수적과 연진의 충돌효과를 좌우하는 대표유속(집진장치에서 집진에 가장 기여하는 부분의 유체속도)을 상승할 수 있기 때문이다. 노구부의 가스 유속은 90~100m/sec로서 Spray Tower의 80~90배 이고 노정압력의 상승에 따른 가스의 겉보기 체적감소를 고려해도 Spray Tower에 비하여 단면적은 1/55~1/60로 할 수 있어 고로의 대형화에 따르는 대용량 가스처리의 적은 Space로 충분히 처리할 수 있는 특징이 있다.

고로 가스 청정용 Venturi Scrubber에서 중요한 것은 고로의 조업도에 따라서 변동하는 가 스 발생량에 대하여 목표로 하는 가스 청정도를 얻기 위하여 각종의 가변 노구부(Throat) 기구 가 채용되고 있다. Venturi Scrubber에서 기체, 액체비는 $1.0~1.5l/Nm^3$, 손실은 1,000~ 1,500Aq 정도이고, 1차 Venturi 출구에서 $50mg/Nm^2$, 2차 출구에서 $5mg/Nm^2$이하의 청정 도로 할 수 있다. 문제는 청정 가스 중에 혼재하는 수분량이므로 청정가스 사용처에의 영향을 고려하여 가능한 한 감소시켜야 한다.

익힘 문제

1. 고로공장의 주요설비를 열거하시오.

2. 고로의 내형을 그리고 각 주요부의 명칭을 기입하시오.

3. Skimmer에 대하여 설명하시오.

4. 열풍로의 종류를 들고 설명하시오.

5. 1일 출선량 900ton, 연료비 500kg, 연료 ton당 풍량 2,500Nm³/ton일 때의 필요한 풍량(Nm³/min)을 구하시오.

6. 고로의 장입장치의 종류를 들고 설명하시오.

04 》 제철 반응의 이론

제1절 기초반응

1. 개 요

　　고로에 의한 제철법의 역사는 매우 오래되며 영국에서는 1,600년대에 약 100基의 고로가 가동되었다 한다. 그러나 현대적인 제철설비를 갖추게 된 것은 제2차 세계대전 이후부터이며 특히 오늘날에는 고로에 의한 제철법의 생산성이 비약적으로 향상되었으나 고로 노내 현상의 물리 화학적인 기술은 충분히 발전되었다고는 할 수 없다. 따라서 지금까지의 생산성 향상은 주로 설비의 개선과 개발에 의한 것이고 제철 기술이 생산성 향상에 기여한 것은 적다. 그러나 이후 기술 개발의 방향은 제철의 기초지식의 이론을 충분히 알지 않으면 안 된다.

2. C-O계 반응

고로의 송풍된 공기 중의 산소는 코크스 중의 탄소와 화학 반응하여

$$C + O_2 \rightarrow CO_2 + 97.0kcal \quad \cdots\cdots\cdots\cdots\cdots (4-1)$$

의 연소열을 발생한다. 다음 CO_2는 적열 코크스 중의 탄소와 반응하여 CO가 되면서 흡열 반응이 된다. 즉,

$$CO_2 + C \rightarrow 2CO - 38.2Kcal \quad \cdots\cdots\cdots\cdots\cdots (4-2)$$

상기와 같이 송풍구로 들어간 O_2는 결국 다음과 같이 CO가 되어 노 내를 상승한다.

$$2\ C + O_2 \rightarrow 2CO + 58.8Kcal \quad \cdots\cdots\cdots\cdots\cdots (4-3)$$

식 4-2는 $CO_2+C \rightarrow 2CO+C \rightleftarrows 2CO$와 같이 가역 반응하여 고로내의 온도 및 압력에 따라 같이 가역반응 하여 고로내의 온도 및 압력에 따라 어떤 방향이든지 진행할 수 있으며 오른쪽 방향은 탄소용해(Carbon Solution) 및 용해 손실(Solution Loss)이라 하고 왼쪽을 탄소석출(Carbon Deposition)이라 한다. 이 반응에 상율을 적용하면

$$자유도 = 성분수+2-상의 수 = 2+2-2 = 2$$

즉, 이 계는 압력이 일정할 때 온도와 성분사이에 일정한 평형상태가 형성된다.

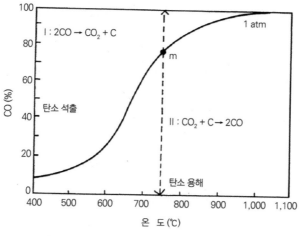

[그림 4-1] $CO_2 + C \rightarrow 2CO$ 평행곡선

이 평형 관계를 나타낸 것이 그림 4-1이며 이 곡선을 **부도아 곡선**(Boudouard Curve)이라 한다.

이것은 압력이 1기압 일 때 온도와 가스 조성과의 평행 관계를 표시한 것으로 곡선 위는 2CO → CO₂+C(Carbon Deposition), 곡선 아래는 CO₂+C → 2CO(Carbon Solution)가 일어나며 다음과 같은 사항을 참고한다.

① 압력 변화에 따라 압력이 1atm 보다 증가하면 2CO → CO₂+C 반응이 촉진되어 곡선이 오른쪽으로 이동하고, 낮아지면 CO₂+C → 2CO 반응 곡선이 왼쪽으로 이동한다.(그림 4-2 참조)

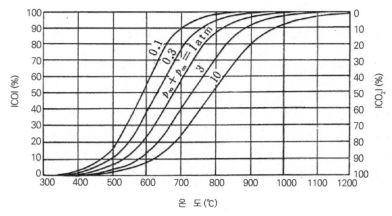

[그림 4-2] Boudouard 곡선

② Carbon Solution은 고온 측에 생기므로 반응 속도가 빠르고 고로저부 고온부에 CO가 존재한다. 반면 Carbon Deposition 반응은 저온부에서 일어나므로 속도가 늦다. 그러나 고로내의 금속철의 촉매 작용으로 고로 저온부의 Carbon Deposition은 활발해진다.

3. Fe-C-O계 반응

철의 산화물이 CO에 의하여 아래와 같이 환원 하며(kcal/mol)

$$3Fe_2O_3 + CO \rightarrow 2Fe_3O_4 + CO_2 - 12.65 \quad \cdots\cdots\cdots\cdots\cdots\cdots\cdots\cdots\cdots\cdots\cdots \quad (4-4)$$

$$Fe_3O_4 + CO \rightarrow 3Fe_3O_4 + CO_2 - 6.25 \quad \cdots\cdots\cdots\cdots\cdots\cdots\cdots\cdots\cdots\cdots\cdots \quad (4-5)$$

$$FeO + CO \rightarrow Fe + CO_2 + 3.33 \quad \cdots\cdots\cdots\cdots\cdots\cdots\cdots\cdots\cdots\cdots\cdots\cdots\cdots \quad (4-6)$$

$$FeO + 4CO \rightarrow 3Fe + 4CO_2 + 3.74 \quad \cdots\cdots\cdots\cdots\cdots\cdots\cdots\cdots\cdots\cdots\cdots\cdots \quad (4-7)$$

(4-4)는 고온에서 CO₂가 거의 100%에서 평형에 달하므로 그 평형관계는 정확히 구할 수 없다. 이들 평형관계를 Boudouard 곡선과 함께 나타내면 그림 4-3과 같은 곡선이 얻어진다. 각 곡선의 평형 반응은 아래와 같다.

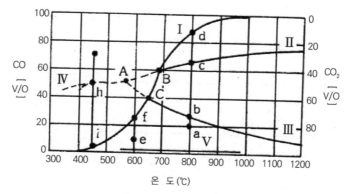

[그림 4-3] Fe-C-O계 평형곡선(1atm)

Ⅰ곡선 : Boudouard 반응(2CO ⇌ CO₂ + C)

Ⅱ곡선 : $FeO + CO ⇌ 3FeO + CO_2$

Ⅲ곡선 : $Fe_3O_4 + CO ⇌ 3FeO + CO_2$

Ⅳ곡선 : $Fe_2O_3 + CO ⇌ 2Fe_3O_4 + CO_2$

A: 570℃,   B: 685℃,   C: 647℃ 이 그림의 각 범위에 존재하는 상은

Ⅱ, Ⅳ 곡선 상부: Fe

Ⅱ, Ⅲ 곡선 사이: FeO(Wustite)

Ⅲ, Ⅳ 곡선 하부: FeO

4. Fe-H-O계 반응

수소 가스에 의해서도 철광석이 환원되며 그 환원반응은 다음과 같다.

$3Fe_2O_3 + H_2 → 2Fe_3O_4 + H_2O$ ·· (4-8)

$Fe_3O_4 + H_2 → 3FeO + H_2O$ ·· (4-9)

$FeO + H_2 → Fe + H_2O$ ··· (4-10)

570℃ 이하 에서는

$Fe_3O_4 + 4H_2 → 3Fe + 4H_2O$ ··· (4-11)

H_2%와 온도를 양측으로 한 Fe-H-O계의 반응 평형도는 그림 4-4와 같다. 여기서 Fe-C-O 계의 평형 곡선도를 점선으로 기입하였고 위의 반응식 4-8의 평형치는 온도 축과 일치한다. $Fe_3O_4 → FeO → Fe$와 같이 환원되며 각 평형 관계가 성립되는 온도 범위는 CO에 의한 환원과

같다. 그러므로 수소에 의한 산화철 환원은 흡열반응이므로 그림 4-4에서 모든 곡선이 온도축에 대하여 오른쪽 밑으로 내려온다.

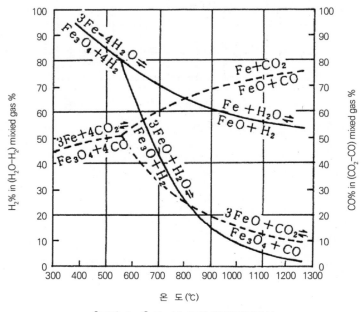

[그림 4-4] Fe-H-O계 반응평형곡선

또한 H_2 가스에 의한 산화철의 환원 속도는 CO가스에 비해 약 1/4정도 짧은 시간에 할 수 있다. 또한 일정온도의 연속 반응장치에서 H_2, CO 가스의 평형 반응율을 구한 결과는 그림 4-5와 같다. 여기서 평형 반응율은 H_2. 환원은 온도가 높을수록 증가하고 CO 환원은 온도가 낮을수록 크며 양자는 810℃에서 동일하게 된다. 평형반응을 $Fe_2O_3 \rightarrow Fe$의 반응으로 나타내면 반응식 및 반응열은(반응열 Kcal/mol)

$$Fe_2O_3 \rightarrow 2Fe + 3/2O_2 - 196.3 \cdots\cdots\cdots\cdots\cdots\cdots\cdots\cdots\cdots\cdots\cdots (4-12)$$

$$Fe_2O_3 + 3H_2O \rightarrow 2Fe + 3H_2O - 23.4 \cdots\cdots\cdots\cdots\cdots\cdots\cdots (4-13)$$

$$Fe_2O_3 + 3CO \rightarrow 2Fe + 3CO_2 + 6.7 \cdots\cdots\cdots\cdots\cdots\cdots\cdots\cdots (4-14)$$

$$Fe_2O_3 + 3C \rightarrow 2Fe + 3CO - 115.4 \cdots\cdots\cdots\cdots\cdots\cdots\cdots\cdots (4-15)$$

$$Fe_2O_3 + 3/2C = 2Fe + CO_2 - 55.3 \cdots\cdots\cdots\cdots\cdots\cdots\cdots\cdots (4-16)$$

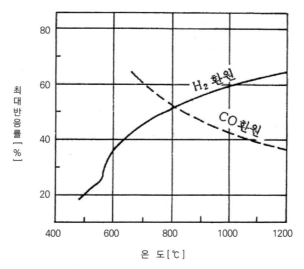

[그림 4-5] H_2, CO가스의 평형 반응률

이상과 같이 1.43kg의 Fe_2O_3에서 1kg의 Fe를 얻으려면 환원제로 0.602Nm^3의 H_2나 CO, 또는 0.322kg(CO_2까지) 또는 0.161kg의 탄소를 소비한다. 반응열은 1kg의 Fe당 H_2환원에서는 60Kcal의 발열, 탄소에 의한 환원에서는 1,030Kcal(CO까지), 또는 494Kcal(CO_2까지)의 흡열이 된다.

제2절 | 고로 내의 반응

1. 고로 각부의 기능

고로를 괴상대, 융착대, 적하대 및 용선대로 나누며, 각부의 기능은 그림 4-6과 같다.

가. 괴상태(Lump Ore Zone)

철광석과 코크스가 층상으로 중첩되어 있다. 상승하는 고온 환원가스(CO+CO_2+N_2)에 의하여 부착 수분의 증발과 결정수의 분해와 CO에 의한 산화철의 간접환원과 석회석의 분해($CaCO_3$=CO_3+CaO)와 탄소 손실반응 등이 일어난다.

나. 융착대(Melting Zone)

노 내 형상은 반경방향과 높이 방향으로 장입물과 상승가스의 열 유량에 따라 역V형, 수평형, W형 등의 분포를 하고 있다. 대부분의 역V형으로 분포되어 있다. 이 층에서 철광석의 간접환원과 직접환원이 진행된다. 환원철이나 미 환원철(FeO)이 슬래그 성분과 반응하여 반용융 상태로 되고 그 사이에 코크스가 층상을 이룬다.

다. 적하대(Droping Zone)

액상의 용철과 슬래그상이 괴상의 코크스층 사이로 적하한다. 여기서 코크스의 탄소에 의한 Si, Mn의 직접환원, 용선의 침탄, 탈황 등이 일어난다. 선철의 Si 흡수는 다음 반응에 따라 일어난다.

$$SiO_2 + 2C \rightarrow Si + CO_2$$

라. 연소대(Combustion Zone)

코크스가 연소하는 풍구 근방의 연소공간으로서 Race Way라고 부른다. 고로 여러 현상의 발생원이 되는 가장 활성화된 영역이다. 연소공간은 1~2m의 구형으로 형성되며, 소립의 코크스가 선회하며 연소된다. 풍구로부터 취입된 수분의 분해와 미분탄의 가스화도 이곳에서 일어난다.

마. 노상대(Liquid Pool Zone)

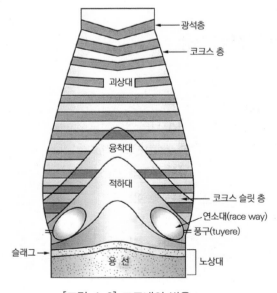

[그림 4-6] 고로내의 반응

액상화된 용선과 슬래그가 적하하여 액상으로 모이는 영역이다. 슬래그와 용선의 비중의 차에 의하여 하부에 용선과 상부에 슬래그로 분리되며, 이 부분에서 슬래그-금속 반응으로 탈황 등이 발생한다.

2. 고로 내 화학반응

제선을 할 때에 일어나는 모든 화학 반응을 고로의 위치와 온도를 생각하여 모형적으로 그리면 그림 4-7과 같다. 고로의 각 위치에서 일어나는 화학반응을 정리하면 다음과 같다.

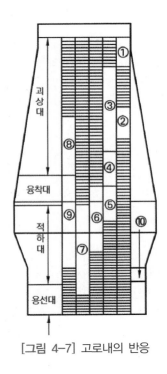

[그림 4-7] 고로내의 반응

① 장입재료의 부착된 수분의 증발
② 화합수의 분해: $H_2O+CO \Rightarrow H_2+CO_2$
③, ④ 광석이 간접 환원

$Fe_2O_3+CO \rightarrow 2FeO_3+CO_2$

$Fe_3O_4+CO \rightarrow 3FeO_3+CO_2$

$FeO+CO \rightarrow Fe+CO_2$

C 용해 손실: $C+CO_2 \rightarrow 2CO$

⑤ 광석의 직접 환원: $FeO+C \rightarrow Fe+CO$
⑥ 합금 원소의 환원: $SiO+2C \rightarrow Si+2CO$

$MnO+C \rightarrow Mn+CO$

침탄: $3FeO+5CO \rightarrow Fe_3C+4CO_2$

$3Fe+2CO \rightarrow Fe_3C+CO_2$

⑦ 탈황: $FeS+CaO+C \rightarrow CaS+Fe+CO$
⑧ 석회석의 분해: $CaCO_3 \rightarrow CaO+CO_2$
⑨ 슬래그의 생성: $CaO+Al_2O_3+SiO$
⑩ C의 연소: $C+O_2 \rightarrow CO$ 및 $C+\frac{1}{2}O_2 \rightarrow CO$

장입물 주의 산화물이 환원되는 정도에는 차이가 있으나, 환원된 여러 가지 원소는 장입물로부터 들어온 원소와 더불어 선철을 만든다. 한편, 환원되지 않은 산화물은 그 밖의 불순물과 화합하여 슬래그를 생성한다. 이 용선과 슬래그는 노 안의 고온부에서 용융 상태로 되어 노상에 함께 고인다.

1. 열수지와 물질수지

고로, 전체의 열수지와 물질수지는 항상 성립하여야 하는 계량간의 관계를 나타내므로 모든 이론이나 계산의 기초가 된다. 노 내의 물질수지와 열수지 방법은 여러 반응에 대한 사고 방법이나 용도에 따라서 세 가지로서 이루어진다.

가. 제1법 : 코크스의 전 발열량을 기준으로 하는 방법

코크스가 모두 CO_2 까지 연소하는 양을 입열로 하고, 노정 폐가스 중의 CO, H_2CH_4의 잠열을 출열로 한다.

[표 4-1] 열수지 계산 예

항목		제1법		제2법		제3법	
		10^3kcal	[%]	10^3kcal	[%]	10^3kcal	[%]
입열	코크스 발열량	449.0	80.8	2180.0	81.0	879.4	61.4
	열풍현열	445.4	8.9	445.4	16.5	445.4	31.1
	송풍중 수분현열	11.2	0.2	11.2	0.4	11.2	0.8
	간접환원 열량					40.4	2.8
	슬래그 생성열		1.1	55.4	2.1	55.4	3.9
	계	55.4	100.0	2692.0	100.0	1431.8	100.0
출열	Fe 환원열	1531.8	30.6	1531.8	56.9		
	철중 Si 환원열	48.6	1.0	48.6	1.8	33.6	2.3
	철중 Mn 환원열	19.3	0.4	19.3	0.7	9.4	0.6
	철중 P 환원열	14.6	0.3	14.6	0.5	8.9	0.6
	석회석 분해열	95.3	1.9	95.3	3.6	95.3	6.7
	용선 현열	285.0	5.7	285.0	10.6	285.0	19.9
	슬래그 현열	198.0	4.0	198.0	7.4	198.0	13.8
	노정가스 현열	139.2	2.8	139.2	5.2	139.2	9.7
	노정가스 수분지출열량	30.9	0.6	30.9	1.1	30.9	2.2
	송풍중 수분분해열	94.9	1.9	94.9	3.5	46.6	3.3
	노정가스, 연진의 잠열	2077.7	41.4				
	용선중 탄소잠열	341.8	6.8				
	Solution Loss 열량					338.8	23.7
	기타 손실	134.4	2.6	234.4	8.7	246.1	17.2
	계	5011.7	100.0	2692.0	100.0	1431.8	100.0

나. 제2법 : 코크스의 반응성을 고려한 방법

코크스가 CO, CO_2로 연소한 탄소를 따로 고려하여 입열로 한다.

다. 제3법 : Solution Loss 반응을 고려한 방법

코크스의 노내 반응은 풍구 앞의 연소, Solution Loss 반응, 간접 환원 반응으로 구별한다. 이들 3가지의 방법에 의한 계산 예는 표 4-1과 같다.

고로 내에서 일어나는 여러 과정의 진행온도는 다르므로 각 온도 단계에서의 열수지를 고찰하는 경우도 있다.

2. Process 해석과 Simulation

고로 프로세스의 수학적 취급에 편리하도록 나타낸 수학적 모델(Model)이 개발되고 있다. 종전의 모델은 열수지와 물질지수의 총괄적인 모델, 열역학의 기본적인 관계식, 조업 Data의 통계적인 계산 등에 기초를 두고 있다. 최근에는 노 내의 반응속도, 전열, 물질이동 등의 이동속도를 고려한 모델이 고안되어 Computer Control에도 적용 되고 있다. 고로내의 현상을 이론적으로 해석할 때에는 근사화가 필요하다. 수학적인 표현으로부터 모델을 분포 정수계−집중 정수계, 정상 상태(정특성)−비정상 상태(동특성)로 나눈다. 고로에서는 상태량이 높이 방향으로 연속적으로 변하므로 분포정수계이며, 비정상적인 요소가 많은 반응 장치이다. 고로를 분포정수계로 하여 모델을 만들어서 정상특성을 연구한 예는 많이 있다. 즉, 고로의 높이 방향으로 상태량(온도, 가스조성, 환원율 등)의 변화를 연립상 미분 방정식으로 해서 해를 구한다. 계산 결과의 일예를 그림 4-8에 나타내며 또한 반경방향의 상태량의 분포를 고려한 정상모델도 있다.

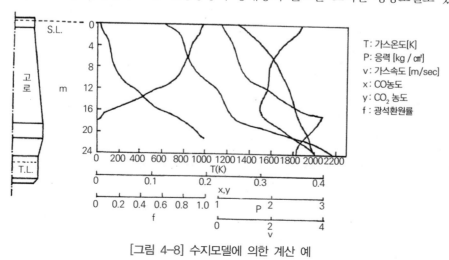

T: 가스온도[K]
P: 응력 [kg / ㎠]
v: 가스속도 [m/sec]
x: CO농도
y: CO_2 농도
f: 광석환원률

[그림 4-8] 수지모델에 의한 계산 예

고로의 비정상 상태를 구하는 것은 조업 예측을 하는데 중요하다. 그러나 비정상 상태를 분포 정수계로 취급하는 것은 계산량의 점에서 무리한 일이므로 집중 정수계로 생각 하는 일이 많다. 집중 정수계에서는 고로를 몇 개의 층으로 나누어서 각 층 내의 상태량의 분포를 균일하다고 간주하므로 분할 방법이 중요하다. 샤프트부(950℃ 이하), 보시 상부(950~1,250℃), 보시 하부(1,250℃ 이상), 풍구부 및 노상부로 나누어서 반응의 시뮬레이션을 실시하기도 한다.

3. 고로의 열수지 계산 예

고로에 들어간 열량과 노 내에서 생성한 열량의 합을 입열이라 하고, 노 내에서 나가는 열량과 소비되는 열량의 합을 출열이라 한다. 입열과 출열은 같아야 하며, 이것을 계산하는 것을 열정산 또는 열수지라 한다.

이를 구하는 계산법에는 전술한 바와 같이 세 가지 방법이 있으며, 제2법에 대해서만 계산해 보고자 한다.

조업 Data를 다음과 같이 가정한다.

① 원료 성분(℃)

* 철광석:

Fe	SiO_2	Al_2O_3	CaO	MnO	MgO	C.W
60.0	13.0	1.8	1.6	0.3	0.7	2.0

* 석회석:

CaO	SiO_2	Al_2O	MgO	CO_2
54.2	1.4	0.2	0.9	42.5

* 코크스:

고정탄소	회분	휘발분	회분중	CaO
84.0	13.0	2.0	1.2	

② 장입량(선철 1톤당 kg)

철광석	석회석	코크스
1,550	570	800

③ 선철 성분(%)

C	Si	Mn	P	S	Fe
4.2	0.8	1.0	0.4	0.04	93.2

④ 광재 성분(%)

SiO$_2$	Al$_2$O$_3$	CaO	MgO	MnO	
34.0	15.0	42.5	3.4	3.2	CaO/SiO$_2$=1.25

⑤ 노정 가스 성분(%)

CO	CO$_2$	N$_2$	H$_2$
24.0	17.0	58.0	1.0

⑥ 노정 가스 온도 200℃, 송풍 온도 800℃

가. 입열

[선철 1톤당 노정 가스 발생량]

① 노정 가스에 들어가는 탄소량은:

코크스에서	800× 80(%)		= 672(kg)
석회석에서	570× 42.5(%) × 12/44		= 66
선철로 들어가	1,000× 4.2(%)		= 42
는 탄소량		계	696(kg)

② 노정 가스 1m^3 중의 탄소량은:

CO 로서	24.0% × 12/22.4		= 0.1286(kg)
CO$_2$로서	17.0% × 12/22.4		= 0.0911
		계	0.2197(kg)

따라서 노정가스 발생량은: 696/0.2197 = 3,168(m^3)

[코크스의 연소열]

노정의 가스의 CO$_2$중에서 석회석의 분해에 의하여 발생한 CO$_2$를 뺀 나머지 CO$_2$와 노정 가스 중의 CO가 코크스의 연소에 의하여 생긴 것이다.

CO$_2$로 연소한 탄소량은 CO$_2$의 밀도를 1.97, 또 CO로 연소한 탄소량은 CO의 밀도를 1.25로 하면

$$C \rightarrow CO_2 \ (3,168 \times 0.17 \times 1.97 \times 12/44) - (570 \times 0.425 \times 12-44) = 223(kg)$$
$$C \rightarrow CO \ \ 3,168 \times 0.25 \times 1.25 \times 12/28 = 407(kg)$$

그러므로 코크스의 연소열은

$$(223 \times 8,080) + (407 \times 2,407) = 2,781 \times 10^3 (Kcal) \quad \cdots\cdots\cdots\cdots \quad (1)$$

[열풍에서 오는 열량]

노정 가스의 N_2량으로부터 공기량을 구하면

$$3,168 \times 58(\%) \div 79(\%) = 2,326(m^3)$$

800℃에서의 공기의 비열을 0.32Kcal/m³이라 하면

$$2,326 \times 0.32 \times 800 = 595 \times 10^3 (Kcal) \quad \cdots\cdots (2)$$

[입열 총계] (광재의 생성열은 생략하였음)

$$(1) + (2) = 3,376 \times 10^3 (Kcal) \quad \cdots\cdots (3)$$

나. 출열

[노정 가스의 현열] (노정 가스의 비열은 $0.354Kcal/m^3$ 임)

$$3,168 \times 0.354 \times 200 = 224 \times 10^3 (Kcal) \quad \cdots\cdots (4)$$

[광재가 지출하는 열량]

장입물 중의 CaO는 전량 광재에 들어가므로 장입한 CaO량으로부터 광재량을 구하면:

석회석 중의	CaO	$570 \times 54.2(\%)$	=	308.9(kg)
철광석 중의	CaO	$1,550 \times 1.6(\%)$	=	24.8
코크스 중의	CaO	$800 \times 13\% \times 1.2\%$	=	1.3
			계	335.0(kg)

따라서 광재량은 335 ÷ 42.5(%) = 788(kg)

광재의 보유 열량을 500Kcal/kg이라 하면 광재가 지출하는 열량은

$$788 \times 500 = 394 \times 10^3 (Kcal) \quad \cdots\cdots (5)$$

[Fe, Si, Mn, P의 환원열](광석중의 Fe는 전부 Fe_2O_3로 가정)

Fe의 환원열	$1,800 \times 1,000 \times 93.2(\%)$	=	$1,678 \times 10^3 (Kcal)$
Si의 환원열	$7,830 \times 1,000 \times 0.8(\%)$	=	63×10^3

Mn의 환원열 $1,730 \times 1,000 \times 1.0(\%)$ $=$ 17×10^3

P의 환원열 $5,760 \times 1,000 \times 0.4(\%)$ $=$ 23×10^3

$$1,781 \times 10^3 (\text{Kcal}) \quad \cdots\cdots\cdots\cdots (6)$$

[선철이 지출하는 열량] (보유 열량을 300Kcal/kg로 함)

$$1,000 \times 300 = 300 \times 10^3 \text{Kcal}) \quad \cdots\cdots\cdots\cdots\cdots\cdots\cdots\cdots\cdots\cdots\cdots (7)$$

[석회석의 분해열]

$$760 \times 570 \times 54.2(\%) = 235 \times 10^3 (\text{Kcal}) \quad \cdots\cdots\cdots\cdots\cdots\cdots\cdots (8)$$

[수분의 증발 및 가열에 요하는 열량]

광석의 수분 함량을 6%, 코크스 2%, 석회석 1%의 수분을 각각 함유하고 있다고 하면 총 수분 함량은

$$(1,550 \times 6(\%)) + (800 \times 2(\%)) + (570 \times 1(\%)) = 113.7 (\text{kg})$$

수분의 증발 및 가열에 필요한 열량은

O $\rightarrow$ 100℃ 가열에 $113.7 \times 100 = 11.4 \times 10^3 (\text{Kcal})$

증발열 $113.7 \times 537 = 61.1 \times 10^3$

100~200℃ 가열에 $113.7 \times (200 - 100) \times 0.467 = 5.3 \times 10^3$

$$계 \quad 77.8 \times 10^3 (\text{Kcal}) \quad \cdots\cdots\cdots\cdots (9)$$

[손실열량]

$$(3) - \{(4) + (5) + (6) + (7) + (8) + (9)\} = 810.2 (\text{Kcal})$$

이상의 열정산 결과를 정리하면 다음과 같다.

(입열)

코크스의 연소 열량	$2,781 (\times \ 10^3 \text{Kcal})$	82.4(%)
열풍에서 오는 열량	595	17.6
	$3,376 \times \ 10^3 (\text{Kcal})$	100.0(%)

(출열)

노정 가스의 현열	$224 (\times \ 10^3 \text{Kcal})$	6.6(%)
광재가 지출하는 연량	394	11.7
환원에 요하는 열량	1,781	52.7

용선이 지출하는 열량	300	8.9
석회석의 분해열	235	6.9
수분의 가열, 증발열	78	2.3
열 손실	364	10.9
	$3,376 \times 10^3$(Kcal)	100.0(%)

익힘 문제

1. 고로 내 산소와 탄소의 화학반응을 설명하시오.

2. 수소 가스에 의한 철광석이 환원되는 그 환원반응을 설명하시오.

3. 철의 산화물이 CO에 의하여 환원되는 그 환원반응을 설명하시오.

4. 고로 각부의 종류를 간단하게 설명하시오.

5. 노 내의 물질수지와 열수지 계산법 세 가지를 들고 그 뜻을 설명하시오.

05 ▶ 고로 조업

제1절 고로조업의 개요

1. 개 요

고로 조업의 기본 목표는 질이 좋은 선철을 경제적으로 많이 생산하는 것이다. 이 목표를 달성하기 위해서는 주어진 원료조건, 설비조건 하에서 원료장입, 송풍, 용선용재 추출, 노정가스제어 등의 4가지 작업을 실시함에 있어 노황을 안정하고 능률 좋게 관리 하여야 한다. 조업방법은 과거에는 경험적인 노황 판단에 의하여 결정되었으나 요즈음은 노 내 반응을 추측하는 각종 계측기, 자동제어 및 컴퓨터제어 등의 기술적 개발이 이루어져 조업 기술은 현저하게 발달하였다.

고로 조업의 상기 목표를 달성하기 위해서 개발된 기술적 방안은 다음과 같다.

가. 고로의 대형화

과거의 소형 고로에서는 출선비(고로 내용적 $1m^3$ 당 1일 출선량)가 $0.6 \sim 1.2t/m^3/d$ 정도였으나 고로가 대형화됨에 따라 요즘은 $1.5 \sim 2.0$, 10,000t 고로에서는 2.6의 예도 있다. 이와 같이 출선비가 증가하면 공장의 건설비 절감은 물론 연료비의 저하와 생산량의 증가를 기대할 수 있다.

나. 원료의 품위와 공석의 피환원성

광석은 Fe 분이 높고 피환원성이 좋고, 또 열 붕괴성이 없어야 한다. 코크스는 회분이 낮고 반응선이 낮아서 Carbon Solution을 적게 일으켜야 한다.

다. 장입물의 정립

장입 원료는 각 원료마다 적당한 크기로 정립하여야 한다. 원료를 정립하면 Hanging이 적어지고 가스 저항이 감소하여 송풍량의 증가 송풍온도의 상승이 가능하다. 송풍량이 증가하면 출선량이 증가하고, 송풍 온도가 상승하면 연료비가 절감된다.

라. 장입물의 분포

노 내의 장입물 분포는 상승하는 가스의 분포에 큰 영향을 미치므로 균일한 장입을 하도록 힘써야 한다. 이를 위하여 장입 장치, 1회 장입량, 장입 순서, 분배기(Movable Armour) 등을 이용한다.

마. 간접 환원율과 직접 환월율

광석의 환원에서 간접 환원은 발열 반응이나 직접 환원은 흡열 반응이다. 따라서 간접 환원율이 많을수록 연료비는 절감된다. 간접 환원을 촉진시키려면 피환원성이 좋은 소결광, 펠릿 등을 많이 사용하고 노상부에서 환원되도록 한다.

바. 송풍기술의 개선

고온송풍은 물론 산소부화송풍, 조습송풍, 연료흡입송풍, 고압송풍 등은 생산량 증대와 연료비의 절감에 크게 기여하고 있다.

원료배합

고로의 원료 배합에 있어서 필요에 따라 변경되는 사항에 다음의 두 가지가 있다.

① 일정량의 코크스에 대하여 광석량(ore/coke 비)을 증감한다.

② 제조하려는 선철의 종류에 따라, 또한 양질의 Slag를 얻기 위하여 석회석량을 가감한다.

이상의 두 가지는 철광석의 종류, 선철의 종류, 광재의 상태 등을 감안하여 원료 배합상 자주 변경되는 사항이다.

선철의 종류는 사용 원료, 함유 성분 및 용도에 따라 여러 가지로 분류되나 일반적으로는 주물용선, 제강용선, 합금철로 대별한다. 선철 중에는 C, Si, Mn, P, S의 5원소와, 이 밖에도 Cu, Ti, Cr, Ni, As 등의 특수 원소를 함유하는 경우도 있다.

원료 배합상 고려해야 할 일반 사항은 다음과 같다.

① 생광석은 가급적 고품위 정립괴광을 사용한다.

② 소결광 또는 펠릿을 연료비를 낮추고 통기성을 개선하므로 가급적 많이 배합한다.

③ 슬래그 비를 적게 하면 코크스 비가 저하하나, 너무 적으면 탈황능이 저하된다.

④ Al_2O_3 함량의 증가는 광재의 용융점을 상승시키고 유동성을 해치므로 가급적 13~16% 절도로 조정한다. 이 보다 많을 때는 규석 등으로 회석하든가 MgO를 5~6%로 하여 유동성을 개선한다.

⑤ P, S, As 등의 유해 원소의 장입은 가급적 적게 하고, P는 전로에서의 취련강종에 따라 적당히 조절한다.

⑥ 열균열성 광석, 강도가 낮은 소결광과 펠릿, 환원 분화성 광석, 난환원성 광석 등을 배합할 때에는 과거의 사용실적을 감안하여 사용량을 제한한다.

⑦ 강재(평로재, 전로재)는 석회분, 철분, Mn분 등 유용 성분을 많이 함유하므로 고로에 이용되고 있으나 P 함량이 많은 것은 사용량이 제한된다.

⑧ 강도가 낮은 코크스를 사용할 경우에는 광석과 코크스의 중량비(ore/coke)를 적게 하여 노황의 변동을 방지한다.

⑨ 노열의 안전상 장입물의 전량기준으로 광석/코크스 비를 변동시키지 않도록 광석과 코크스의 함수량 변동을 파악하는 방법을 취하여야 한다.

1. 배합 계산방법

가. 계 획

우선 소결광, Pellet 등 처리광의 배합비는 가급적 일절하게 하고 괴광은 전체의 입하량, lot 의 크기 입하시기 등을 감안하여 장기적인 공급이 가능하도록 적어도 80% 정도는 확보해야 한다. 오늘 날 선형 프로그램(Linear Programing) 방법의 배합계산이 개발되어 각 목적에 적 합한 프로그램이 작성되고 있어 기계계산 이용이 급속히 진전되고 있다.

나. 장입물의 수율

검사부문, 원료수불 부문과의 사이에 수분의 협정치를 정하여 표준화한다. 오늘날에는 중성자 수분계에 의한 연속적인 계측법이 발달하였으며 특히 코크스는 on line, 자동수분 보증을 하는 곳도 있다.

① Mn 수율 – 제조선에 따라 상이하나 제강용선은 65~75%가 적당하고 주물용선은 약간 높은 값이 된다.

② P 수율 – 제강용선의 경우 95% 정도이고 노열 및 염기도에 따라 다소 증감된다.

③ Ti 수율 – 제강용선의 경우 10~40% 정도이고 Si 및 광재의, 염기도 등에 따라 상당히 달라진다.

④ Cu, Ni 수율 – 용선 중에 함유되며 제강 과정에서는 제거되지 않으므로 주의한다.

⑤ 탈황 – 광석 코크스 등 장입물 중의 S 90~95%가 제거된다.

다. 배합 계산 방법

현재 상용되고 있는 일반적인 배합 계산방법에 대하여 설명한다. 각종 원료의 성분 분석치와 수분치는 알고 있는 것으로 한다. 일반적으로 배합 계산에서 문제가 되는 성분은 Fe, SiO_2, Al_2O_3, CaO, MgO, Mn, P, S, Ti 등이고, 이들 이외의 성분에 대해서는 특정 원소의 수지계산 을 하는 경우를 제외하고는 보통 필요로 하지 않는다.

1) 각종 원료 100kg당 소요 석회석량의 계산

① 광석 100kg당 선철량 = (광석 중의 Fe량 kg)×(1-α)/(소요 Fe)

  α: 철분의 연진 손실율,   소요 Fe: 선철 중의 Fe 함유량

② 선철 중에 들어가는 SiO_2량 = ((가)의 선철량)×(목표Si)×2.14

③ 광재 중에 들어가는 SiO_2량 = (광석 100kg 중의 SiO_2량 kg) – (나)

④ 소요 CaO량 = (다)×목표 염기도(주물용 1.0~1.2, 제강용 1.2~1.4)

⑤ 부족 CaO량 = (라) − (광석 100kg 중의 CaO량)

⑥ 소요 석회석량 = (마) / (석회석 중의 CaO 함유량)

이와 같이 구한 각종 원료별 석회석량을 목표 염기도별로 계산해 놓으면 편리하다.

[표 5-1] 각 성분량

원 료	장입량	Fe	SiO₂	Al₂O₃	CaO	MgO	Mn	P	S	TiO₂
소 결 광	A	Aa1	Aa2	Aa3	Aa4	Aa5	Aa6	Aa7	Aa8	Aa9
정립생광(1)	B	Bb1	Bb2	Bb3	Bb4	Bb5	Bb6	Bb7	Bb8	Bb9
정립생광(2)	C	Cc1	Cc2	Cc3	Cc4	Cc5	Cc6	Cc7	Cc8	Cc9
정립생광(3)	D	Dd1	Dd2	Dd3	Dd4	Dd5	Dd6	Dd7		
펠 릿	E	Ee1	Ee2	Ee3	Ee4	Ee5	Ee6			
잡 원 료	F	Ff1	Ff2							
망 간 광	G	Gg1								
석 회 석	H	Hh1								
코 크 스	I	Ii1								
합 계		$\sum Fe$	$\sum SiO_2$	$\sum Al_2O_3$	$\sum CaO$	$\sum MgO$	$\sum Mn$	$\sum P$	$\sum S$	$\sum TiO_2$

2) 일회 장입당 배합계산: 표 5-1과 같이 각 성분량의 집계표를 작성한다.

① 선철량(kg/charge) = $\sum Fe \times (1-a)$ / 소요 Fe

　　α: Fe분 Dust Loss,

　　소요 Fe: 선종에 따라 약간 다르나 제강용선에서 0.94정도이다.

② 광재 중에 들어가는 SiO₂량(kg/charge) = $\sum SiO_2 - \{(가) \times (목표\ Si/100) \times 2.14\}$

③ 광재량(kg/charge) = $\{(나) + \sum Al_2O_3 + \sum CaO + \sum MgO\}/St$

　　St: 광재중 위의 4 성분이 차지하는 비율로서 Dust Loss 실적치 등을 고려하여 정한다.

　　　(보통 광재성분 범위에서는 0.92~094 정도)

④ 광재비 = (다)/(가)

⑤ 염기도 = $\sum CaO/(나)$

⑥ 광재 중의 Al₂O₃, MgO량(%) = $\sum$ 해당 성분/(다)×100

⑦ Mn, P, S, TiO₂ 장입량(kg/t) = $\sum$ 해당 성분/(가)×100

⑧ 코크스 비(kg/t) = 코크스 장입량[kg/charge] (가)×100

이상으로 일단 결과를 알 수 있으나 Mn, P, S 에 대하여는 목표 선철 선분의 규격에 들어가는 가를 확인하여 수정을 한다. 다음에 광재 성분 특히 Al₂O₃분에 대하여 조사해서 수정한 후 재계 산하여 최종적으로 배합을 결정한다.

2. 배합계산 예

배합 계산을 하기 위하여 원료, 성분, 선철, 광재 및 원료 배합 등을 다음과 같이 가정한다.

* 철광석(%):

Fe	SiO_2	Al_2O_3	CaO	MnO	MgO	P	S
60.0	13.0	1.8	1.6	0.3	0.7	0.10	0.18

* 선 철(%):

C	Si	Mn	P	S	Fe
4.2	0.8	1.0	0.4	0.04	93.2

* 광 재(%):

CaO	SiO_2	광재 중의 Fe	
42.5	34.0	$CaO/SiO_2 = 1.25$	0.5

* 석회석(%):

CaO	SiO_2	Al_2O_3	MgO	FeO	S	CO_2
54.20	1.4	0.24	0.95	0.45	0.28	42.5

* 코크스(%):

고정탄소	화분	전황	수분	회발분
84.0	13.5	0.3	9.0	1.2

* 코우크스 회분 중:

SiO_2	Al_2O_3	CaO	MgO	MnO	P	S	Fe_2O_3
56.7	30.3	1.2	0.9	0.2	0.1	0.1	8.2

선철 1톤당 원료 사용량을 다음과 같이 사용하였다고 한다.
① 철 광 석　　1,588(kg)
② 석 회 석　　575(kg)
③ 코 크 스　　800(kg)

이상과 같은 가정에서 배합계산을 한다.

가. 석회석 소요량

철광석 100kg에 대한 석회석량을 구하면:

철광석 100kg에서 생기는 선철량 : $60.0 \times (1-0.005) / 0.932 = 64.0(kg)$
(Fe의 Dust Loss는 0.5%로 함)

선철에 들어가는 Si량　　 : $64.0 \times 0.008 = 0.512(kg)$
이에 해당하는 SiO_2량　 : $0.512 \times 60/28 = 1.09(kg)$
광재에 들어가는 SiO_2량　 : $13.0 - 1.09 = 11.91(kg)$
이 SiO_2를 제화하는데 필요한 CaO량 : $11.91 \times 1.25 = 14.88(kg)$

광석 중의 S를 제거하는데 필요한 CaO량 : $0.18 \times 56/32 = 0.32$(kg)

그러므로 CaO의 전 소요량은 : $14.88 + 0.32 - 1.6 = 13.6$(kg)

석회석의 유효 석회분을 51.96%이라 하면 철광석 100kg에 대한 석회석 소요량은 13.6% 51.96(%) = 26.17(kg)

석회석은 여러 가지 불순물을 함유하므로 유효하게 이용할 수 있는 석회분은 분석해서 얻은 CaO보다 적다. 즉, 유효 석회분은 석회석 중의 SiO_2, S 등을 재화(滓化)하는데 필요한 CaO량을 뺀 나머지 양을 유효 석회분이라고 하며, 위의 가정에 의하여 유효 석회분을 구하면 다음과 같다.

SiO_2를 재화하는 데 요하는 CaO: $1.40 \times 1.25 = 1.75$(kg)

탈황에 요하는 CaO: $0.28 \times 56/32 = 0.49$(kg)

그러므로 유효 석회분은: $54.20 - (1.75 + 0.49) = 51.96$(kg)

즉, 51.96%이다.

나. 광석 소요량

위 가정에서 선철 1톤당 필요한 광석량을 구하면

선철 1톤 당 Fe량은: $1,000 \times 0.932 = 932$(kg)

연진의 발생량을 선철 1톤당 10kg, 그 중의 Fe 분을 30%이라고 하면 연진 중의 Fe분은: $10 \times 0.30 = 3.0$(kg)

장입된 Fe분의 0.5%가 재화한다고 하면 선철 톤당 장입하여야 할 전 Fe분은: $(932 + 3) / (1 - 0.005) ≒ 940$(kg)

석회석 및 코크스에서 들어오는 Fe분을 선철 톤당 5kg이라하면 철광석에서 공급 하여야 할 Fe분은: $940 - 5 = 935$(kg)

따라서 필요한 철광석량은: $935 / 0.60 = 1.588$(kg)

다. 광재량

위의 가정을 정리하면 다음과 같다.

원 료	장입량kg/t	T.Fe		SiO₂		CaO		MgO	
		%	kg	%	kg	%	kg	%	kg
광 석	1,588	60.0	934.8	13.0	202.5	1.6	24.9	0.7	10.9
석회석	575	0.35	2.9	1.40	8.1	54.2	311.7	0.93	5.3
코크스	800	0.78	6.2	7.65	61.2	0.16	1.3	0.12	1.0
총계	2,933		943.9		271.8		337.9		17.2

원 료	장입량kg/t	Al$_2$O$_3$		MnO		P		S	
		%	kg	%	kg	%	kg	%	kg
광 석	1,588	1.8	28.0	0.3	4.8	0.10	1.6	0.18	2.8
석회석	575	0.24	1.4	–	–	–	–	0.28	1.6
코우크스	800	4.1	32.8	0.027	0.2	0.014	0.1	0.14	0.1
총계	2,933		62.2		5.0		1.7		4.5

(주) 석회석 중의 FeO는 Fe로 환산, 코크스 중의 Fe$_2$O$_3$는 Fe로 환산, 코크스 회분중의 %를 코크스 중의 %로 환산

이러한 성분 중 Al$_2$O$_3$ · CaO · MgO는 전량, MnO는 40%, SiO$_2$는 90%가 광재에 들어가고, S는 85%가 CaS로서 재화(滓化)되고, 10%는 기화하고, 5%는 선철에 들어가고, 또 Fe는 0.5%가 FeO로서 광재에 들어간다고 하면

광재량은

$$FeO \; : \; 943.9 \times 0.5(\%) \times 72/56 \qquad = 6.1(kg)$$
$$SiO_2 \; : \; 271.8 \times 90(\%) \qquad = 244.6$$
$$Al_2O_3 \; : \; 62.2 \times 100(\%) \qquad = 62.2$$
$$CaO \; : \; 337.9 \times 100(\%) - (4.5 \times 85\% \times 56/32) \qquad = 331.2$$
$$CaS \; : \; 4.5 \times 85(\%) \times 72/32 \qquad = 8.6$$
$$MgO \; : \; 17.2 \times 100(\%) \qquad = 17.2$$
$$MnO \; : \; 5.0 \times 40(\%) \qquad = 2.0$$
$$671.9(\%)$$

라. 선철의 성분

위에 적은 계산에서 재화(滓化)나 기화하지 않은 원소는 선철 중에 들어가므로 선철 성분은 다음과 같다.

$$Si \; : \; 271.8 \times 10(\%) \times 28/60 = 12.68(\%) \quad 1.27(\%)$$
$$Mn: \; 5.0 \times 60(\%) \times 55/71 \quad = 2.34 \qquad 0.23$$
$$P \; : \; 1.7 \times 100(\%) \qquad = 1.7 \qquad 0.17$$
$$S \; : \; 4.5 \times 5(\%) \qquad = 0.23 \qquad 0.023$$

마. 코크스 소요량

코크스 중의 불순물을 재화(滓化)하는데 요하는 열량은 코크스 중의 탄소의 발열량에 의하여 공급된다. 따라서 코크스 중의 불순물이 많을수록 실제로 이용되는 탄소량은 적어진다. 실제로

이용되는 탄소 100kg에 대하여 코크스가 얼마나 필요한가 하는 수치가 코크스의 가치수이다.

선철 100kg을 생산하는데 필요한 코크스량을 계산하면:

철광석, 코크스, 선철의 각 성분은 위의 가정과 같고, T. Fe 중 60%는 Fe_2O_3, 40%는 FeO이고, SiO_2는 90%, MnO은 40%가 광재 중에 들어간다고 가정한다.

철광석 100kg에서 생기는 광재량은

$$(13.0 \times 90(\%)) + 1.8 + 1.6 + 0.7 + (0.3 + 40(\%) + 0.18 = 16.1(\%)$$
$$(SiO_2) \qquad (Al_2O_3) \ (CaO) \ (MgO) \qquad (MnO) \qquad\qquad (S)$$

철광석 100kg에 필요한 석회석(33.78kg)에서 생기는 광재량은

33.78×0.575(석회석 중 CO_2 제외)=19.4(kg)

전 광재량은

16.1+19.4=35.5(kg)

철광석 100kg에 필요한 석회석에서 CO_2 발생량은

$33.78 \times 42.5(\%)$=14.4(kg)

선철에 들어가는 Fe, Mn의 40%는 직접 환원하는 것으로 하여 100kg의 선철을 제조하는데 요하는 열량을 계산한다. 또 선철 100kg에 요하는 철광석 량은 155kg, 선철의 용융열은 300Kcal/kg, 직접 환원에 요하는 열량은 환원 생성물 1kg에 대하여 다음과 같은 data를 사용한다.(Kcal)

* $Fe_2O_3 \rightarrow$ Fe 1,800   FeO $\rightarrow$ Fe 1,350,   MnO $\rightarrow$ Mn 1,730
* $SiO_2 \rightarrow$ Si 7,830 $P_2O_5 \rightarrow$ P 5,760
* FeO $\rightarrow$ Fe 직접 환원에 요하는 열량: $1,350 \times 0.4 \times 93.2 \times 0.4$= 20,131(Kcal)
* $Fe_2O_3 \rightarrow$ Fe 직접 환원에 요하는 열량: $1,800 \times 0.4 \times 93.2 \times 0.6$= 40,262
* MnO $\rightarrow$ Mn 필요 열량: $1,730 \times 0.4 \times 1.0$ =   692
* SiO_2 $\rightarrow$ Si 필요 열량: $7,830 \times 0.8$ = 6,264
* P_2O_5 $\rightarrow$ P 필요 열량: $5,670 \times 0.4$ = 2,268
직접 환원에 요하는 총 열량: 69,617(Kcal)
 - 선철의 용융열은: 100×300 = 30,000
 - 광재의 용융열은: $1.55 \times 35.5 \times 500$ = 27,513
 - 석회석의 분해열은: $1.55 \times 14.4 \times 943$ = 21,048
                78,561(Kcal)

단, 광재의 용융열은 500Kcal/kg, $CaCO_3$의 분해열은 943Kcal/kg - CO_2로 한다.

방출 열량을 위 열량의 30%로 하면 (69,617+78,561)×0.3=44,453(Kcal).

그러므로 선철 100kg 제조에 요하는 열량은 192,631(Kcal).

송풍 온도를 700℃로 가정하면 C 1kg의 발열량은 3,323Kcal이므로 필요한 C량은 192,631/3,323=58(kg).

100kg 선철 중의 탄소량은 4.2kg이므로 소요 탄소량은 58+4.2=62.2(kg).

코크스 가치수를 124kg라 하면 선철 100kg을 제조하는 데 필요한 코크스의 량은 0.622×124=77(kg)이다.

제3절 장 입 법

고로의 조업을 원활히 하기 위해서는 샤후드부에서의 가스 분포를 적절히 하고 가스의 현열과 환원력을 효율 있게 이용하여야 한다. 이를 위해서는 첫째로 광석과 코크스 등의 정립을 강화해야 하고, 다음에는 주어진 원료와 장입 장치로 노 내의 장입물 분포를 잘 조정하여야 한다.

1. 노 내 장입물의 분포

고로에의 원료 장입은 5~15분에 1회의 비율로 단속적으로 이루어진다. 장입에서 중요한 것은 노 내의 분포이다. 코크스의 입도(25~75mm)는 크고 통기저항은 작으며, 광석류는 입도(5~30mm)가 작고, 통기저항이 큰 특징이 있다. 일반적으로 대괴는 노중심부에 집결되고, 소괴는 노벽부군에 편재된다. 장입물의 노 내 분포는 노 하부로부터 상승하는 가스 분포에 영향을 주기 때문에 가스 이용율($yco=CO_2\%/CO\%+CO_2\%$ 노정가스)과 밀접한 관계가 있다. 이 가스 이용율이 상승하면, 연료비를 저하시킬 수 있다.

2. 샤프트부의 노 내 통기성

노상으로부터 노정을 향하여 상승하는 가스는 약 20m 이상의 경로를 수초 사이에 통과하나 이 사이에 가스의 통로는 저항이 작은 부분을 상승한다.

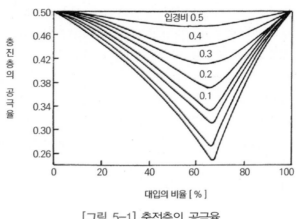

[그림 5-1] 충전층의 공극율

샤프트부에서의 가스 저항은 ① 가스의 상승 속도, ② 공극율의 크기, ③ 공극현상의 대소 등에 따라서 고로의 조업도와 노정압 등에 따라서 변하나 가스 속도를 일정하게 할 때에는 가스 의 상승저항은 공극율과 공극현상의 크기에 따라 결정된다. 그림 5-1은 충전층에서 입도가 다른 2종의 구(球)를 혼합했을 때의 공극율의 변화를 나타낸다. 그림에서 알 수 있듯이 구경의 차가 클수록 공극율은 감소하고, 소구의 혼합 비율이 1/3 전후에서 최저가 된다.

3. 노 내의 가스분포

노 내를 상승하는 가스의 현열과 환원능력을 효율적으로 이용하려면 가스와 장입물이 접촉하 여 가열과 환원이 일어나도록 해야 하며 이를 위하여 노정 가스가 균일하게 분포되어야 한다. 이것은 노 내의 장입물과 노벽과 마찰에 의해 장입물 강하의 정체와 광석의 노벽부착을 방지하 여야 한다. 보통 정삭적인 고로에서 노 내 가스는 ① 노벽에 따른 공극은 직선적이 여서 가스 저항이 작고, ② 괴상이 쌓이기 쉽다. 따라서 노 주변 가스류를 유효하게하기 위하여 노 주변부 에 광석을 많이 장입한다. 그러므로 노벽 주변에는 괴광, 중심부에는 코크스가 모이도록 하여 주변과 중심의 가스류를 활발하게 하여 열효율을 높여 주어야 한다.

4. 가스분포의 변경

노 내의 가스 분포는 노정부의 장입물 분포 상태에 따라 크게 영향을 받는다. 주어진 장입 장치로서 노 내 장입물의 분포 상태는 다음의 3가지 방법이 있다. 장입선의 변경 층 두께의 변경, 장입 순서의 변경 등이다.

가. 장입선의 선택

장입물은 Bell(종) 경사면에 따라 포물선 상으로 낙하한다. 장입선 Level과 분포상태는 그림 5-2와 같고 Level "H"에서는 대괴는 주변에, 중괴는 중심부에 코크스는 주변에 장입이 된다. 이때는 중심에 흐르는 가스가 약화되어 광석은 환원되지 않는 상태로 노상부에 강하되어 노냉을 일으키고 코크스 비를 증대시킨다. 또 Level "L"에서는 중심부만 중괴가 집중되고 주변에 갈수록 작아져서 극단의 내부조업으로 된다. 이와 같은 경우 주변부의 활동은 극히 약해지고 중심부의 가스류가 빠르고 저항도 증대되어 걸림과 Slip을 유발하여 코크스 비는 상승한다. 그러므로 Level "M"으로 옮겨 안정 조업이 되도록 유도해야 한다.

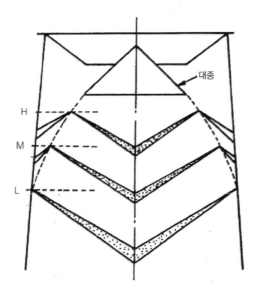

[그림 5-2] 노내 분포와 장입선 Level의 관계

나. 층 두께의 선택

노 내에 장입된 원료는 노 내에서 어떤 안전 각도를 가지고 정점을 아래로 하는 역원추형으로 분포한다. 일반적으로 광석류의 안전각도는 코크스의 안전각보다 크므로 층상으로 장입된 때에는 그림 5-3의 왼쪽과 같이 된다.

즉, 광석은 주변부에, 코크스는 중심부에 많이 모인다. 고로에서는 배합 계산에 의해서 광석과 코크스를 어떤 비율로 장입하는데, 이 ore/coke(광석/코크스)가 일정해도 1charge의 총 중량은 어느 정도 자유롭게 선택할 수 있고, 가령 그림 5-3의 왼쪽 1charge량을 반감한다면 오른쪽과 같이 분포되어 중심부는 거의 코크스, 주변부는 거의 광석으로 된 상태가 되어 가스는 당연히 중심부를 보다 강하게 흐르게 된다. 실제의 고로 조업에서는 일반적으로 1charge량을 증가시키면 주변류가 강하게 되고, 감소시키면 중심류가 강하게 되는 경향이 있다. 여기에서 정립된 광석이나 소결광과 코크스의 안전각도의 차이는 비교적 작지만 세립광석과 분광의 안전한 각은 커서 전술한 경향이 한층 더 커진다.

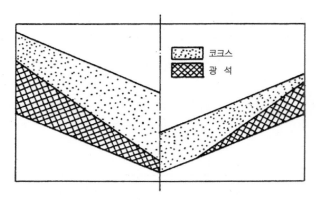

[그림 5-3] 1회 장입량과 층 두께의 관계

다. 장입순서의 선택

1charge의 장입물은 1회 또는 수회의 동작으로 노 내에 장입되나 보통 2회로 나누어서 장입하는 경우가 많다. 2회 장입의 예를 들겠다. 이 장입법에 대하여도 각종의 조합법이 있으며, 요즘은 이 조합법이 노의 직경방향 원료분포와 가스 분포를 조절하는 중요한 수단이 되어 있다.

대체로 기본적인 장입 방법으로서는 광석을 먼저 장입하는 별도장입(OO↓ CC↓)을 주변 가스류를 강화하기 위해서는 코크스를 먼저 장입하는 별도장입(CC↓ OO↓)을 한다. 이 방법으로도 불충분하면 코크스를 먼저 장입하는 분할장입(CO↓ CO↓)을 하여 중심류를 억제해서 가스 분포를 개선할 수 있다.

라. 원주방향의 장입물 분포

위에서 노구의 직경방향에서의 원료 분포에 대하여 설명하였으나 또 하나 중요한 것은 원주방향의 입도분포이다. 실제의 고로에서는 원료는 한 방향에서 스킵이나 벨트에 의해 노정의 장입장치에 공급된다. 이때에 종위의 먼 곳에 대괴가, 가까운 곳에 세립이 집중되고 또한 역적으로도 가까운 곳에 많이 쌓인다.

이것을 그대로 노 내에 장입하면 샤프트부의 원추방향에서 가스류가 불균일하게 되므로 실제의 고로에서는 Mekee식과 같이 소종을 선회시키는 등의 방법을 사용하여 원주방향의 가스 분포를 균일하게 하고 있다.

이 외에도 요즈음 고로의 대형화에 따라 노구경도 크게 되어 보다 적절한 장입 분포를 얻기 위하여 Movable Armour를 사용하여 장입물의 낙하궤적을 변동시켜서 노중심 중간 및 노벽에서의 광석류, 코크스의 층 두께를 조정하여 가스류 분포의 개선을 도모하고 있다.

제4절 송풍기술

1. 고온송풍

고로의 송풍온도는 과거에는 500~700℃ 이였으나 원료 예비처리의 강화, 소결광 또는 Pellet 등 처리광의 고배합에 의한 노 내 통기성 향상, 조습송풍, 연료취입 등의 송풍 처리의 실시, 열풍로의 설비 및 조업 개선 등에 의하여 현재는 최고 1,200~1,250℃의 고온 송풍을 하고 있다.

송풍 온도를 올리면 코크스 비는 저하하고, 코크스에서 회분의 적어지므로 첨가하는 석회량도 적어져서 출선량을 높이는 효과(송풍 온도 100℃당 2.4~5% 증가)가 크다.

송풍 온도가 코크스 비에 미치는 효과는 조업 조건에 따라 다르나 일반적으로는 송풍 온도 100℃ 상승에 대하여 코크스 비는 15~20kg/t 저하한다.

고온 송풍을 하면 통기성이 악화된다. 따라서 장입물의 입도관리의 강화가 필요 하나 통풍성 악화의 원인이 코크스 비 저하에 따른 노 내의 광석과 입도구성의 변화에 의한 것인가, 또는 풍구의 온도상승에 의한 열 Balance의 불균형에 기인하는 것인가를 검토할 필요가 있다.

2. 조습송풍

송풍중의 습분은 Race Way 내에서 수성가스 반응을 일으켜 다음과 같이 CO와 H_2로 분해한다.

$$C+H_2O=CO+H_2-31.2Kcal/g-mol$$

즉, 이 분해 반응은 흡열이기 때문에 습분 1g의 증가에 따라 연료비가 0.5~0.7kg 상승한다. 현재에는 원료의 품질 향상, 중유에 의한 노열 제어의 정착으로 송풍 중 습분 조정에 의한 노열의 제어는 거의 하지 않게 되었으며, 오히려 연료비 저하를 목적으로 하는 탈습식 송풍 장치를 채용하고 있다. 탈습송풍은 연료비 저하의 목적 이외에 습분이 일정한 송풍에 의한 노열 변동의 방지에도 도움이 되고 있다.

3. 산소부화 송풍

송풍중의 산소 농도를 증가하면 다음과 같은 현저한 발열 반응에 의하여 풍구 앞 연소대의 온도가 상승한다.

$$O_2+C=CO_2$$
$$CO_2+C=2CO+53.2Kcal/g-mol$$

송풍구 앞의 연소대의 온도가 필요 이상으로 상승하면 노 내에 고온 용융대를 만들어 Hanging, Slip 등 노 내의 통풍성을 저해에서 오는 노항 불안정을 초래한다. 그 때문에 동시에 수증기 또는 연료 첨가에 의하여 풍구 연소대의 온도를 일정한 범위를 유지하고 있다.

산소 부화 송풍은 공기 중의 불활성인 질소를 산소로 바꾸어서 송풍 공기 중의 산소 농도를 높이는 것이므로 송풍량을 감소할 수 있어 노 내의 가스속도가 감소하고, 또 보시(Bosh) 가스의 농도가 크게 되어 장입물의 강하가 빨라져 단위 시간당 출선량은 증가한다. 이론치 및 조업 실적으로부터의 산소 부화율 1%당 출선량 증가율은 4~6%이다.

4. 연료취입(Fule Injection)

고로의 연료 및 환원제로서는 코크스가 주체로 되어 왔으나 요즘은 코크스 대용으로 중유나 다른 연료를 풍구로부터 취입하는 기술이 개발되어 병행하고 있다. 1960년 프랑스의 Pompey 제철소에서는 풍구로부터 경유를 취입한 것이 성공한 이래 현재는 거의 모든 고로에서 중유를 취입하고 있다. 취입연료로는 중유, 타아르, 천연가스, 코크스가스, 미분탄 등 여러 종류가 있으나 미국에서는 풍부한 천연가스가 주로 사용되고 유럽이나 일본에서는 중유나 타아르가 주로 사용되고 있다. 특히 원료탄을 해외로부터 수입하고 있는 나라에서는 코크스가격이 비싸서 선철 원가에 미치는 비율이 크므로 이것을 값싼 중유 등으로 바꾸어서 코크스 비를 저하시키고 있다.

5. 고압조업

고로의 출선량을 증가하기 위한 제1의 요건은 증가하는 것이나, 송풍량을 증가시키면 노 내 가스의 유속이 증가하여 압력 손실이 크게 되어 마침내는 Slip, Hanging, 관통류 등의 장해를 일으키게 된다. 따라서 가스 출구(노정)의 압력을 올려서 유속을 낮추어 일으키지 않는 범위에서 송풍량을 높여 생산량을 증가할 수 있다. 이 방법을 **고압 조업**이라고 한다. 요즈음에는 대형 고로에서 $2.5 \sim 3.0kg/cm^2$가 보통이다.

고압조업에서의 효과는 풍구 앞과 노정 가스와의 압력차가 작아짐에 따라 노 내 가스의 이동 속도가 작게 되어 가스와 광석류 간의 반응이 활발하게 된다. 따라서 출선량의 증가, 코크스 비의 저하에 효과가 있을 뿐만 아니라 연진의 감소, Hanging 관통류 등의 노항 불안정의 방지에도 효과가 있다.

$0.1kg/cm^2$의 노정압력 상승에 대하여 출선량은 1~2% 증가하고, 코크스 비는 1.5~2kg 저하한다.

제5절 성분 관리

1. 선철 성분의 조정

선철의 주요 성분은 C, Si, Mn, P, S이며, 기타 Cu, Ti, Ni, Cr, As 등의 미량원소도 선철의 용도에 따라 조정된다.

용도별로는 주물용선과 제강용선으로 크게 나누며, Si의 함량이 크게 달라진다. 주물용 선철과 제강용 선철의 성분, 슬래그의 성분을 표 5-2, 표 5-3에 나타내었다.

[표 5-2] 주물용 선철과 슬래그의 성분 예

노별	선 철 [%]					slag [%]				
	C	Si	Mn	P	S	SiO_o	Al_2O_3	CaO	MgO	CaO/SiO_2
A	4.23	1.82	0.37	0.084	0.025	36.51	15.56	42.33	3.65	1.16
B	4.06	2.08	0.49	0.085	0.032	38.39	16.11	38.00	2.83	1.00
C	4.03	2.41	0.49	0.068	0.030	38.40	14.85	38.56	4.94	1.00

[표 5-3] 제강용 선철과 슬래그의 성분 예

노별	선 철 [%]					slag [%]				
	C	Si	Mn	P	S	SiO_2	Al_2O_3	CaO	MgO	CaO/SiO_2
D	4.31	0.48	0.79	0.161	0.049	32.94	17.23	40.53	2.55	1.23
E	4.62	0.50	0.60	0.117	0.025	34.90	14.40	41.20	6.03	1.18
F	4.61	0.59	0.42	0.142	0.031	35.12	13.49	41.75	5.03	1.18
G	4.65	0.64	0.70	0.128	0.032	33.26	13.88	39.36	7.66	1.18
H	4.68	0.69	0.74	0.126	0.046	35.90	15.00	41.60	2.91	1.16

가. 탄소(C)

C의 함량은 용선의 온도와 공존하는 원소의 영향을 받으나, 보통은 조업 시 C의 조정은 하지 않는다. Si, P, S는 C의 용해도를 감소시키고, Mn, Cr, V은 증가시킨다. 또한 온도의 상승에 따라서 탄소의 용해도는 증가한다.

나. 규소(Si)

Si는 광석 중에 SiO_2로서 또는 FeO, CaO와 결합한 규소산화물 형태로 함유되고 있다. Si의 환원은 노상열(爐床熱)이 높으면 진행하고, 슬래그의 염기도가 높으면 그 진행이 억제된다.

실제 조업에서의 Si의 관리는, 송풍 중의 습분량, 송풍온도, 연료 취입량, 장입광석량, 송풍량 등의 다양한 인자를 단독 또는 병합하여 조정한다. 이 조작의 효과는 조작인자의 종류, 조작량, 병합방법, 열 레벨, 노의 크기 등에 따라서 달라지므로 조업자의 경험적 판단에 의하여 조작하여 왔다. 그러나 최근에는 계산기를 사용하여 조작의 판단기준을 산출하여 조작자에게 제공하고 있다.

나. 망간(Mn)

장입된 Mn의 50~80%가 환원되어 용선으로 들어간다. 이 환원율은 노상(爐床)의 온도가 높을수록, 또 염기도가 높을수록 높다. 따라서 Mn의 함량으로 노열 레벨을 추정하는 경우가 많다. Mn 함량의 조정은 망간광석, 전로 슬래그 등의 장입물의 량을 증감하여 진행한다.

다. 인(P)

장입 원료 중의 P는 100% 환원되어 용선으로 들어간다. P함량의 조정은 장입물로서 관리한다.

라. 황(S)

선철 1톤당 장입되는 S의 량은 3~5kg이며, 약 70%가 코크스로부터 들어오고 나머지는 원료 광석, 액체연료 등에서 들어온다. 선철 중의 함유량은 정상 조업 시에는 0.02~0.06%이나, 이 량은 노상온도가 낮을 때 에는 0.1% 이상이 되는 경우도 있으므로, 장입물의 강하불량, 누수 등의 경우에는 급속히 처치하여 노상열(爐床熱)의 저하를 막아야 한다.

마. 티탄(Ti)

Ti는 광석에 $FeO \cdot TiO_2$(Ilminite)의 형태로 포함되며, O_2와의 친화력이 크므로, 환원율은 10~40%이다. 환원율은 노상의 온도가 높을수록 높게 된다. Ti이 많으면 선철 및 슬래그의 유동성이 나빠지고 노상 부착물이 형성되므로 Ti의 장입량은 엄중히 관리하여야 한다.

2. 슬래그의 조정

가. 슬래그량 조정

슬래그량이 많으면 탈황율이 향상되고 노열이 안정되는 경향이 있으나, 생산성, 연료비, 노전 작업성 등은 슬래그량이 적은 경우가 좋아 보통 300kg/t 정도이다.

나. 슬래그 성분 조정

슬래그의 염기도는 장입 원료 중 알칼리류가 적고 S의 함량이 적은 용선을 원하므로 CaO/SiO_2 = 1.15~1.25, $(CaO+MgO) / (SiO_2+Al_2O_3)$ = 0.95~1.05의 염기성 슬래그가 보통이다. CaO원으로 석회석, 전로슬래그 등이 있는데 연료비의 저감 및 소결광의 품질개선 때문에 CaO원은 소결 원료 중에 투입되므로 고로에 직접 투입되는 양은 적다.

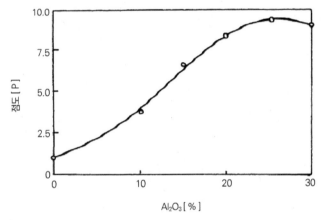

[그림 5-4] CaO/SiO_2=1.22에 있어서 Al_2O_3의 점성에 미치는 영향

Al_2O_3의 함량은 그림 5-4와 같이 슬래그점성에 큰 영향을 주므로 적은 편이 좋다. Al_2O_3량은 보통 15% 전후로 관리되는데 이 보다 많은 경우에는 슬래그 비의 증가 또는 MgO의 첨가로 대처한다.

산화티탄은 TiO_2의 형태로 함유량을 증가하면 환원성 분위기에서는 고점도의 Ti_2O_3, TiO 또는 TiN, TiC 등이 되고, 염기성 슬래그에서는 점성을 매우 나쁘게 한다.

슬래그의 탈황능력은 성분과 온도에 의해 결정되며, 각 성분에서 CaO, MnO는 탈황인자로 작용하는데 비해 Al_2O_3, MgO는 슬래그의 점성, 용융성 인자로 작용한다.

제6절 노황의 관리

고로의 조업 불안정은 제철소 전체에 미치는 영향이 대단히 크며, 특히 대형고로에서의 안정 조업이 크게 요구되고 있다. 이러한 면에서 조업 조건을 과학적으로 분석 검토하고 컴퓨터를 사용하여 데이터를 파악하고 있는 곳이 많다.

1. 노황의 판정

가. 송풍압력

송풍 압력은 고로의 통기성을 나타내는 항목으로서, 풍압이 너무 높다는 것은 장입물 사이를 흐르는 가스의 통기가 좋지 않은 것을 나타낸다.

① 풍압이 소폭으로 변동하는 경우: 노 내를 통과하는 가스가 가끔 부분적으로 관통류 현상을 일으키거나 노 내를 강하하는 장입물이 균등하게 강하하지 않고 있다. 즉, Slip 등이 일어 나고 있다.

② 풍압이 큰 폭으로 변동하는 경우: 노상에 너무 많은 용선, Slag이 있으면 출선 출재 시에 풍압이 큰 폭으로 변동한다.

③ 풍압이 점차로 높아져 가는 경우: Hanging의 초기에는 풍압이 조금씩 상승하여 종극에는 장입물이 강하하지 않게 된다. 또 노상온도가 과열되면 풍압이 점차로 상승한다.

나. 장입물의 강하

장입물의 강하 상태를 장입 심도계(검척봉: Stock Indicator)로 측정한다. 정상적인 강하 상태인 경우에는 장입심도의 기록은 매우 규칙적인 변화를 나타낸다. 복수의 장입 심도계가 같은 형태의 변화를 나타내면 원주방형의 강하 상태가 균등함을 알 수 있다. 장입물 강하의 이상으로는 다음 두 가지가 있다.

① Hanging: 장입물의 강하가 일정시간 정지되는 것을 말하며, 노 내 압력을 저하시키면 강하한다. 이와 같이 인위적으로 강하시키는 것을 Hanging Drop이라고 한다.

② Slip: 장입물이 급격히 일시적으로 강하하는 상태를 Slip이라고 한다. Slip이 일어난 부분 은 냉각되므로 슬래그는 검은색으로 되며 노상온도가 저하하여 노항이 나빠진다.

다. 풍구 앞의 연소상황

풍구 앞의 Race Way에서 백열의 코크스는 선회하고 있으나, 노항이 불안정할 때는 그 휘도가 떨어지고 선회운동이 둔화된다. 풍구를 통하여 중유의 연소 상태도 관찰할 수 있다. 일반적으로 풍구의 광휘도는 노열이 충분할 때는 백색으로 된다. 또 미환원 반용융물 및 부착물 등의 강하도 이곳을 통하여 관찰할 수 있다. 고로의 전 풍구를 관찰함으로써 원주방향의 조업 상태를 조사할 수 있다.

라. 노정 가스

가스 성분과 온도는 노 내 반응의 최종 결과를 나타내는 것이며, 이를 측정하기 위하여 Stock Line 위에 수평으로 가스 측정기를 삽입하여 가스의 온도, 성분의 측정 및 노 내 가스류의 분포를 추측하고 있다.

마. Shaft 부의 온도 및 압력

Shaft에는 복수의 온도계 및 압력계가 설치되어 있다. 부착물이 생성되면 그 부분의 온도가 저하하고, 부착물이 탈락하면 노벽온도가 상승한다. 또 압력변동의 상태에 따라 Hanging의 위치를 추정할 수 있다.

2. 조업상의 사고

고로는 장기간 계속 조업하는 것이므로 설비의 고장, 노황의 불안정 등으로 여러 가지 장해가 일어난다. 그 중 대표적인 것은 다음과 같다.
① 설비의 고장: Mud Gun 등의 고장, 풍구, 출재구의 파손 등
② 노황 불안정: 관통류, Slip, Hanging, 노상냉각 등
이들의 고장, 장해는 조기에 발견하여야 하며, 그 원인을 규명하고, 신속하고 적절한 조치를 취하여야 한다.

제7절 **고로의 생성물**

고로로부터 나오는 생성물은, 노상으로부터 나오는 선철과 슬래그, 노구로부터 나오는 고로 가스와 연진이다. 선철의 대부분은 용융 상태이므로 제강 공장에 운반되어 혼선로에 넣고, 그림 5-5와 같이 주선기기에서 형선(型銑)으로 제조한 다음 전기로 등에서 재 용해하여 주조품 제조에 이용 된다.

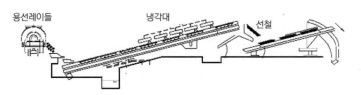

[그림 5-5] 주선기의 모형도

한편, 그림 5-6 슬래그는 슬래그 면(Slag Wool), 슬래그 시멘트(Slag Cement), 슬래그 볼러스트(Slag Ballost), 슬래그 벽돌(Slag Brick) 등의 재료에 이용된다.

고로 가스는 코크스로의 가열, 보일러, 강재의 압연에 보조 연료로 공급된다.

연진은 산화철과 탄소를 다량 함유하고 있으므로, 이것을 분광과 혼합시켜 고로에 재장입하든지 산화철과 코크스분은 별도로 분리, 채집하여 활용한다.

[그림 5-6] 슬래그

1. 선 철

고로에서 생산하는 Fe를 **선철**(Pig Iron)이라 한다. 선철은 금속 조직학상으로 2% 이상의 C를 함유하는 Fe-C계 합금이며, 실제로는 2.5~4.5%의 C 이외에 Si, Mn, P, S 등의 주요 5원소와 Cu, Ti, Cr, As, Sn 등의 특수 성분들이 미량 들어 있는 것도 있다.

선철의 종류는 사용하는 원료, 선철 중에 들어 있는 성분, 용도 등에 따라 여러 가지로 분류되나, 일반적으로 주물용 선철, 제강용 선철, 합금 선철 등으로 크게 분류한다.

가. 선철의 성질

1) 비중과 경도

비중은 표 5-4와 같고, 경도는 결합탄소가 많아지면 증가되고, 흑연 탄소가 증가하면 연해진다.

[표 5-4] 선철의 비중

순 철	백선철	주물용 선철	회선철
7.86	7.60	6.35	6.80~7.20

또, 이 재질의 경도는 같은 성분의 것에서도 응고 조건에 따라 다르게 나타난다.

2) 용해 온도와 유동성

회선철은 약 1,200℃에서, 백선철은 1,100℃에서 용해한다. 가열 용해할 때에 고체로부터 바로 용해 상태가 되고, 강과 같이 연화 과정이 없으므로 가단성은 없다. 그러나 용해가 잘 되고 유동성이 좋으므로 주물에 적합하다.

3) 선철의 규격

① 제강용 선철: (KS D 2012)에 의한 1종~3종으로 구분하고 1종을 보통 사용되는 것으로, Si, S의 성분차에 의해 1, 2호로 나뉜다. 2종은 저인(P)선을 목적으로 한 것으로 산성로에 사용되며, P의 함유량에 따라 1, 2호로 나뉜다. 3종은 낮은 구리(Cu)를 목적으로 하는 것으로 염기성로에 이용하고, 1호는 주로 전기로에서, 2호는 고로에서 제조된다.

② 주물용 선철: (KS D 2103)에 의한 1종~3종으로 구분하고 보통 사용되는 용선으로, 1종의 1호를 Si 성분의 차이에 의해 A, B, C, D로 나눈다. 이들 중에서 A, B는 Si 함유량이 적어 두꺼운 대형 주물 제품이 소재에 사용하여 제품의 흑연화를 쉽게 조절 할 수 있다. 3종은 구상 흑연 주철에 사용되는 선철로, 1호는 주로 Si 성분의 차에 의해 A, B, C, D로 나뉜다.

나. 제강용 선철

제강용 선철(Steel Making Pig Iron)은 강을 만들기 위한 원료 선철로, 염기성 평로 선철, 순 산소 전로 선철, 토머스 선철 등에 속하는 염기성 선철과 베서머 선철, 헤마타이트(Hematite) 선철, 산성 평로 선철, 목탄 선철 등에 속하는 산성 선철 등이 있다.

선철 중에 들어 있는 P이나 S은 산성 제강법에서는 제거하기 곤란하므로, 가능하면 적은 것이 좋다. 그러나 염기성 제강법에서는 P 성분이 쉽게 제거된다.

Si는 산화되어 SiO_2로 되며, 산성 내화물을 침식하지 않는다. 그리고 산성 선철에서는 제강할 때에 발열원이 되므로, 매우 유효한 성분이다.

Mn은 제강할 때에 강의 피산화를 막고, 강중에 어느 정도 남아 있어도 강의 재질에 별 지장이 없으므로, 산성 선철이나 염기성 선철 모두 어느 정도 함유하는 것이 좋다.

다. 주물용 선철

주물용 선철(Foundry Pig Iron)은 전체 선철 생산량의 4~5%이나 제강용 선철에 비하여 Si 함유량이 높고, S 함유량이 낮은 것이 좋다.

Mn과 P은 주물의 조직과 유동성을 좋게 하므로 어느 정도는 허용된다. 주물용 선철을 제조할 때에는 다음과 같이 조업을 해야 한다.

① 슬래그를 산성으로 한다.
② 코크스 배합 비율을 높인다.
③ 송풍량을 줄여 노 안 장입물의 강하 시간을 길게 한다.

그러므로 제강용 선철에 비하여 코크스 사용량을 10% 이상 증가시키고, 생산량을 10% 이상 감소시켜야 한다.

선철은 파면의 색이 회식이나 흑색으로 나타나므로 회주철이라고도 한다.

라. 합금 선철

합금 선철(Alloy Pig Iron)은 합금철의 일종으로, 특수강을 만들 때 강의 특수한 성질을 주기 위하여 첨가되는 원소로서의 역할과 양질의 강을 만들기 위하여 탈산, 탈황을 할 때에 첨가한 탈산제 및 탈황제의 역할을 하게 된다.

망간철의 파면은 담청색의 입상(粒狀)을 나타내고, 재질은 취약한 성질을 가지고 있다. C 함유량은 6~7%이고, Mn과 C와의 함유량의 비는 거의 정비례적이다. C 함유량은 Mn 함유량의 약 10% 정도이다. C 함유량이 높은 망간철은 공기 중에 풍화하여 메탄가스를 발생하므로 주의해야 한다.

$$Mn_3C + 3H_2O \rightarrow 3MnO + CH_4 + H_2$$

고로에서 망간철을 만들 때, 코크스의 배합비는 선철을 만들 때보다도 2~3배가 더 필요하고, 송풍량도 증가해야 한다. 그러므로 노정 가스의 양도 많아지게 된다.

따라서 노정 온도가 높아지게 되므로 주의해야 한다.

마. 형 선

대부분의 용선은 제강로로 옮겨 용선 그대로 사용하나, 주물선 또는 전기로 제강으로 보내는 경우 선강 일관공정에서 균형이 맞지 않은 경우에 30~40kg의 형선(型銑)으로 만든다. 이들은 잉곳(Ingot)으로 만들 때에 주형으로부터 잘 떨어지도록 하기 위한 것 이외에는 특별한 형상의 규격은 없다. 그림 5-7은 주물용 선철의 치수와 모양을 나타낸 것이다.

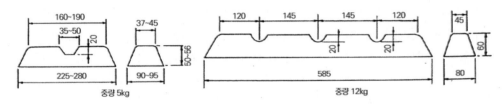

[그림 5-7] 주물용 잉곳의 모양과 치수

2. 슬래그

슬래그의 생산량은 장입 원료의 사정에 따라 다르나, 보통 선철 톤당 0.25~0.45톤에 해당한다. 슬래그는 성분 조성의 변화에 따라 여러 가지 화학적 성질을 얻을 수 있으며, 슬래그 벽돌, 슬래그 시멘트, 슬래그 골재, 슬래그 면(綿), 규산질 비료 등과 같은 여러 종류의 고로 부산물을 만들고 있다.

이와 같은 슬래그 면과 생석회를 잘 혼합하여 슬래그 면 중에 들어 있는 수분(20~30%)의 작용으로 생석회를 소석회로 바꾼 다음, 다시 새로운 슬래그 면과 적당히 배합한다. 이와 같이 얻은 것을 인공 또는 기계적 성형을 한 다음 건조시키면, 자연적으로 경화되어 슬래그 벽돌이 만들어진다.

3. 고로 가스

고로 안에서 철광석을 환원한 가스는 연진을 포함하여 노 밖으로 배출하게 된다. 이것을 고로 가스라 한다. 이 가스의 주성분은 N_2, CO, CO_2, H_2 등이다. 이들 중에서 CO, H_2가 각각

20~25%, 1.6~4.5% 함유되어 있으므로, 이들의 발열량은 3,558.9~3,977.7kJ/m³가 된다.

노정 가스의 총 발열량은 고로에 투입되는 총 발열량의 약 30%에 해당하고, 고로 가스의 양도 많을 뿐만 아니라 발열량도 상당히 가지고 있으므로, 열원으로 사용하게 된다. 열원으로 사용할 때에는 우선 연진을 제거한 다음, 가스 저장소에 포집, 저장한 뒤 사용한다. 고로 가스는 발열량이 낮기 때문에 증기 보일러용 연료로 사용하거나, 코크스로 가스와 적당한 비율로 혼합하여 가스로 사용한다.

4. 고로의 연진

고로 가스를 청정할 때에 잡히는 연진은 건식 연진과 습식 연진으로 나뉜다. 전 것을 건연진, 후 것을 습연진이라 하며, 이들 연진은 장입 연료 중에서 발생한 미세 입자가 대부분이나, 고로 안에서 기화된 물질이 노 상부의 온도가 내려감에 따라 응축되어 배출된 것도 포함한다. 응축된 물질에 함유된 성분들은 Zn, Na_2O, K_2O, S 등이다. 또, 중유를 다량 취입할 때에도 바람구멍 안에서 완전 연소하지 않고, 매연 상태로 나와 연진을 만든다.

연진 발생량은 5~30kg/pig톤이다. 이들의 용도로 건연진은 철분과 C를 각각 분리, 회수하여 철분은 각종 괴성화에 이용하고, C는 소결 연료로 이용한다. 그러나 대부분은 연진 그대로 소결 연료로 재활용한다.

습연진은 Zn, Na_2O, K_2O 등의 성분 함유량이 높다. 이것을 노 안 장입물로 그대로 다시 활용하면 내화 벽돌 손질, 노 안 부착물 생성을 쉽게 하고, K_2O는 노 안에서 고온 코크스의 열화(劣化) 등이 따르게 되므로, 재사용이 제한되어야 한다.

또, 습연진은 탈수 처리를 해도 미립자이기 때문에 수분을 15~30% 이하로 감소하기가 어렵다. 이러한 원인 때문에 이 연진은 폐기물로 처리하든지 아니면 탈 Zn, 탈 Na_2O, 탈 K_2O를 한 다음 환원 펠릿 원료로 이용하기도 한다. 이들 성분들의 장입량은 보통 Zn 0.1~0.5kg/pig· 톤, Na_2O+K_2O 3kg/pig톤 정도이다.

익힘 문제

1. 원료 배합상 고려해야 할 일반 사항을 설명하시오.

2. 산소부화 송풍에 대하여 설명하시오.

3. 선철 중의 주요 원소 5가지를 들고, 그 특징에 대하여 설명하시오.

4. 다음 송풍압력 관리에 대하여 설명하시오.

5. 고로의 조업 이상에 대하여 설명하고, 그 원인과 대책을 설명하시오.

6. 선철의 종류와 그 특징 및 용도를 설명하시오.

7. 고로 생산물로는 어떤 것이 있으며, 그 생성물들을 간단히 설명하시오.

PART II

제 강

01 > 제강의 개요와 전처리

1. 제강의 정의

　제강(製鋼=Steel Making)은 일관제철에 의한 제선-제강-압연 공정과 제선이 생략된 제강-
압연 두 공정이 있다. 제강은 고로에서 토페도카로 이송된 용선, 철 스크랩 및 부원료를 전로에
장입한 후 산소를 취입하여 용선 내의 불순물(C, Si, Mn, P, S)을 제거시키고 목표 성분과
적정온도의 용강을 만드는 것으로 전로 공정이 있으며, 용선을 사용하지 않고(일부는 사용함)
고철과 다른 합금 등을 사용하는 전기로 등이 있다. 주요 공정은 전로와 전기로, 노외정련, 연속
주조가 있다.

우리나라뿐만 아니라 전 세계적으로 제강의 대표적인 방법은 전로 제강법과 전기로 제강법으로, 전로 제강법은 고로의 용선을 얻을 수 있는 일관제철소에서 실시하고 있는 경제적이고, 생산성이 높은 방법이다. 전기로 제강법은 고로가 없는 독립 제강공장에서 실시하고 있는 방법으로 생산량이 점점 늘어나는 추세이다. 그 외에도 철강 재료 품질에 대한 요구가 고급화됨에 따라 여러 가치의 신기술 개발 및 도입이 이루어지고 있다.

2. 강(Steel)의 제조 및 공정도

용선 중에는 C, Si, Mn, P, S 등이 포함되고 철분은 약 93% 정도이므로 융점이 낮고, 유동성이 좋다. 주조성은 양호하나 가단성이 없으므로 사용 범위가 대폭 줄어든다. 불순물을 산화 제거하여 가단성을 부여하여 준 것이 강이고, 용선 중의 불순물을 산화 제거하는 것이 **제강공정**이다. 제강법에는 전로 제강법, 전기로 제강법, 도가니 제강법 등이 있다. 일반적으로 전로는 일반용강을 제조할 때, 전기로는 특수강을 제조할 때 사용된다.

1855년 발명된 베세머 전로는 용해한 선철을 넣은 뒤 고압의 공기를 불어 넣어서 원료 내 불순물을 산화연소시켜 제거하는 방법으로 산성이며, 1877년 발명된 토마스 전환로는 염기성이며 탄소도 산화해서 제거하는 것으로 P, S 제거가 용이하다.

산성은 금속을 부식시키며, 알칼리성은 알칼리 금속(전자 1개를 잃고 있는 상태의 원자)을 가진 물질의 공통적인 특성을 이야기하는 것으로, pH 7이상이 염기성에 해당된다. 즉 알칼리성이면 모두 염기성이지만 염기성이라고 모두 알칼리성은 아니며, 사과는 시지만 알칼리, 시금치는 자성이지만 붙지 않는다.

물질을 구성하는 기본인 원자는 크게 금속과 비금속으로 나눌 수 있다. 그리고 금속에서도 알칼리성 금속이 또 나누어지며, 알칼리성 금속은 반응성이 크기 때문에(가만히 놔둬도 혼자 물이나 공기와 반응해서 화합물이 된다는 뜻) 자연에서는 거의 화합물 형태로 존재한다.

이 금속은 특성상 물과 반응하게 되면 비누와 같은 염기성을 띠게 된다. 이를 흔히 **알칼리성**이라고 부르며, **염기성**을 뜻한다.

하지만, 위의 경우에는 '알칼리성'이라는 말이 '염기성'이라는 말이 아닌 단지 알칼리금속(K: 칼륨, Na: 나트륨 등)이 포함되어 있다는 뜻이다. '사과에 무슨 금속?'이라는 말을 하는 분이 있을지 모르지만, 사실 사과에 들어있는 금속은 이온 상태로 있다. 이온이라는 것은 간단히 말해 원자가 전자를 더 얻거나 잃어서 전하를 띠는 상태가 된 것을 말한다.

이온상태는 그냥 있을 때와는 성질이 완전히 바뀌어 버린다. 시금치에는 철이 많이 있다고 하지만, 강력한 자석을 댄다고 해서 시금치가 자석에 달라붙지는 않으며, 사과도 알칼리 이온을 포함해서 알칼리성 식품에 속하지만, 신맛은 물론 산성을 나타낸다.

제강의 공정은 용선을 용선 운반차를 이용하여 전로로 운반한 후 탈황 및 탈인 처리를 하고, 탈탄처리를 한 다음, 레이들로 옮겨 탈황 및 탈가스 처리를 한다.

다음 그림 1-1은 제강 공정도이다.

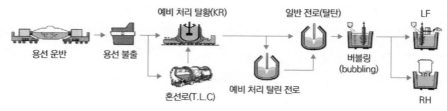

[그림 1-1] 제강 공정도(용선의 이동 공정)

 용선의 예비처리

1. 혼선로(Mixer)

제강의 주원료인 용선은 고로에서 바로 전로에 주입하여 제강 작업을 진행할 수 없다. 따라서 고로에서 나온 용선은 일단 보관해야 하고, 이와 같은 목적 때문에 혼선로(Mixer)나, 용선차(Torpedo Ladle Car)가 사용되고 있다.

혼선로의 모양은 대부분 20~40mm 두께의 강철판으로 만든 원통형이고, 수선구(受銑口), 출선구(出銑口) 및 출재구(出滓口)가 있으며, 노체를 기울일 수 있는 장치가 되어 있어 수선, 출선, 출재를 하는 데에 편리하다.

그림 1-2는 혼선로의 평면도이다.

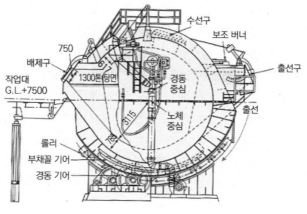

[그림 1-2] 혼선로의 평면도

혼선로의 내부는 부위에 따라 각각 다른 내화 벽돌을 200~600mm 두께로 쌓았는데, 슬래그가 닿는 슬래그 라인이나, 출선구에 고온 소성 마그네시아 벽돌을 사용한다. 혼선로는 대체로 제강 공장 내에 설치되며, 그 기능은 다음과 같이 네 가지로 요약된다.

가. 용선의 균질화

고로에서 나온 용선의 화학 성분과 온도는 출선 때마다 그 값이 달라지므로, 이것을 혼선로에서 혼합하여 제강 능률을 높인다.

나. 용선의 저장

고로에서 공급되는 용선을 받아 제강로를 수리하거나 사용하지 않을 때에 저장하며, 조업에 알맞은 시기에 용선을 공급한다.

다. 용선의 보온

혼선로는 보통 500~2,500톤의 많은 용선을 저장하므로, 열용량이 크고 따라서 온도 강하가 작다. 온도가 강하하였을 때에는 중유나 고로가스(BFG) 등으로 가열할 수 있다.

라. 용선의 탈황반응

혼선로 내의 Mn은 용선층의 S와 반응하여 약간의 탈황 반응이 일어난다. 수선, 출선, 출재 작업을 할 때에는 주로 키쉬 흑연(Kish Graphite), 흑연분진이 많이 발생하여 환경 및 공해 등의 문제가 생기므로, 수선구·출선구·출재구 등에 각각 연도를 설치한다. 또한 작업할 때에는 공기 조절판을 열어 집진하며, 집진에는 건식 또는 습식 집진기나 백 필터 등을 사용한다.

2. 용선차(TLC)

고로에서 공급되는 용선을 보온, 저장하며 제강 공장으로부터 운반하는 장치로 토페도카 (TLC: Torpedo Ladle Car)라고 한다. 노체는 전체가 용접 구조물로 되어 있고, 노체 중심부에 수선과 출선을 겸하는 노구가 있다.

노체 벽돌은 점토질 또는 고알루미나 벽돌이 사용되고 두께는 300~400mm이고 용탕 접촉 부분은 더욱 두꺼워 500~600mm이다. 그림 1-3은 용선차의 구조이다.

[그림 1-3] 용선차(Torpedo Ladle Car: TLC)

출선할 때에는 최대 120~145°의 경사까지 기울일 수 있으며, 제강 공장에서 작업할 때에는 직류 전동기를 사용하여 0.15rpm의 고속으로 노체를 기울이고, 용선을 주선기에 주입할 때에는 0.015~0.002rpm의 저속으로 조절한다.

용선의 온도는 용선은 받은 후 8시간부터 약 8℃/h의 속도로, 15시간부터는 약 5℃의 속도로 내려가므로 약 30시간 정도 저장할 수 있다. 용선차 내의 용선의 온도 약 1,400℃의 용선이 제강 공장 도착 후 온도는 약 1,270℃ 정도까지 내려간다.

일반적으로 용선차의 용선은 성분 변동이 심하므로 전로 조업을 순조롭게 하기 위하여 용선차에서 배출된 용선은 레이들에서 성분조절하며 탄소(C)의 성분 변화는 1~3시간에 0.1~0.5% 정도이다.

가. 용선차(TLC)의 구조

용선차의 구조와 기능은 다음과 같다.
① 용선의 보온과 저장(약 30시간 저장 가능)이다.
② 노체 전체는 용접 구조물로 되어있고, 수선과 출선을 겸하는 노구로 구성되어 있다.
③ 출선할 때 120~145도 정도 기울인다.
④ 용선차 내의 성분 변동이 심하므로 전로조업을 순조롭게 하기 위하여 용선차(토페도카)에서 수강한 레이들에서 성분 조절한다.
⑤ 토페도카에서 수강한 레이들에서 성분 조절한다.
⑥ 출선 온도 약 1,400℃이고 제강 공장 도착 후에는 약 1,270℃이다.
⑦ 초창기에는 혼선로(Mixer)를 사용하였으나 현재는 용선차를 활용한다.

3. 용선의 탈황 처리

황(S)과 인(P) 이외의 원소는 제강 과정에서 쉽게 산화되므로 제거할 수 있으나, 황과 인을 제거하는 데에는 한계가 있고, 소량이라도 철강 재료에 존재할 경우에는 매우 나쁜 영향을 준다. 뿐만 아니라 황과 인의 함유량이 많은 용선으로 제강할 때에는 시간이 지연되고, 부원료 소비가 많아지며, 생산 능률이 떨어지게 된다.

용선 중의 황 함유량이 높거나, 저황강을 제조해야 할 경우에는 제강 과정에서나 고로 내에서 탈황 처리를 하는 것보다 별도의 노에서 탈황시키는 것이 기술적으로나 경제적으로 보다 유리하다. 현재 실시하고 있는 노 외의 예비 처리법 중에는 탈황 처리가 대부분이고, 그 밖의 탈인 또는 탈 규소 처리는 필요에 따라 한다.

[표 1-1] 대표적인 노 외의 탈황법

구 분	노 외의 탈황법
레이들 탈황법	치주법
요동 레이들법	요동 레이들법, DM 전로법, 회전 드럼법
교반법	데마크-오스트베르그법, 라인슈탈법, KR법
탈황제 주입법	레이들, 용선차
기체 취입 교반법	저취법, 상취법
기체 취입 환류 교반법	GMR법
Mg를 사용하는 방법	인젠션 방식
고로 탕도에서의 탈황법	와류법, 평면 유동식법

가. 노 외의 탈황법

1) 고로 탕도에서 탈황법

고로에서 나오는 용선을 탕도에서 연속적으로 탈황하는 방법으로 와류법, 평면 유동식법(그림 1-4, 5 참조) 등이 있다. 표 1-1은 노 외의 탈황법의 구분별 방법이다. 와류법은 고로 탕도의 말단(레이들에 들어가는 곳)에 용선이 와류가 되도록 와류기 또는 와류관을 설치하여 상류에 첨가한 탈황제를 와류에 잘 혼련 되게 하여 탈황하는 방법이다.

평면 유동식법은 탕도를 어느 한 부분에 설치하여 탈황제를 넣고 탈황하는 방법으로 효과가 좋다.

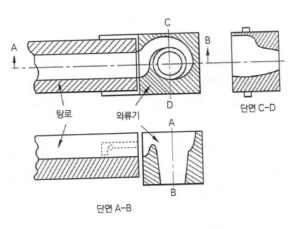

[그림 1-4] 와류법의 개략도

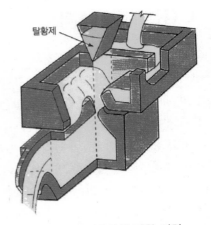

[그림 1-5] 평면유동식 탈황 장치

2) 레이들 탈황법

용선 레이들 안에 미리 탈황제를 넣고, 그 위에 용선을 주입하여 탈황하는 간단한 방법으로 치주법이라고도 한다.

이 방법에서는 보통 소다회 또는 소다회의 복합제가 사용되나 탈황률은 5% 정도에 불과하고, 변동이 심하여 혼선로에서 출선할 때에 적용하는 것이 효과적이다.

3) 요동 레이들법

요동 레이들법은 용기에 편심 회전을 주어 발생하는 특이한 파동을 반응 물질에 이용하는 방법이다. 탈황률은 레이들의 형상, 편심률, 회전수, 탈황제의 종류 및 첨가량, 처리 시간 등에 따라 다르다.

DM 전로법은 요동 레이들법을 개조한 정역회적 방식으로 용선의 와류 운동 효율을 높인 것이다. 회전 드럼법은 소형 회전로에 용선과 탈황제(석회가루와 코크스 가루)를 넣고 밀폐한 다음 노를 회전하여 용선에 탈황제를 혼합 교반시킴으로써 탈황 반응을 촉진시키는 방법으로, 강한 환원성 조건에서 산화칼슘으로 탈황 능력을 크게 하였다.

4) 교반법

탈황 처리를 하려는 용선에 탈황제를 투입함과 동시에 임펠러(Impeller)를 이용하여 기계적으로 회전 교반함으로써 황을 제거하는 방식이다. 이 방법은 탈황 처리를 하려는 용선에 탈황제를 첨가한 후 여러 가지 형태의 교반체로 용선을 기계적으로 회전시켜 교반함으로써 탈황 반응을 촉진시킨다.

데마크-오스트베르그법은 그림 1-6(a)와 같이 레이들 속의 용선 속에 T자형으로 된 파이프 교반체를 80~90rpm 회전시키면 수평관 내의 용선은 원심력에 의해 방출되고, 그에 따라 수직관 내로 용선이 상승하므로 레이들 내의 용선이 교반체를 통해 연속적으로 순환되어 탈황 반응을 촉진 시킨다.

라인슈탈법은 그림 1-6(b)와 같이 내화 재료로 된 간단한 T자형의 교반체를 회전시키는 방법이다. 또, 신일본 제철사가 개발한 KR법은 임펠러를 부착한 회전체를 용선 중에 침지시켜 60~90rpm으로 회전시키는 방법이다.

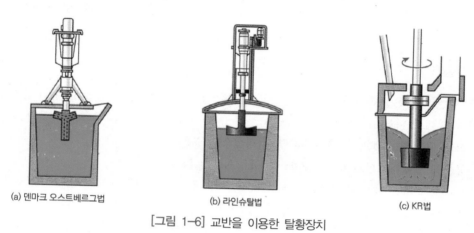

(a) 덴마크 오스트베르그법   (b) 라인슈탈법   (c) KR법

[그림 1-6] 교반을 이용한 탈황장치

5) 인젝션법

일반적으로 많은 양의 용선을 탈황 처리할 목적으로 사용하는데, 내화 물질로 둘러싼 랜스를 용선차의 노구를 통하여 용선 중에 깊숙이 침지시키고 탈황제와 캐리어 가스(질소 또는 아르곤 가스)를 분사시켜 탈황 처리를 한다. 탈황제로는 CaC_2, $CaCN$, CaO, Na_4Co_3 등이 사용되는데, 여러 가지 탈황제를 배합하여 사용하면 탈황 효과가 더욱 크다고 알려졌다.

6) 기체 취입 교반법

인젝션법과는 달리 탈황제를 용선 표면에 첨가한 후 캐리어 가스(질소)를 취입하면 기포의 상승에 따르는 용선의 교반 운동에 의하여 탈황 반응을 촉진 시킨다. 질소를 취입하는 방법에는 랜스(Lance)를 사용하여 상부에 취입하는 상취법(上吹法)과 다공질 내화물을 통해 레이들 밑에서 취입하는 포러스 플러그법(Porous Plug Method) 등이 있으나, 후자의 경우가 많이 쓰인다.

탈황제는 주로 CaO 또는 CaC_2이고 다공질 내화물로는 고 순도 알루미나, 마그네시아, 마그크로(마그네시아가 50% 이상인 크롬 마그네시아질 벽돌), 지르콘 등이 사용되고 있다.

나. 노 외의 탈황시의 문제점

용선을 탈황 처리할 때의 온도 강하는 탈황 방법, 용선의 온도, 용선량, 탈황제의 종류와 사용량 등에 따라 다르다. 따라서 다음 제강 공정에서의 온도를 감안한 탈황 방법과 그 밖에 적절한 작업 공정을 설정해야 한다. 탈황 처리할 때의 온도 강하는 80톤 레이들을 기준으로 했을 경우 약 20℃ 정도이다. 또한, 탈황 처리에서 생성된 슬래그에 혼합되는 입자 상태의 선철과 슬래그를 제거할 때 유실되는 철 손실을 합하면 보통 1~2% 가량 된다.

탈황 처리 전에 고로 슬래그를 제거하여 탈황 효과를 높이고, 탈황 처리 후 탈황 슬래그를 제거하여 복황 현상('S' Pick up)을 방지한다. 이를 위하여 슬래그를 제거하는 것이 바람직하나, 제거 작업에 시간이 소요되므로 제거 작업을 위한 효율적인 기계화가 선행되어야 한다.

다. 탈황제

탈황제는 용선 온도보다 용융점이 높은 고체 탈황제와 용융점이 낮은 용융체(액체) 탈황제의 두 가지 형태로 나눌 수 있다.

① 고체 탈황제: CaO, CaC_2, $CaCN_2$(석회질소), CaF_2
② 용융체 탈황제: Na_2CO_3, $NaOH$, KOH, $NaCl$, NaF

탈황 능력은 교반 방식, 분위기, 용선 성분, 고로 슬래그의 성질에 따라 달라지며, 복합 탈황제는 배합한 탈황제의 종류, 배합 비율 등에 따라 그 능력과 성질이 달라진다.

탈황제 중에서 탄화칼슘, 탄산나트륨, 수산화나트륨, 수산화칼륨은 탈황 효과가 크다고 알려져 있으나, 실제로 탈황제를 선택할 때에는 탈황 능력 이외에 목표로 하는 탈황의 정도, 탈황 방법, 탈황 비용 및 작업성 등을 잘 고려해야 한다. 대표적 탈황제인 탄산나트륨, 탄산칼슘, 산화칼슘의 탈황 반응은 다음과 같다.

1) 탄산나트륨

$$(FeS)+(Na_2CO_3)+[Si]=(Na_2S)+(SiO_2)+[Fe]+CO$$
$$(FeS)+(Na_2CO_3)+2[Mn]=(Na_2S)+2[MnO]+[Fe]+CO$$

여기서 ( )는 슬래그 상, [ ]는 용융 금속 상을 의미한다. Na_2S는 CO가스에 의해 용선의 상부로 부상하여 슬래그화 하며, SiO_2나 MnO은 $2FeO \cdot SiO_2$, $MnO \cdot SiO_2$가 되어 슬래그화 된다. 탄산나트륨의 탈황은 흡열 반응이므로, 탈황 효과는 온도가 높을수록 좋다.

2) 탄화칼슘

$$(CaC_2)+[S]=(CaS)+2(C)$$
$$(CaC_2)+(FeS)=(CaS)+2[C]+[Fe]$$

이 반응은 $CaCO_3$이 분해해서 칼슘과 용선 중의 황이 직접 반응하여 강력한 탈황이 일어난다. 생성된 CaS은 화학적으로 안전하여 복황을 일으키지 않으나, 탄화칼슘은 고온에서 산소와 쉽게 반응하므로 용선 중에 산소량이 많을 때에는 산화칼슘이 생성되어 탈황 능력이 급격히 떨어진다. 따라서 주입법에서 CaO을 취급할 때에는 공기보다 질소와 같은 불활성 가스를 운반 가스로 쓰는 편이 좋다.

3) 산화칼슘

$$2(FeO)+4(CaO)+[Si]=2[Fe]+2(CaS)+(Ca_2SiO_4)$$
$$2(FeS)+2(CaO)+[Si]=2[Fe]+2(CaS)+(SiO_2)$$

이 반응은 고체[CaS]와 액체[FeS] 사이의 반응이며, 반응을 촉진하기 위하여 CaO을 미립화하여 반응 계면적을 크게 하고, 교반해 주는 것이 좋다.

라. 용선의 탈인 및 탈 규소

1) 탈인 처리

용선의 탈인 처리는 주로 혼선차에서 실시하며, 탈인제로는 산화칼슘과 탄산나트륨이 사용된다. 열분해 반응으로 생성되는 탄산나트륨은 산화칼슘에 비하여 더 강력한 염기성 산화물로서 동시 탈인·탈황 처리가 가능하고 슬래그와 용선 간의 인의 분배비가 500~2,000 정도로 생석회계 탈인제의 200~700 수준보다 현저하게 높다.

그리고 탈인 처리 후의 슬래그가 수용성이므로 탄산나트륨의 습식 회수를 할 수 있다. 그러나 가격이 비싸고 화학적 활성도가 높아서 내화물의 용손(감소)이 심하고 작업 환경을 악화시키는 단점이 있어, 최근에는 가격이 저렴하고 작업성이 우수한 생석회계 탈인제를 주로 사용한다.

① 산화칼슘계 탈인제
   조성과 사용 방법, 목적에 따라 다양하며, 일반적 조성은 다음과 같다.
   ㉠ 산화제로서 55~70% Mill Scale
   ㉡ 조재제로서 25~35% 생석회(CaO)
   ㉢ 매용제로서 5~10% 형석(CaF_2)
   이외에 반응 촉진을 위해 소량의 탄산나트륨 또는 염화칼슘(CaCl_2)을 첨가하기도 하고 산화력의 강화와 용선 온도의 저하를 방지하기 위하여 용선 표면에 기체산소를 분사하기도 한다.

② 탄산나트륨을 첨가하는 탈인 처리
   아래의 반응으로 FeO가 생성되므로 별도로 산화제를 첨가하지 않아도 된다.
   $Na_2CO_3+Fe=Na_2O+FeO+CO_2(g)$
   $2P+5FeO+3Na_2O=3Na_2O \cdot P_2O_5+5Fe$

익힘 문제

1. 용선차의 구조와 기능에 대하여 설명하시오.

2. 제강의 목적에 대하여 설명하시오.

3. 노외 탈황법에 대하여 설명하시오.

4. 제강 방법의 종류를 들고 설명하시오.

5. 용선의 탈인 처리에 대하여 설명하시오.

Chapter

02 ▶ 전로 제강(Converter)

제1절 전로의 개요

1. 전 로

　　1953년 오스트리아의 린츠(Linz)와 도나비츠(Donawitz)의 두 공장에서 시작한 방법으로 산소 상취 전로법 또는 BOF법(Basic Oxygen Furnace Process)이라고도 한다.

　　산소 상취 전로법은 수냉 방식의 산소 취입관(Oxygen Lance)을 통하여 용선의 바로 위에 고압의 순산소 가스를 불어 넣어 제강하는 방법으로, 노(爐) 속을 염기성 내화재로 라이닝하는 염기성 조업법이다. 이는 강 성분에 N, O, P 등을 적게 함유하고 있어 고품질의 강을 얻을 수 있으며, 산소 사용에 의한 열효율의 향상으로 원료인 선철의 성분 범위가 넓어지고 저가의 고철 사용량을 증가시킨다. 뿐만 아니라 질이 좋은 강을 값싸고 능률적으로 생산할 수 있다.

용선과 고철을 전로에 장입하고 랜스(Lance)라는 순구리(Cu)의 수냉 구조 노즐(Nozzle)로 부터 고압, 고 순도의 산소를 취입해서 정련하여 용강을 얻는 방법이며 원료 장입부터 출강까지 의 소요시간은 약 35분 정도이다.

그림 2-1은 전로에 주원료인 용선을 장입하는 광경이고, 그림 2-2는 전로에서 용강을 정련 하는 개략도이다.

[그림 2-1] LD 전로의 용강주입 전경

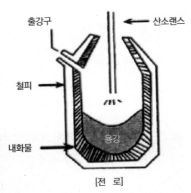

[전 로]

[그림 2-2] LD 전로의 형상

2. 전로법의 종류

전로 제강법은 주원료인 용선과 고철을 장입한 후 산소를 노의 상부 또는 횡부나 바닥으로부 터 취입하여 제강하는 방법으로, 노의 상부와 바닥으로부터 산소나 아르곤 등을 넣어 취련하는 복합취련이 주로 활용되고 있다. 표 2-1은 전로법의 종류이다.

[표 2-1] 전로법의 종류

송충 형식	명칭	내화재의 종류	송풍 가스의 종류
저취법	베세머법	산 성	공기, 산소 부화 공기
	토머스법	염기성	공기, 산소 부화 공기, $O_2 + H_2O$, $O_2 + CO_2$
	Q-BOP법	염기성	순산소
횡취법	표면취법	산 성	공기, 산소 부화 공기
	횡취법	염기성	공기, 산소 부화 공기
상취법	LD법	염기성	순산소
	LD-AC법	염기성	순산소
	칼도법	염기성	순산소
	로터법	염기성	순산소

제2절 **전로 제강 설비**

1. 상취 전로 설비

가. 노체

전로의 능력은 1회에 처리하는 용강량으로 표시하는데 20~30톤의 소형에서부터 300톤급의 대형까지 그 규모가 매우 다양하다. 오늘날 전로의 대부분은 노구가 노체의 중심선에 있는 노구 중심형이며, 노구의 아랫부분에 출강구가 있다.

노체는 그림 2-3과 같은 구조로 40~200mm 두께의 두꺼운 구조용 강판으로 된 용접 구조물이다. 내부는 마그네시아 벽돌, 돌로마이트 벽돌, 돌로마이트 스탬프 등으로 부위에 따라 내화물의 종류와 축조 두께를 다르게 한다.

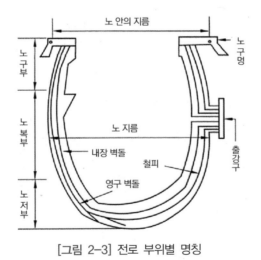

[그림 2-3] 전로 부위별 명칭

나. 경동설비 및 랜스

전로는 용선을 장입할 때나 출강할 때뿐만 아니라 용강의 온도를 측정할 때 또는 냉각할 때에 수시로 경동해야 한다. 경동 구동원은 그림 2-4와 같이 워드-레오나드(Ward-Leonard)형의 전동기를 사용한다.

일반적으로, 유성 기어를 거쳐 고속용과 저속용의 크고 작은 두 개의 권선형 교류 전동기를 배열한 구동 방식을 사용하여 0.1rpm과 1.5rpm을 연속적으로 선택 할 수 있도록 되어 있다.

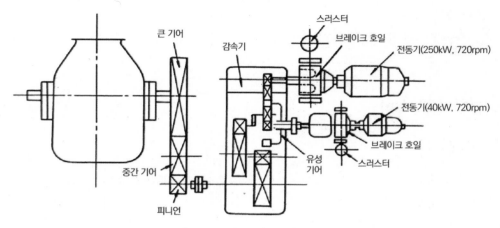

[그림 2-4] 전로 경동 장치

다. 랜스(Lance)

산소 취입용 랜스의 구조와 노즐의 구조는 그림 2-5, 6과 같이 긴 파이프의 끝 부분에 노즐을 부착한 형태의 구조이다. 노즐의 구조는 설치된 구멍수에 따라 단공, 3공, 5공 등의 구조로 되어 있어 안쪽의 관에는 산소가 흐르고, 바깥쪽 이중관에는 냉각수가 바깥쪽에서 안쪽으로 흘러서 랜스를 보호한다.

랜스 끝 부분에는 산소의 압력 에너지를 운동 에너지로 전환시키는 초음속의 산소 제트를 분사하도록 순구리(Cu)로 된 노즐이 부착되어 있다.

대량의 산소 공급으로 인한 슬로핑(Slopping)과 스피팅(Spitting)을 억제하기 위하여 단공 노즐보다 다공 노즐을 많이 사용하고 있는데, 일반적으로는 3~5공의 노즐을 사용하고 있다. 산소와 같이 연료를 분사하여 열효율을 높일 수 있는 Oxy Fuel Lance를 사용하는 경우도 있다.

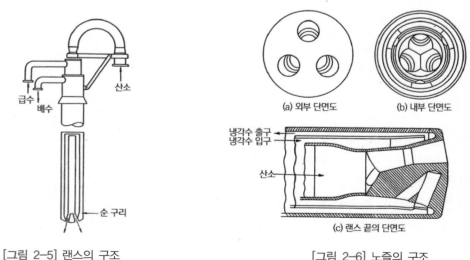

[그림 2-5] 랜스의 구조

[그림 2-6] 노즐의 구조

2. 폐가스 처리 설비

랜스로 부터 취입된 높은 압력의 산소 제트는 용선중의 탄소와 결합하여 다량의 폐가스를 발생한다. 이때, 발생되는 폐가스의 중요성분은 CO이다. 이 고온의 CO는 외기와 접촉하여 발열 반응을 일으키며, CO_2가 되는 동시에 폐가스의 양도 증가하게 된다.

또한 산소 제트와 용강과의 충돌면의 화점(Fire Point)은 온도가 2,000℃ 정도로 매우 높아 용강의 철분이 기화하여 산화 철가루로 된다. 이것은 폐가스 중에 연진(煙塵)으로 섞여 배출된 다. 따라서 폐가스의 처리는 공해처리 차원뿐만 아니라 자원과 에너지의 회수면에서 중요하다.

폐가스의 냉각방식과 집진방법은 주어진 여건에 따라 알맞은 방법을 선택하고 있다. 현재 집진기로는 300℃ 이하로 폐가스 온도를 내리지 않으면 처리할 수 없어 먼저 폐가스의 온도를 낮추어야만 한다.

가. 폐가스 냉각 설비

폐가스의 냉각 방법에는 일반적으로 공기 냉각 방식, 보일러 가열방식, 비연소 방식(OG법, IRSD법)이 알려져 있다.

1) 공기냉각 방식

전로 상부에 있는 연도 안으로 대량의 공기를 흡입시켜 노구에서 나오는 고온의 폐가스를 연소시킨 다음에 냉각하는 방식이다. 이는 연소 출구에서 대략 800~1,000℃로 폐가스를 냉각 하고, 그 위에 설치된 살수 탑에서 100~200℃까지 재 냉각시킨 다음, 대형송풍기로 유인하여 처리하므로 대량의 공업용수와 전력이 풍부한 입지조건을 필요로 한다.

2) 보일러 가열방식

보일로 가열방식은 열교환의 원리에 따라 폐가스가 가지고 있는 현열과 잠열(潛熱)을 증기로 서 회수하는 방식으로, 증기 냉각에서는 효율이 좋아 보일러 출구에서의 가스 온도가 300~35 0℃까지 내려간다. 70Kgf/㎠ 이상의 고압 증기는 발전용으로 사용되기도 하나 폐가스가 간혹 발생하므로, 응축기를 설치하여 저압증기로 바꾸어 난방용으로 사용하는 경우도 많다.

최근에는 건설비를 낮추기 위하여 가열기를 생략한 형식인 반 보일러 방식이 채용되고 있으 나, 가스의 온도가 1,000℃ 정도 수준까지 떨어지기 때문에 그 후에 물을 뿌려 냉각하여 폐가스 의 온도를 낮춘다.

3) 비연소방식

비연소 방식은 전로로부터 배출되는 가스에 공기가 혼입되지 않도록 노구와 연도 사이에 차단막(Skirt)을 설치하여 60~70%의 CO를 함유한 가스를 회수하는 방식이다. 이 방식은 폐기량이 적고 온도도 비교적 낮아 냉각 설비나 집진기가 소형으로 될 수 있는 장점이 있을 뿐만 아니라, CO를 이용할 수 있는 장점이 있다.

이 방법에는 이르시드(IRDS-CAFL)법, OG법(비연소식 폐가스처리법) 등이 있는데 어떠한 방법이든 승, 하강 방식의 스커트에 의하여 노구로부터 공기 흡입을 최대한 억제하도록 설계되어 있다. 그림 2-7 비연소식 폐가스처리 설비(OG법)에 의한 폐가스처리 장치의 계통도이다.

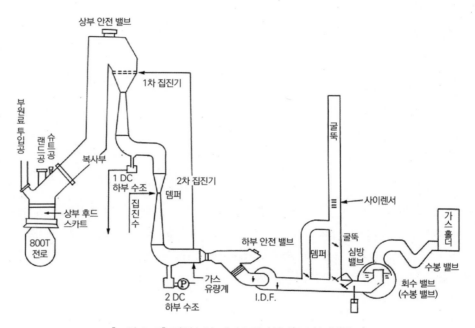

[그림 2-7] 비연소식 폐가스처리설비(OG설비계통도)

나. 집진기

폐가스는 냉각과정에서 연소 또는 비연소와 관계없이 폐가스 분진의 입도가 대략 $300\mu m$ 이하의 비교적 작은 미립자이므로 일반적으로 벤투리 스크러버법(Venturi Scrubber), 전기 집진기 또는 백 필터(Bag Filter) 방법에 의해 집진된다.

1) 벤투리 스크러버 방법

폐가스를 좁은 통로를 통하여 빠른 속도로 흐르게 하고 이후에 넓은 통로에서 속도를 급격히 낮추게 하여, 여기에 고압으로 물을 뿌려 가스 중의 분진을 포집하는 방식으로, 이 방법은 건설비가 저렴하지만 물을 많이 소비하고, 포집된 분진이 슬러지(Sludge) 상태로 되는 단점이 있다.

2) 전기 집진 방법

전기 집진방법에는 습식 집진법과, 건식 집진법이 있다. 이중에서 습식 집진법은 보일러와 조합하여 사용하므로 수분을 함유한 분진을 전극에 흡입시켜 이것을 물로 씻어내어 포집하는 방법이다. 동력비와 공업용수의 소모가 많고, 벤투리 스크러버법과 같이 설비가 부식되고, 슬러지를 처리해야 하는 단점이 있다.

건식 집진 방법은 미립자의 대전(帶電)하기 쉬운 특성을 이용하여 폐가스를 방전 전극 사이로 통과시켜 대전시키고, 이것을 집진 전극에 흡착시킨 뒤 해머링(Hammering) 장치로 떨어뜨리는 방법이다.

이 방법은 설치비용이 많이 들지만 동력비가 싸고 건조 상태의 분진을 포집할 수 있는 장점이 있다.

3) 백 필터 방법

이 방법은 폐가스를 수백 개의 섬유자루로 통과시켜 분진을 포집하는 방법으로, 전로 제강법에서는 폐가스의 양이 많아 이 방법을 사용하고 있지 않다. 그러나 화학섬유의 발달로 매우 높은 온도에 견딜 수 있는 재료가 개발되고 있다.

제3절 원료와 내화물

전로 제강의 원료는 용선, 냉선, 고철과 같은 주원료와 조재제(造滓劑), 매용제, 냉각제 등의 부원료 및 합금철, 탈산제로 구분된다.

1. 원 료

가. 주원료

전로 제강의 주원료는 용광로에서 조제된 용선으로 보통 70% 이상을 장입하고 나머지는 고철과 냉선을 장입한다.

1) 용선

전로 조업에서는 별도의 열원을 공급하지 않고 용선 중에 함유된 규소(Si), 탄소(C), 망간(Mn) 등의 산화열을 이용하므로 용선의 장입 비율과 용선 성분은 제강 조업의 온도 관리와 관련하여 매우 중요하다.

[표 2-2] 용선의 성분과 온도 예

성 분(%)	C	Si	Mn	P	S	온도(℃)
용 선	4.5	0.43	0.35	0.095	0.032	1,450
탈황 용선	4.5	0.43	0.35	0.095	0.007	1,320
탈규소 및 탈인 용선	3.7	0.13	0.15	0.05	0.007	1,370

용선에 함유된 탄소, 규소, 망간, 인 및 황을 철의 5대 원소라 하며 위의 표 2-2는 일반적인 예비 처리 전과 후의 용선의 성분과 온도를 나타내었다. 전로 제강에서는 100% 용선 조업도 가능하나 자가 발생 고철의 재활용과 온도 조절용으로 고철과 냉선을 20% 이내에서 장입하는 것이 보통이다. 고철은 자가 발생 고철과 외부에서 들어오는 구매 고철이 있으나 성분이 안정적인 자가 발생 고철이 주로 사용되고 있다.

2) 냉선

냉선(고철)은 용선을 응고시켜 형상화한 선철로서 성분은 용선과 동일하고 열적으로는 용선과 고철의 중간 정도이다. 주로 온도 조절을 위하여 용선 배합비가 낮을 경우 보조 열원으로 사용되기도 한다.

가) 냉선(Scrap)의 분류

철 스크랩은 철강업 자체에서의 강재 생산과정 또는 철강 수요산업이 철강재 가공 과정, 철강 제품의 사용 불능 상태 등에서 발생한 것을 수집과정을 통하여 회수한 후에 철강재 생산에 재투입하는 것을 말한다.

철 스크랩의 분류방법에는 발생원에 의한 분류, 성분 및 형태에 의한 분류, 구입형태에 의한 분류 등이 있으며, 한국철강협회에 의한 분류를 보면 표 2-3과 같다.

[표 2-3] 한국 철강협회에 의한 분류

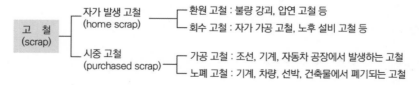

① 자가 고철(Home Scrap)

자가 고철이란, 제강공장 또는 철강재 제조공정에서 발생한 철 스크랩으로서 대부분 강괴, 블룸, 빌렛, 파이프, 봉강 등의 양 끝단 절단, 용강의 흘림(Spill), 흐름(Running), 판재의 절단, 강판의 측면 절단, 불합격품, 스케일 등을 말하며, 별도의 가공처리나 유통거래 없이 대부분 전량 회수 사용되고 있으며, 그 발생량은 용해량과 최종제품의 양의 정비례 한다. 이를 일명 환원 철 스크랩이라 한다.

② 가공철 스크랩(Prompt Industrial Scrap)

가공철 스크랩이란, 기계공장 및 철강재 가공공장 조선, 자동차 공장 등에서 철강재를 제품으로 제조하는 과정에서 발생하는 철 스크랩을 말하며, 재사용을 위해 제강공장 및 주물공장으로 되돌아오는 분배 경로 및 주기가 노 폐철 스크랩에 비하여 짧은 것이 특징이다. 가공 철 스크랩 발생의 종류에는 절단 철 스크랩, 선삭 철 스크랩, 압연 철 스크랩, 및 펀칭, 트리밍, 드릴링, 보링 등이 있으며, 이러한 철 스크랩은 대부분 경량 판에서 발생한다.

③ 노 폐철 스크랩(Obsolescent Scrap)

노 폐철 스크랩이란, 이미 유용성이 소멸되어 철강 폐기물로 처리되어 재용해에 적합하도록 가공처리 되는 철 스크랩을 말한다. 노 폐철 스크랩은 대부분이 폐기 자동차, 기구류, 철도, 기계, 선박, 건축 자재 등에서 발생되며, 수집과정에서 미회수 되거나 비경제적인 철 스크랩은 수집을 기피하게 되어 폐기물로 되는 경우가 있다.

고철은 P, S가 적을수록 좋으나 외관상으로 함유량을 판단하기 어려우므로 분석을 하거나 용해 결과로 판단한다. Cu는 산화 제거가 어려우므로 원료를 선별할 때 제거해야 한다.

나. 부원료

부원료로는 슬래그의 생성을 위한 조재제, 슬래그의 융점과 유동성을 개선시키는 매용제, 성분 조정제 등이 있다. 표 2-4에 사용목적에 따른 분류를 표시하였다.

[표 2-4] 부원료의 사용목적에 따른 분류

사 용 목 적	주 원 료 명 칭
조 재 제	생석회, 석회석, 규사, 연와설
매 용 제	mill scale, 소결광, 철광석, 형석
냉 각 재	철광석, 석회석, mill scale, 소결광
기　　타	dolomite, 경소 dolomite

1) 조재제

조재제는 제강 작업에서 정련을 효율적으로 하기 위한 좋은 슬래그를 제조하는데 사용 되며, 주로 생석회가 많이 사용된다.

2) 매용제

첨가된 조재재의 용해를 촉진하고 슬래그의 유동성을 개선하기 위해 첨가하며, 형석 또는 밀 스케일이 주로 사용되고 있다. 형석은 소량 첨가해도 슬래그의 망상 구조를 절단하여 유동성을 현저히 개선시키는 것으로 알려져 있으나 환경오염 때문에 사용이 제한된다.

3) 냉각제

용강의 온도가 목표로 한 온도보다 높은 경우 냉각하기 위한 온도 조정용으로 사용된다. 냉각제의 종류는 철광석, 소결광, 석회석, 밀 스케일 등이다.

4) 합금철, 탈산제

합금철, 탈산제는 용강에 첨가하여 강의 물성을 결정하는 중요한 역할을 한다. 전로에 사용되는 합금철, 탈산제와 그 첨가 시기는 다음과 같다. 산화가 어려운 Ni, Mo 등은 취련 전에 노내에 장입하고, 취련 종료 직전 및 후에는 Fe-Mn, Fe-Si, Si-Mn, Al 등으로 탈산 또는 용강의 화학 성분을 조정하기 위하여 첨가한다. 주로 출강할 때 레이들에 첨가해서 출강류에 의한 용강의 교반력을 이용함으로써 실수율을 높인다.

2. 내화물

전로용 내화물은 종래의 돌로마이트계 소성 내화물을 기본으로 하여 개량되어 왔다. 즉, 돌로마이트 성분 중 CaO의 수화 반응에 의한 스폴링(Spalling)을 방지하기 위하여 콜타르 배합 돌로마이트, Cao 안정화 돌로마이트에 이어 1970년대 후반 이후에는 복합 취련 등 노내의 사용 조건이 가혹해짐에 따라 MgO 함량을 높이고, 흑연을 첨가한 MgO-C계 내화물이 사용되고 있다.

전로 내화물의 사용 환경은 온도가 높고, 제강 사이클이 짧아서 온도가 급격하게 변동하며, 취련 과정에서 슬래그의 조성이 연속적으로 변화한다. 또한 원료 장입에 의한 기계적 충격이 클 뿐만 아니라 노체의 경동에 의해 용강과 슬래그의 유동이 발생되므로 내화물의 사용 조건이 매우 가혹하다.

LD전로의 내화물은 종래의 제강로용 내화물에 비하여 다음과 같은 요인에 의해 불리한 조건 하에서 사용하게 된다.

① 산소 취입에 의한 용강 및 슬래그의 교반

② 노체의 경동

③ Dust 및 가스의 다량 발생

④ 장입-취련-출강의 조업 Cycle에서의 급격한 온도 변화

⑤ 고온 조업

⑥ 장입물에 의한 충격

따라서 전로용 내화물은 화학적 내침식성, 기계적 내충격성, 물리적 내마모성 및 열적 내 스폴링성 등 다양한 성질이 요구된다. 그림 2-8은 전로의 축로 예이다.

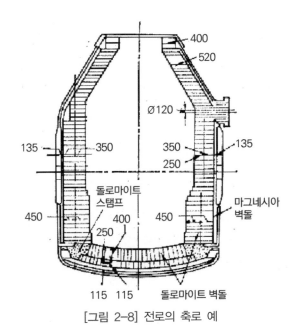

[그림 2-8] 전로의 축로 예

제4절 전로 조업

1. 상취 전로법

가. 원료 장입

전로의 제강 조업은 고철, 용선 장입, 산소 취련, 출강, 배재(排滓)의 순서로 진행된다. 그림

2-9는 전로 제강의 조업 공정도이다. 노 안에서는 용강 표면에 고속으로 분사되는 산소 제트에 의해 용강의 교반과 정련 반응이 격렬하게 일어나므로 반응이 매우 빨라 취련 시간은 20분 미만이고, 주원료 장입부터 슬래그 배제까지 전체의 소요 시간도 40분을 넘지 않는다.

원료를 장입할 때 주원료인 용선은 용선차에 의하여 혼선로로 운송되고, 여기서 균질화한 후 장입 레이들을 사용하여 전로에 장입하는데, 이때 노체를 앞으로 기울인 다음 고철을 먼저 장입한 후 용선을 장입한다.

장입이 끝나면 노체를 바로 세우고 산소 랜스를 내리면서 소정의 압력으로 용강 표면에 산소를 취입하는 동시에 부원료인 조재제와 매용제를 넣는다. 랜스가 어느 높이까지 내려가며 착화되어 용강 중의 탄소(C)와 망간(Mn), 인(P), 철(Fe) 등의 불순물이 산화되기 시작한다. 이때부터 생석회, 철광석, 형석 등을 넣는다.

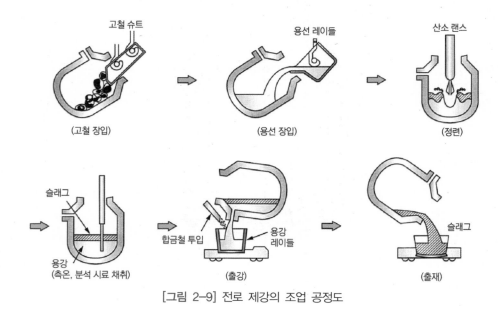

[그림 2-9] 전로 제강의 조업 공정도

나. 산소취입

취련을 개시한 다음 수분 내에 슬래그가 형성되어 용강 표면을 덮게 되는데, 슬래그 양이 충분히 확보되지 못한 취련 초기에는 산소 제트에 의해 미세한 철 입자가 노구로부터 비산된다. 이러한 현상을 **스피팅**(Spitting)이라고 하며 스피팅 현상은 취련 시간의 경과에 따라 슬래그 양이 증가하면서 점진적으로 감소한다.

취련 시간이 얼마 동안 경과되면 탄소(C)의 연소가 활발하게 진행되고 노구로부터 불꽃이 점차 밝아지는데, 슬래그가 거품처럼 부풀어 올라서 노 밖으로 분출되는 슬로핑(Slopping) 현상이 일어나기도 한다. 이러한 슬로핑 현상은 철분 손실과 대기 오염 및 작업 환경을 악화시키므로 조업 과정에서 이를 최소화해야 하며, 슬로핑 현상을 근원적으로 방지하기 위해 일반적으로 산소 유량을 줄이거나 취입 압력을 줄이는 소프트 블로잉 조업법으로 일산화탄소(CO)의 생성 속도를 저감하거나 슬래그 유동성을 향상시켜 일산화탄소의 배출을 조장하는 것이 효과적이다.

취련 중기에는 공급되는 산소가 거의 모두 탈탄 반응에 소모되므로 탄소 함유량은 산소 공급량에 따라 비례적으로 감소하나 탈탄 천이점 이후부터는 탈탄 속도가 감소하고, 폐가스 유량도 점진적으로 감소한다.

취련 말기에는 서브랜스(Sub-Lance)를 하강시켜 용강 온도와 탄소 농도를 측정하여 동적(Dynamic) 제어 모델을 기동하고, 그 계산 결과에 따라 취련 종료 시점까지의 산소량을 조정하거나 필요할 때에는 냉각제를 투입한다. 필요한 산소 및 냉각제 공급이 완료되면, 유량을 감소시키면서 랜스를 상승시켜 취련을 종료한다.

취련시간은 조업 조건에 따라 다소 차이는 있지만 15~18분 소요된다. 취련 종점의 판단은 불꽃의 현상, 산소 취입량, 취련 시간, 용강 중 산소농도 등을 종합하여 판단한다.

취련 종점에서 용강 온도와 성분에 따라 출강 여부를 판단한다. 일반적인 출강 판정법은 용강 온도를 측정하고, 탄소 농도를 측정하기 위해 시료를 채취하여 기송관을 통해 분석실로 보내 분석한다. 만일 목표치에 비해 탄소 농도가 높거나 온도가 낮으면 재 취련하고, 온도가 높으면 냉각제를 첨가한다. 탄소 농도가 목표치보다 낮은 경우는 출강할 때 가탄제를 첨가하여 탄소 농도를 상향 조정한다.

취련 종료 후 성분과 온도를 재조정하는 것은 제강 시간 연장뿐만 아니라 용강의 품질 악화와 실수율 저하 요인이 되므로 취련 종점에서 온도와 성분을 동시에 적중시키는 것이 바람직하다. 이를 위해 노경동 없이도 측온과 시료채취가 가능한 서브 랜스가 구비된 전로에서는 용강 온도와 탄소 및 산소 농도를 실시간에 측정하여 취련 적중 여부를 판단하고, 출강 또는 재 취련한다. 노를 경동하여 노전에서 시료채취 후 분석확인을 하지 않고 곧바로 출강하는 방법을 무도로 출강법이라고 한다. 최근에는 전로 정련 기술이 발달하고 용강의 2차 정련 능력이 증대됨에 따라 용강 온도와 성분을 확인하지 않고, 취련 종료 후 바로 출강하는 직접 출강법이 보편적으로 활용되고 있다.

취련 작업이 완전히 끝나면 노체를 기울여 레이들에 출강한다. 이때, 강종에 따라 출강 중의 레이들 내에 합금철, 탈산제 및 조재제를 투입하여 마무리 정련 작업을 끝낸다. 또한, 출강과정에서는 슬래그가 용강과 혼재되어 내려오지 않도록 주의하여야 하며, 슬래그 유출을 방지하기 위해 여러 가지 방법이 고안되어 활용되고 있다.

출강이 끝난 다음 노안에 남은 슬래그를 슬래그 포트(Slag Pot)에 배재함으로써 1회 전로작업이 완료 된다. 그리고 다음 작업을 위해서 부분적으로 침식된 내화물에 대하여 열간 보수를 한다. 그림 2-10 제트류 충돌면의 용강 운동이다.

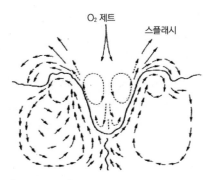

[그림 2-10] 제트 충돌면의 용강 운동

1) 취련 계산

일반적으로 취련 계산에 필요한 3요소는 생석회 배합 계산, 열량 계산, 산소량 계산이 있다. 슬래그의 염기도는 탈인과 탈황에 직접적인 영향을 주는데, 탈인 반응과 탈황 반응에 효과적인 슬래그의 염기도를 일반적으로 3.0~4.5로 정하고, 배합해야 하는 생석회의 양은 용선 중의 규소량, 슬래그의 양, 생산 강종 등에 따라 결정한다.

전로의 취련은 연료를 사용하지 않고 용선의 현열과 산화열 만으로 제강한다. 즉, 취련 중에 용선을 장입하고 상부에서 산소를 취입하여 용선 중의 탄소(C), 규소(Si), 망간(Mn), 인(P) 등을 산화 제거하는 과정에서 발생하는 반응열에 의하여 용강 온도가 상승하게 된다. 따라서 취련 후 출강 목표 온도로 조절하기 위해 냉각제를 투입하는데 고철, 철광석, 석회석, 밀 스케일 등은 과잉 열량에 대한 냉각제의 역할을 한다. 냉각 효과는 고철의 냉각 효과를 1로 할 경우 석회석은 1.5배, 소결광은 2.6배(철광석 2.7배), 밀 스케일은 2.6배이다.

2) 취련의 경과

취련 초기에는 규소가 산소와의 친화력이 강하여 가장 먼저 산화되어 불과 2~3분 만에 대부분의 규소가 산화규소(SiO_2)로 변한다. 용강 중의 규소가 감소함에 따라 탈탄 반응도 활발히 진행되고, 망간과 인의 산화 반응도 취련 초기부터 빠른 속도로 진행된다. 그 이유는 취련할 때 고속의 산소 제트 흐름이 용강면에 충돌하는 화점의 온도는 2,000℃가 훨씬 넘는 고온이므로 조재제로 첨가된 생석회가 빠른 속도로 용해되어 탈인 반응이 촉진되는 것이다. 이때, 생성된 슬래그는 산화칼슘이 비교적 많이 함유된 염기성 슬래그가 형성되기 때문에 유동성이 나쁘다. 이 경우에 형석을 첨가하면 온도를 높이지 않고도 유동성이 좋은 슬래그를 얻을 수 있다.

취련 시작 5~6분 뒤의 취련 중기부터 탈탄 속도가 매우 높아져 취입된 산소가 탈탄에 거의 다 쓰이면서 탈탄 효율은 100%에 가까워진다.

그리고 용강의 온도가 점차 올라가면서 생석회의 슬래그화가 계속 진행됨으로써 생성된 슬래그의 염기도는 대개 2~3 정도에 도달한다. 염기도의 상승과 형석의 사용으로 탈인 반응은 촉진되나, 슬래그의 유동성이 좋아 슬로핑 현상이 일어나기 쉬운 단점이 있다. 또한, 이때 슬래그 중의 전체 철 함유량이 상대적으로 감소된다. 이와 같이 용강 온도의 상승, 슬래그 중의 전체 철의 감소 등으로 슬래그의 산화 전위(Potential)가 저하되어 복인과 망간 융기가 일어나는 경우도 있다.

취련 말기에 도달하면 탄소(C)는 산화 제거되고, 취입되는 산소로 인하여 산화철이 형성되는데, 이것이 슬래그 중에 들어가면 다시 탈인 되는 동시에 탈황 반응도 제한된 조건하에서 극히 일부 진행된다. 특히 취련 후반에 투입되는 석회석은 이산화탄소로 분해될 때, 흡열반응이 나타나 용강의 교반, 냉각 효과 및 산화칼슘의 보급 등의 여러 가지 역할을 한다.

인(P)의 거동은 슬래그의 염기도, 슬래그 중의 전체 철의 함유량, 온도 등에 따라 변하며, 황(S)의 거동은 고온 및 고염기도에서 촉진된다. 슬래그의 양은 탈인과 탈황을 위해서는 많은 것이 좋으나 너무 많으면 철 손실과 열량 손실이 많아지는 나쁜 점이 있다. 또한 노체 사용횟수가 많아 내화물 침식량이 너무 많으면 용강의 깊이가 낮아져 용탕 면적이 넓어지므로 탈탄반응이 촉진되어 탈인 효율이 떨어지게 된다.

취련 종점에서 용강 중의 망간(Mn)과 인(P), 탄소(C)는 함께 떨어져서 목표값에 도달하게 된다. 용강의 온도는 취련 중에는 완만하게 상승하다가 종점에 가까워지면서 갑자기 상승하므로 용선 배합률(HMR)이 작은 조업을 할 때에는 고철이 완전히 용해되지 않을 염려가 있다.

목표한 온도와 성분에 맞지 않아 재취련 할 때는 산소 압력을 낮추어 취입해야 하는데, 이때 용강 중 산소가 급작스럽게 증가하는 경우도 있다.

2. 저취 전로법(OBM/Q-BOP법)

1968년 독일의 K. Brotzmann은 토마스 전로의 풍구에 탄화수소의 분해열로 풍구를 냉각, 보호하는데 성공하였다. 이것을 OBM(Oxygen Bottom-blowing Method)이라 불렀다. 이 방법으로 노저 수명은 종래의 50~70회에서 200~300회로 연장되고, 고질소 함량의 문제도 해결하였다.

1971년 미국의 U.S steel은 OBM법을 저인선에도 적용하여 Q-BOP(Quiet or Quick Basic Oxygen Process)이라고 불렀다. 그림 2-11은 Q-BOP법의 구조이다.

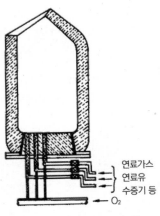

[그림 2-11] Q-BOP의 구조

현재의 제강법의 주류를 이루는 산소 전로법과 비교하면 노저 내화물의 수명이나 풍구의 보수, 탄화수소 가스 취입에 의한 강중 수소량 증가 등의 문제는 있으나 설비 투자 측면에서 유리하고, 야금 기술적인 측면에서 많은 장점을 가지고 있어 점차 발전하는 추세에 있다.

OBM 및 Q-BOP법의 장점은 다음과 같이 요약할 수 있다.

① 순산소 상취 전로의 랜스 설비를 할 필요가 없어 건물 높이를 낮출 수 있으므로 설비 투자액이 적어진다.
② 고철 배합율을 상취 전로 보다 5~7% 높일 수 있다.
③ 강욕 중의 C, O 함유량의 관계는 상취 전로 보다 낮다. 따라서 극저탄소 구역에서의 탈탄은 상취 전로보다 용이하다.
④ 강재 중의 FeO는 C 0.1%가 될 때 까지는 5%에 머물고 그 후에도 17% 이상은 되지 않으므로, 상취 전로의 8%·25%에 비하여 철분실수율이 약 2% 증가한다.
⑤ 강재의 동일 FeO 수준에 대하여 상취 전로보다 탈인이 잘되고, 탈황도 약간 우수하다.

또한, 단점은 다음과 같이 지적되고 있다.
① 노저를 교환할 필요가 있고 내화물 원단위가 상취 전로보다 높다.
② 냉각 가스로서 수소를 포함한 가스를 사용하는 경우, 강 중 수소함량이 증가한다.

3. LD-AC 전로법

가. 설비

LD-AC 전로법은 용제(flux)인 생석회(CaO) 분말을 산소와 동시에 취입하는 방법으로 OLP(Oxygen Lanced Powder)법이라고도 한다. 그림 2-12는 산화칼슘 분말이 랜스를 통하여 취입하는 방법을 나타낸 것으로 산소 본관으로부터 나누어진 2차 산소가 산화칼슘 분말의 반출 장치로 유도되어 필요한 양의 산화칼슘을 산소 랜스에 혼합시키게 되어 있다.

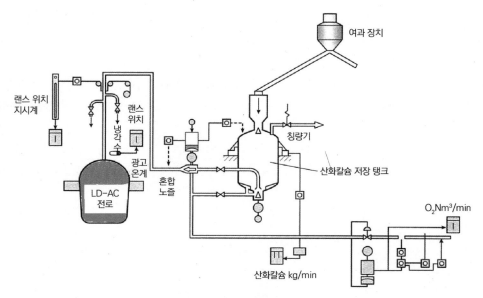

[그림 2-12] LD-AC 전로법의 설비 계통도

나. 취련

LD-AC 전로법의 특징은 넓은 성분 범위의 용선을 원료로 사용할 수 있으므로 고로(BF)의 원료 제한이 적고 반응성이 좋은 슬래그가 급속히 생성되므로 탈인(P)이 잘되며 특히 고탄소 저인강의 제조에 유리하다. 따라서 저인 선철로부터 고탄소강 및 합금강에 이르기까지 넓은 범위의 강을 정련할 수 있다. 그러나 LD-AC 법은 LD 전로법에 비하여 제강시간이 오래 걸리는 단점이 있다.

4. 복합 취련법

가. 설 비

LD 전로법은 저탄소강을 제조할 경우에 일산화탄소에 의한 교반 작용이 약해져서 용강과 슬래그 사이에 성분이나 온도가 불균일해지고, 철(Fe)이나 망간(Mn)의 실수율이 떨어져 탈인 반응이 저하되는 단점이 있다.

저취 전로법(Q-BOP)의 발달은 노의 바닥으로부터 산소를 취입하여 용강을 교반함으로써 LD전로법의 단점을 보완할 수 있는 방법으로 제시되었다.

이에 따라 복합 취련법은 상취 전로의 높은 산소 포텐셜과 저취 전로의 강력한 교반력이 결합 되어 반응 효율이 우수하다. 또한, 취련 시간이 단축되고 용강의 실수율이 높으며, 노체 수명이 길어진다.

설비적으로는 기존의 상취 또는 저취 전로를 간단히 개조하여 사용할 수 있으므로 1970년대 후반부터 복합 취련법이 급속하게 보급되었으며, 신설되는 전로는 모두 복합 취련법을 채택하고 있다.

그림 2-13은 복합 취련 전로의 유형을 나타낸 것으로 복합 취련법은 상취 산소에 의한 산화 반응과 저취 가스에 의한 용강의 교반 작용이 이루어지며, 저취 가스의 종류와 유량 및 저취 방법에 따라 분류한다.

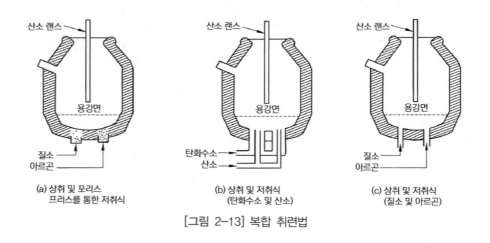

[그림 2-13] 복합 취련법

나. 취련

저취 가스로 산화성 가스인 산소를 사용하는 방법과 불활성 가스인 아르곤(Ar) 또는 질소(N_2) 를 사용하는 두 종류로 교반뿐만 아니라, 산화 반응도 동시에 일으키는 작용을 한다.

대표적인 풍구의 형상은 산소를 사용하는 경우에는 냉각 가스를 취입하기 위하여 이중관 풍구를 사용하나 불활성 가스만 취입하는 경우에는 풍구의 막힘을 방지하기 위하여 단관 또는 내화물에 여러 개의 미세관을 매설한 MHP(Multi-Hole Plug), 다공성 내화연와 등 다양하게 사용한다.

저취 가스에 의한 교반력 강화로 탈탄 효율이 향상되어 취련 종점에서 탄소 농도에 따른 슬래그 중 전체 철의 함유량이 낮기 때문에 용강 중 망간 농도가 높게 분포하며, 특히 저취 가스 유량이 증가할수록 슬래그 중 전체 철의 함유량은 감소하고 그에 상응하는 만큼 망간 농도가 증가한다. 따라서 용강 중 망간의 산화가 억제되어 취련 종점에서의 망간 실수율이 증가한다.

그리고 복합 취련 전로의 경우 상취 전로에 비해 슬래그의 산화도가 낮은 것은 탈인 반응에 불리하지만, 교반력 항상과 슬래그의 과열이 억제되는 것은 탈인 반응에 유리하다. 그림 2-14는 저취 가스의 유량이 $0.1Nm^3/min-ton$으로 비교적 강 교반인 경우 저탄소 영역에서 상취 전로와 유사한 수준의 탈인 효과를 나타내지만, 탄소 농도가 높아지면 인(P) 농도가 높아진다. 그러나 고 탄소강을 제조할 경우에는 저취 가스 유량을 낮춰 슬래그의 전체 철 함유량을 높임으로써 상취 전로와 유사한 수준으로 탈인할 수 있다. 다만, MHP 또는 다공성 내화연와의 풍구를 사용하는 경우에는 저취 가스 유량을 매우 낮게 유지할 수 있으나, 단공 풍구의 경우에는 용강의 역류 때문에 저취 가스 유량을 낮추는 데는 한계가 있다.

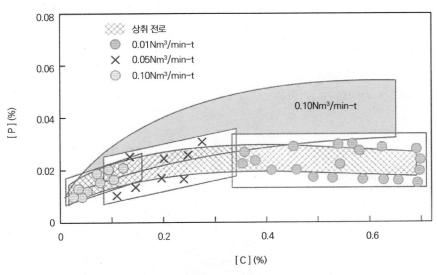

[그림 2-14] 종점 탄소와 P농도의 관계

제5절 제원소의 화학 반응

1. 기초 반응

취련 초기에는 Si가 먼저 산화되고, 2~3분 후에 대부분이 산화된다. Si가 저하함에 따라서 탈탄반응이 활발하게 되며, 탈인도 조기에 진행된다. 이것은 2,000℃에 달하는 고온의 화점에서 석회가 빨리 재화하여, 탈인을 촉진하기 때문이다.

황은 취련 초기에서 중기사이에서는 급한 변화를 나타내지 않는다. 취련중기는 탈탄이 최고로 활발한 시기이며, 취입된 산소는 거의 다 탈탄에 소비된다. 이때의 탈탄효율은 100%이다. 용강의 온도가 상승하면서 석회의 재화가 진행되어 $(CaO)/SiO_2$는 2~3으로 증가하여, 전체 철(T, Fe)이 점차 감소한다. 용강 온도의 상승과 (T, Fe)의 감소에 의하여 슬래그의 산화 포텐셜(Potential)이 저하하게 되므로, 복인반응 또는 Mn 융기(Manganese Bukle)이 일어나게 된다. 또 슬래그의 유동성이 증가하게 되므로 슬로핑(Slopping)이 일어나기도 한다. 탈탄 최성기를 지나면 산화철 생성반응이 빨라져서, 슬래그중의 전체 철(T, Fe)은 다시 증가하기 시작하여 석회는 전량 재화한다. 이때 용강에 환원되었던 P는 다시 저하하고, 동시에 탈황도 진행된다.

전로에서 그림 2-15 취련 중에 일어나는 화학 반응은 랜스로부터 고속으로 분사되는 산소에 의하여 격렬한 교반과 함께 진행되면 주요 현상과 반응은 다음과 같다.

① 기체 산소가 접촉하는 위치에서 진행되는 가스-용강 사이의 반응

② 취련 중 투입된 부원료의 분해와 슬래그 반응

③ 슬래그-용강 사이의 교환 반응

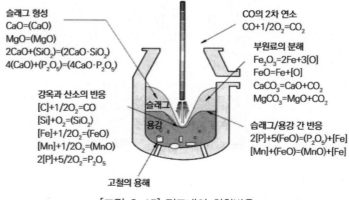

[그림 2-15] 전로내의 화학반응

2. 탈탄(C) 반응

탈탄반응은 그림 2-16에 나타낸 것과 같이 제1기, 제2기, 제3기로 구분하여 생각할 수 있다.

제1기는 탈탄속도가 시간과 더불어 증대하는 시기이다. 취련초기에 탈탄속도가 작은 것은 용강의 온도가 낮고, 또 Si, Mn의 산화가 우선적으로 진행되기 때문이다.

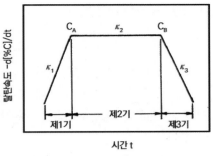

[그림 2-16] 취련중의 탈탄속도

제2기는 $-d[\%C]/dt=k_2$ 로서 산소효율은 거의 100%가 된다. 제3기에서는 탄소농도에 비례하게 되어 $-d[\%C]/dt=k_3[\%C]$로 표시된다.

1기는 [Si]가 아직 높고, 또 용강 온도가 낮아서 탈탄반응이 억제되어 천천히 탈탄속도가 상승해 가는 시기이다.

2기는 용강 온도가 상승하여 화점에의 C의 도달속도가 충분히 커서 공급되는 산소가 거의 100% 탈탄에 소모되고, 공급 산소량에 따라서 최고 탈탄속도가 계속되는 시기다. 이때에는 용강 중 [O]가 가장 낮아진다.

3기에는 탈탄이 진행하여 [C] 농도가 낮아져서 C의 화점의 도달 속도가 반응의 율속(Rate Control)이 되어 탈탄 속도가 저하한다. [C] 농도가 저하함에 따라서 공급 산소 중에 탈탄에 기여하지 않는 산소가 증가하여 산소효율이 감소하므로 용강 중 [O] 농도의 급격한 상승과 슬래그 중 (FeO)의 증가가 나타난다.

이 시기의 탈탄반응을 촉진하려면 용강의 강한 교반이 필요하다. 그림 2-17에 취련시간에 따른 용강과 강재 성분의 변화를 나타내었다.

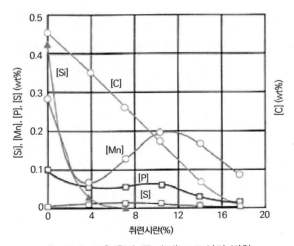

[그림 2-17] 용강 중 슬래그 조성의 변화

3. 탈 규소(Si)반응

용강 중 규소(Si)는 산소와 우선 반응하며, 취련 5분경에는 규소의 산화가 완료 된다. 규소의 산화 반응에 의한 발열량은 취련 중 용철의 승온에 중요한 열원으로 사용되지만, 다량 함유되어 있으면 취련 중 슬래그의 부피를 증가시켜 탈탄, 탈인, 탈망간 같은 산화 반응의 속도를 저하시킬 뿐만 아니라, 전로의 내화물을 손상시키기 때문에 고철과 같은 냉매제를 투입하여 냉각시켜야 한다.

$$* \quad 2(FeO)+[Si]=(SiO_2)+2[Fe]$$

용강 중 규소의 산화물인 SiO_2는 염기성 슬래그 중의 산화칼슘과 결합하여 $CaO \cdot SiO_2$의 형태로 슬래그 중에 안정화된다.

4. 탈 망간(Mn)반응

가. 용강 중의 Mn 활량

Mn, Co, Ni 등은 Fe와 물리적, 화학적으로 비슷하므로 용철 중에서는 이상용액에 가까운 거동을 나타낸다. Fe–Mn계에서는 Mn의 활량은 거의 전역에 걸쳐서 라울(Raoult)의 법칙에 따른다.

나. Mn의 산화반응

Mn은 산소와의 친화력이 약하므로 보통의 Mn 농도에서 산화물은 MnO뿐만 아니라 FeO도 함유하며, Mn 농도에 따라서 FeO–MnO 용액 또는 FeO–MnO 고용체가 된다. FeO 및 MnO는 성질이 비슷함으로 활량도 농도에 비례한다고 볼 수 있다. 그 평형 관계는 다음과 같다.

$$Mn+(FeO)=(MnO)+Fe$$

$$\log K_1 = \log \frac{(MnO)}{(FeO) \cdot \%Mn} = \frac{6440}{T} - 2.95$$

$$= -29,000 + 13.5T$$

5. 탈인(P) 반응

전로 내에서 탈인 반응은 높은 온도의 화점이 형성됨으로써 용제로 첨가된 생석회의 슬래그화가 산소 취입 초기부터 쉽게 진행되기 때문에 탈인 반응도 탈탄 반응에 앞서 진행되는 경향이 있다.

먼저 용강 중의 인은 취입 산소와 결합하여 인산화물(P_2O_5)을 형성하고, 이 인산화물은 반응이 좋은 산화칼슘과 결합하여 복합 인산 산화물($4CaO \cdot P_2O_5$)을 형성하여 P_2O_5를 슬래그 중에 안정화시킨다.

* $2[P]+5(FeO)=5[Fe]+(P_2O_5)$
* $4(CaO)+(P_2O_5)=(4CaO \cdot P_2O_5)$

따라서 탈인 효율을 증대시키기 위해서는 슬래그의 염기도가 높고, 슬래그 중 산화철(FeO)이 높을수록, 온도가 낮을수록, 슬래그의 양이 많을수록 탈인 효율은 향상된다.

6. 탈황(S) 반응

LD전로에서 탈황 반응은 슬래그에 의한 탈황과 취련 말기의 기화 탈황으로 구분할 수 있다. 슬래그에 의한 탈황 지수로는 황 분배비($Ls=(\%S)/[\%S]$)를 일반적으로 사용한다. 염기도가 높을수록 황 분배비는 높아지나 일반적인 전로의 염기도는 2.5~4.5에서 황 분배비는 4~7 수준으로 용선 예비 처리에서의 300~1,000에 비하여 매우 낮기 때문에 용선 탈황 또는 2차 정련에서 탈황 처리를 하는 것이 효율적이다.

$[FeS]+(CaO)=(FeO)+(CaS)$

슬래그 염기도가 낮은 영역에서는 산화철 농도가 높을수록 탈황 효율이 다소 높아지나, 일반적인 전로 조업에서는 슬래그 중 산화철의 농도가 증가할수록 감소하는 경향이 있다. 특히, 용선에서 탈황한 슬래그가 전로에 같이 유입되면 탈황 반응의 역반응이 일어나면서 전로 내에서 황이 급격하게 상승하는 원인이 되므로, 탈황 슬래그는 전로에 장입하기 전에 철저하게 배재되어야 한다.

7. 탈 질소(N) 반응

LD전로법은 순수한 산소를 취입하는 제강법이므로, 다른 제강법에 비하여 질소(N_2)의 용해가 적은 특징이 있다. 취련 중 일어나는 탈질 반응의 기구에는 티타늄(Ti)에 의하여 TiN 화합물 형성에 의한 분리 부상으로 제거되거나 탈탄반응 중에 강욕 내에 형성된 일산화탄소 기포가 부상하는 과정에서 용강 중의 N이 기포내로 확산되어 배출되는 두 가지로 생각 할 수 있다. 따라서 저질소강(低窒素鋼)을 제조할 때 주요 관리 항목은 다음과 같다.

① 용선 배합비(HMR)를 올린다.

② 용선 중의 티타늄 함유율을 높이고, 용선 중의 질소를 낮춘다.

③ 탈탄 속도를 높이고 종점 C를 가능한 높게 취련한다.

④ 취련 말기 노 안으로 공기의 유입 및 재취련을 억제한다.

⑤ 산소의 순도를 철저히 관리한다.

제6절 조업 상황

1. 스피팅과 슬로핑(Spitting과 Slopping)

스피팅(Spitting)은 슬래그량 부족으로 취련 초기 산소제트에 의한 미세한 철 입자가 노구로 부터 비산되는 것이며 형석 등 매용제 투입과 슬래그량 증가에 따라 감소한다. 슬로핑(Slopping)은 탄소 등의 연소가 활발하여 노구로부터의 화염도 광휘도가 높은 갈백색을 띠며 슬래그나 용강이 부풀어 올라 노 밖으로 분출되며 환경오염을 야기하므로 산소량을 감소시키고 유동성을 증가 시킨다.

취련초기의 산소압력 증가, 용강 온도 상승, 초기 탈탄 속도 증가, 생석회나 형석의 투입 등으로 탈산 속도나 슬래그량을 조정한다.

2. 취련 종점 판단과 출강

취련은 노 내에서는 용강 표면에 고속으로 분사되는 산소 제트에 의해 용강의 교반과 정련 반응이 격렬하게 일어나므로 반응이 매우 빨라 취련시간은 15~18분 정도이며 주원료 장입부터 슬래그 배재까지 소요시간 즉 제강시간은 약 35분 정도이다.

「주·부원료와 예비처리 → 조업(취련, 작업, 취련 판정) → 설비(주·부대설비) → 이상처치 (스피팅, 슬로핑 등 발견, 조치)」

주원료인 용선 중에 산소를 불어 넣어 그곳에 함유된 불순물을 매우 짧은 시간에 신속하게 산화시켜 슬래그나 가스로써 제거하는 동시에, 이 때 발생하는 산화열을 이용하여 외부로부터 열을 공급하지 않고 정련하는 방법이다. 전로 제강은 연료가 불필요하기 때문에 값싸게 대량 생산할 수 있고, 전로의 용량은 1회 최대 출강량으로 표시한다.

취련 종점 판단은 불꽃의 형상, 산소 취입량, 취련시간, 용강중 산소 농도 등을 종합하여 판단하며 레이들에 출강하면서 합금철, 탈산제, 조재제 투입 등으로 마무리 정련 작업을 한다.

전로조업 공정의 요약은 다음과 같다.

고철 장입 후 용선 장입(고철 약 15% 장입 후 용선 장입: 고철에 포함된 수분으로 폭발 우려) → 산소 랜스(산소 랜스 재질: 순구리는 열전도 양호) 하강 및 산소 취입과 동시에 조재제와 매용제 투입(조재제와 매용제: 생석회, 형석은 유동성 증가) → 산화 반응 시작 → 생석회, 형석 등 투입 → 스피팅 및 슬로핑 발생 → 취련 말기 서브랜스 하강 용강온도와 탄소 농도 측정 및 산소량 조정 → 필요할 때 냉각제 투입 → 랜스 상승 후 취련 종료

익힘 문제

1. AOD(Argon Oxygen Decarburization) 취련법에 대하여 설명하시오.

2. 전로의 주원료의 종류를 들고 설명하시오.

3. 산소취련공정에 대하여 설명하시오.

4. 스피팅과 슬로핑의 발생과 대책에 대하여 설명하시오.

5. 취련 종점 판단에 대하여 설명하시오.

03 》 전기로 제강

제1절 개 요

　철강 생산에 활용되고 있는 제강법은 용선을 주원료로 사용하는 전로 제강법과 고철을 주원료로 사용하는 전기로 제강법으로 대별된다. 현재 세계 조강 생산량의 약 30% 이상은 전기로 제강에 의한 것이며, 이 비율은 점점 증가하는 추세에 있다.

　전기로 제강법은 전로 제강법으로 제조하기 어려운 특수강 또는 고합금강 생산에 적합한 것으로 인식되어 왔으나, 근래에는 설비 및 조업 기술의 발전에 따라 생산성과 경제성이 현저히 향상됨으로써 보통강 생산에도 널리 활용되고 있다.

　우리나라의 경우 전로 제강법과 대등한 조강 생산 능력의 전기로가 가동되고 있으며, 세계적으로도 전기로의 신규 투자가 증가하고 있는 추세이다.

최근에는 대용량의 정류 기술이 실용화됨에 따라 직류 아크 전기로가 상용화되어 빠르게 확산되고 있다. 전기로 제강법은 원료의 제약을 받지 않는 장점이 있지만, 철원으로서 고철을 사용하는 것이 일반적이다.

전기로의 제강법의 장점을 들면 다음과 같다.

① 열효율이 좋다.

② 건설비가 싸고, 소량 강종 제조에 유리하다.

③ 고온을 얻을 수 있으며, 용강의 온도 조절이 쉽다.

④ 용강 중의 인, 황, 그 밖의 불순물을 제거할 수 있다.

⑤ 사용하는 원료의 제약이 적어 모든 강종의 정련에 적합하다.

⑥ 노 안의 분위기를 자유롭게 산화 또는 환원 상태로 조절할 수 있다.

⑦ 합금철을 직접 용강 중에 첨가할 수 있으므로, 실수율이 좋고 균일하다.

전기로 제강법은 고 전류에 의해 아크(Arc)를 발생시키는 전기 에너지를 열원으로 사용하며 고철 등을 용해, 정련하여 용강을 제조 하는 방법으로 대부분 에루(Heroult)식 아크 전기로를 사용한다.

1. 전기로의 종류

제강용 전기로의 종류는 전기 에너지를 노에 인도하는 방법에 따라 아크식 전기로(Electric Arc Furnace)와 유도식 전기로(Electric Induction Furnace)로 크게 분류된다. 또, 제조하는 강의 종류 또는 전기로의 내화 재료에 따라 산성 노와 염기성 노로 분류된다. 용강의 정련을 충분히 하려고 할 때에는 염기성 노를 사용하고, 단지 용해만을 목적으로 할 때에는 산성 노를 사용한다.

다음 표 3-1은 제강용 전기로를 분류한 것으로 아크식 전기로 중에서는 에루식 전기로, 유도식 전기로 중에서는 에이젝스-노드럽로가 가장 널리 사용된다.

[표 3-1] 전기로의 종류와 형식

분류	형식과 명칭		
아크식전기로	간접 아크로	간접식 ······································ 스타사노(Stassano)로	
		직·간접식 ································ 레나펠트(Rennafelt)로	
	직접 아크로	비노상 가열식 ··························· 에루(Heroult)로	
		노상 가열식 ····························· 지도르(Girod)로	
유도식전기로	저주파 유도로 ······························ 에이젝스-위야트(Ajax-Wyatt)로		
	고주파 유도로 ······························ 에이젝스-노드럽(Ajax- Northrup)로		
저항식	전기 저항로		

제2절 아크식 전기로

　1899년 프랑스의 에루(Paul Heroult)에 의해 발명된 에루식 전기로는 직접 아크로로서, 전극에 전류를 통할 때 전극과 고철(원료) 사이에 아크를 발생시켜 매우 큰 아크열과 저항열에 의해 고철을 용해하는 방식이다. 현재 사용하고 있는 제강용 아크로는 대부분 에루식 전기로이다. 이와 반대로, 간접 아크로는 전극과 전극 사이에 아크를 발생시켜 그 발생열의 복사 또는 전도에 의해서 원료를 용해하는 방식이다.

　그림 3-1은 에루식 전기로를 나타내었다. 보통, 원형 또는 각형 노각의 내부에 산성 또는 염기성 내화 벽돌로 라이닝(Lining)하고, 노의 천장에서 세 개의 전극을 수직으로 내려 용해 재료와의 사이에서 아크를 발생시켜 이 열로 고철을 용해한다.

　이 노는 전극의 승강(Lifting) 조작이 간편하고, 용강의 온도 조절이 자유로우며, 내화 재료의 수명이 비교적 길다.

　최근에는 노의 용량을 대형화함으로써 전기 아크로의 생산성과 경제성을 높여 주었고, 컴퓨터를 활용하여 사용을 효율화하고 있다.

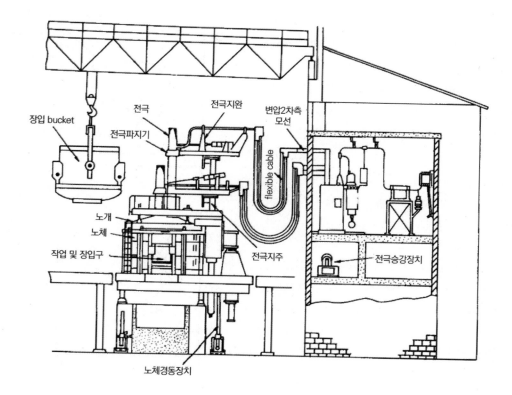

[그림 3-1] 아크식 용해로의 구조

1. 설 비

가. 노체

외각에는 10~30㎜ 두께의 철판을 용접 또는 리벳 이음하고 고온에 의한 변형을 방지하기 위하여 보강용 형강을 사용하며 또 필요한 곳에는 수냉 장치가 설치되어 있다.

노에는 원료를 넣거나, 슬래그를 긁어내거나, 조업 중에 노 내 상태를 관찰하기 위한 작업구와 용강을 출강하는 출강구가 있다. 작업구는 수동, 압축공기 또는 전동기로 개폐한다. 대부분의 노는 원료를 노정 투입하게 되어 있다.

나. 노용 변압기

노용 변압기는 대전력을 투입하는 용해기와 저전력에 의한 정련기의 양자를 만족하기 위하여 광범위한 2차 전압이 설정되어 있으며, Tap 절환기에 의하여 절환된다. 아크로의 용해기에 있어서의 아크 안정을 위하여 회전 전체에 적어도 변압기 용량의 약 35%에 상당하는 유도 저항(Reactance)을 내장하여야 한다. 변압기의 냉각방법에는 저냉식, 송유냉식, 송유 풍냉식 등이 있다.

신속용해용 전기로의 용량과 변압기 용량 및 최고 2차 전압 등의 관계는 그림 3-2와 같다.

현재 변압기의 대용량화가 일반화되었으며, 이러한 노를 고전력(HP) 또는 초고전력(UHP)라고 한다. 그 표준 투입전력은 40t 이하의 노에서 500~600KW/t, 50~80t 노에서 400~500KW/t, 100t 노 이상에서는 350~400KW/t 정도이다.

UHP조업에서는 용량 2배 정도의 변압기를 설치하고, 변압기의 2차 전격전압은 1.3배, 전격전류는 1.6배 이상으로 하는 것이 보통이다. 주요 전기 기기의 구성 예를 나타내면 그림 3-3과 같다.

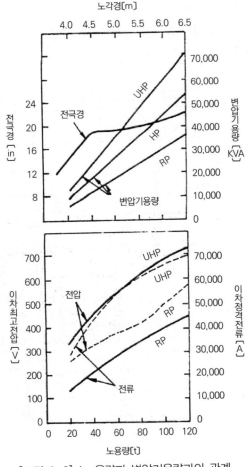

[그림 3-2] 노 용량과 변압기용량과의 관계

다. 전극 파지기

전극 승강 장치는 아크 전류를 가능한 한 적게 하여 전력을 일정하게 유지하기 위해서 설치하며, 아크 전류와 전력을 검출하여 그 비가 일정하게 되도록 자동적으로 승강 시킨다. 이 장치에는 유압식과 전동식이 있다.

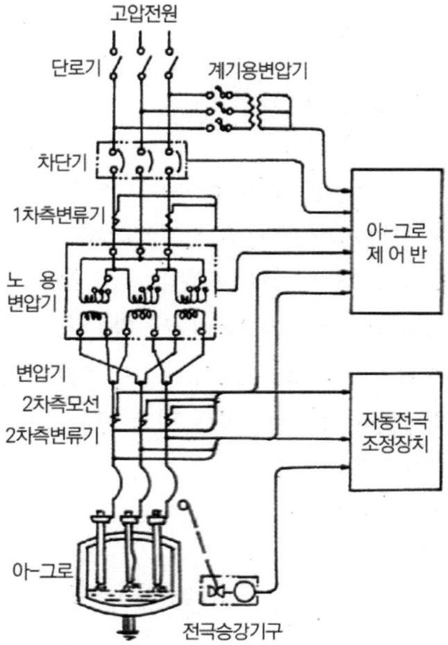

라. 장입 방식

노의 용량이 커짐에 따라 수동 장입에서 기계장입, 노정장입으로 점차 발전하여왔다.

노정 장입의 방식에는

① 노체만을 이동시키는 노체 이동식

② 노체는 고정시키고 전극지지기구와 천정을 같이 궤도 위를 수평으로 이동하는 갠트리(Gantry)식

③ 전극지지기구와 천정이 주축을 중심으로 하여

[그림 3-3] 주요 전기 기기의 구성 예

선회하는 스윙(Swing)식 등이 있다. 이 중 가장 신속하고 능률적이며, 또 진동이 적어서 노의 내화물이 손상하지 않는 스윙식이 가장 많이 설치되고 있다.

고철을 노정 장입하려면, 보통 장입 바스켓(Basket)이 사용 된다. 현재 가장 일반적으로 사용되고 있는 것은 크램셀(Cram Shell)형으로 저판이 2개로 되어 있어 이것이 열리는 구조로 되어 있다.

또한, 고철의 부피비중을 크게 하여 장입회수를 줄이고 용해시간의 단축과 열손실을 방지하기 위하여 스크랩 프레스(Scrap Press)를 이용하는 경우도 있다. 이것으로 노의 크기에 맞춰서 압축된 고철은 그대로 장입된다.

마. 집진 장치

산소제강법의 진보에 따라 소형로에서는 톤당 $100 \sim 160㎥$의 가스를 발생하고 거의가 3μ 이하의 미분으로 톤당 $2 \sim 4Kg$의 진애를 함유한다.

집진법으로는 노체의 개구부분에만 후드를 설치하는 로렐후드(Loeal Hood)식, 노체측면에 배기공을 만들어 직접 흡인하는 노측 흡인식 및 천정에 구멍을 뚫어서 직접 흡인하는 노정 흡인식 등이 있다.

집진기로서는 백 필터(Bag Filter)가 많이 채용되고 있다. 그 밖에 전기 집진기도 사용되나 많지는 않다.

전기로의 배연과 집진은 매우 복잡하여 위의 방법으로도 완벽하지 못하므로 요즘은 건물 집진 장치를 사용하는 예도 있다.

2. 원 료

가. 주원료

일반적으로 냉재를 용해하여 정련하며 주원료는 고철이 전장입재 중 90%를, 특수강에는 선철을 10~30% 배합한다. 탄소량은 0.30~0.40% 높게 배합하며 부족분은 전극설 혹은 코크스 등과 함께 노저에 넣는다. 인, 황은 0.05% 이하가 좋고 배합 허용량은 제조강과 정련 중의 제재 회수에 의하여 달라진다. 자동차 고철 등은 구리(Cu), 주석(Sn) 등의 유해 원소가 제거되지 않으므로 조각설(Shred)은 함마 로울로 소편으로 분쇄하여 비철 및 유기물을 자력 선별하여 제거한다. 또 철광석은 직접 환원하여 $\phi10\sim25$의 덩어리로 만들며 이것은 전 철분 90% 이상이고, 금속철분만도 80% 이상이므로 최고 전력조업에 사용하면 생산 능률을 향상시킬 수 있고 그 환원도는 다음과 같다.

$$환원율 = \frac{환원으로제거된산소량}{철광석중의전산소량} \times 100$$

$$금속화율 = \frac{환원철중의금속철}{환원철중의전철분} \times 100$$

환원철을 전기로에 사용하면 ① 제강시간단축 ② 생산성 향상 ③ 형상 품위 등이 일정하여 취급이 쉽고 ④ 전기로의 자동조업이 쉬운 장점 등이 있으나 맥석분이 많으므로 석회가 필요하고, 가격이 고철보다 비싸다.

나. 용제(Flux)

석회석, 철광석, 로울 스케일, 형석, 코크스 및 규소철분 등이 있고, 이것은 용융성 슬래그를 만들어 용강 중의 불순물을 산화 제거하고 노 내 가스와의 접촉을 방지함과 동시에 전극으로부터 탄소의 흡수를 막는다.

① 석회석 : 탈인, 탈황을 목적으로 산화철 Al_2O_3 및 MgO는 5% 이하, SiO_2는 1% 이하의 것을 선택한다.

② 철광석 및 산소 : 일반적으로 산소는 10~20kg/㎠ 압력으로 사용되고, 산화제로서의 철광석은 철분함량이 60% 이상이나 용강 산화제로서 산소가 사용됨에 따라 철광석 사용량이 점차 적어지고 있다.

③ 형석: 935℃에서 용융하여 생석회의 융점을 저하시키고 슬래그의 유동성을 좋게 하고 탈황작용이 크다. 그러나 과다하면 내화재를 용손 시키므로 적당량을 사용한다.

다. 전극

주로 인조흑연 전극이며, 고온에서 산화되지 않고 전기전도율과 강도가 높아야 한다. 오늘날에는 초고전력로가 보급되어 전극의 용도도 사용조건에 의해 고전력, 초고전력, 보통전력으로 분류하며, 일반적인 경향으로는 고전력 조업일수록 전기 비저항과 열팽창계수가 적고 기계적 강도가 크며 탄성율은 별로 높지 않아도 좋다. 그림 3-4는 사용전류와 전극경의 관계이고 표 3-2는 전극의 용도별 특성치를 나타냈다.

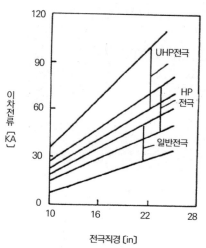

[그림 3-4] 전극 직경별 사용전류

[표 3-2] 용도별 전극의 특성치

	보통조업(RP)		고전력조업(HP)		초고전력조업 (UHP)	
	pole	nipple	pole	nipple	pole	nipple
고유저항($\times 10^{-4}\Omega\cdot$cm)	8~10	6~7	5~7	4~6	4~6	4~5
부 피 비 중	1.5~1.6	1.6~1.7	1.6~1.7	1.7~1.8	1.6~1.8	1.7~1.8
구부림강도(kg/cm²)	50~100	180~200	100~150	200~250	100~150	230~300
영 률(kg/mm²)	400~600	800~1000	700~1000	900~1200	800~1200	1000~1300
열팽창계수($\times 10^{-5}$/℃)	1.5~2.0	1.5~2.0	0.8~1.5	0.8~1.5	0.4~0.7	0.4~0.7
진 비 중	2.20~2.32	2.20~2.32	2.20~2.23	2.20~2.23	2.20~2.23	2.20~2.23
기 공 율(%)	25~35	20~30	20~30	15~25	15~25	15~25
열전도도(cal/cm·sec.℃)	0.3~0.4	0.4~0.5	0.4~0.6	0.5~0.8	0.5~0.8	0.6~0.8

라. 내화물

내화재료에는 산성 및 염기성이 있으며 대부분 염기성로가 사용되고 있다. 그림 3-5는 내화재료의 상용 상황을 나타낸다.

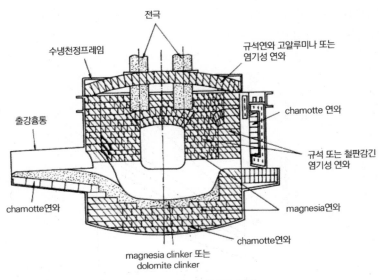

[그림 3-5] 전기로의 연화

1) 천정

염기성 및 산성로 모두 규석 벽돌을 사용하며 그 이유는 다음과 같다.
① 가격이 싸다.
② 내화도가 높고 품질의 변화가 적다
③ 열간 강도가 크므로 천정 및 아치 연와에 적합하다.
④ 석회, 산화철에 대하여 강하고 내화도가 저하되지 않는다.

실리카(Silica) 연와(煉瓦)는 200~300℃에서 급격한 변태 팽창을 일으키므로 스폴링(Spalling)이 쉽다. 내화도는 SK33(1,730℃) 정도로 용손이 심하고 더욱 염기성로에서는 슬래그에 의하여 침식된다. 스폴링(Spalling)된 규석벽돌은 염기성 슬래그의 염기도를 떨어뜨리는 작용을 하여 제강작업에 지장을 준다.

2) 노벽

슬래그 Level 이하의 노벽에는 마그네시아 또는 크롬-마그네시아계의 내재성 내화 연와가 사용된다. 국부적으로 용손이 심한 핫 스포트(Hot Spot)부에는 염기성 연와에 탄소나 산화크롬을 혼합하여 성능을 향상시키는 등 고내화도와 내강재성이 요구된다. 또 노벽의 용손 방지책으로는 수냉함을 설치하며 대형로 및 고전력 조업에 효과가 있다.

3) 노상

노상은 단열 연와 및 샤모트 연와를 사용하고 마그네시아 실리카(Magnesia Clinker)를 타르(Tar)에 혼합하여 그 위에 스탬프(Stamp)한다. 또 조업 중에 발생하는 노상의 국부손상은 잔류 쇳물을 완전히 제거한 후 돌로마이트(Dolomite)나 마그네시아 클링커(Magnesia Clinker)로 보수한다.

3. 조 업

가. 원료장입

원료 배합은 40~60%의 고철, 10~30%의 반려철 등이 사용된다. 장입순서는 처음 경량물에서 중량물, 경량물 순으로 하며, 장입방법은 측벽에서 장입하거나, 바스켓(Basket)으로 노정에서 Top Charge한다. 10ton 이하의 소형로를 제외하면 거의 Top Charge이다.

나. 용해기

용해기에는 조업시간과 사용전력이 대부분을 차지하므로 가능한 한 최대전압, 전류로 단시간에 용해를 끝내도록 조업한다. 보통 통전 초기에는 천정의 손상, 아크의 불안정을 방지하기 위하여 저전압을 쓰고 송전 후 10~15분이 지나면 최고 전압으로 전환시킨다.

원료 중에 P, Cr 성분이 많아 이를 제거시키기 위해 생석회 또는 형석을 투입한다. 용해시간은 지금까지는 2~3시간이었으나, 대전류 신속 용해에서는 Top Charge 및 자동전극 조정장치의 채용과 산소 취입으로 1~2시간 이내에 가능하다. 이를 통해 전력 및 전극 소요량을 절약하고 생산성도 향상 되었다. 시간 단축으로 인한 전력소비량은 400~500kWh/t가 표준이며, 또 용선을 사용하면 추가 장입이 필요 없고 최고 부하를 처음부터 걸 수 있어 시간이 단축된다. 대부분 용해하면 온도 상승을 기다려 시료를 분석하여 성분을 분석하고 전압을 저하시켜 노벽이나 천정의 손상을 방지하고 산화정련 작업을 한다.

다. 산화정련

산화기는 환원기에서 제거되지 못하는 P, Si 등 불순물을 산소나 철광석에 의해 제거시키고 탄소량 조정, 강 욕 온도를 높여 주는 과정이다.

1) 산화기의 반응

산화제를 용강 중에 첨가하면

$$Si + 2O \rightarrow SiO_2 \qquad Mn + O \rightarrow MnO \qquad 2Cr + 3O \rightarrow Cr_2O_3$$
$$2P + 5O \rightarrow P_2O_5 \qquad C + O \rightarrow CO$$

산화기의 표준 슬래그는 CaO 50~30%, SiO_2 15~25%, FeO 10~20%, CaO/SiO_2 2.5~3.5 범위이고 P는 환원기에 복인을 일으키므로 산화기 말의 인(P) 사용량을 제품 규격보다 0.01% 낮게 하는데 탈인에 유리한 조건은 다음과 같다.

① 비교적 저온에서 탈인이 진행.
② 산화도가 높을 것.
③ 슬래그의 염기도가 높을 것.
④ P_2O_5가 낮을 것.
⑤ 슬래그 중의 CaF_2가 많아서 유동성이 좋을 것.
⑥ 슬래그 중의 Si, Mn, Cr 등 탈인을 방해하는 원소가 적을 것.

2) 산화기 조업의 요점

산화반응이 진행되면 용강 온도는 상승하고 강욕 중의 수소는 2ppm 이하로 감소한다. 산소취입은 O_2 가스를 3/4~1/2″ 직경 5~8m 길이의 강관을 써서 전극을 올리고 노 내에 20~30° 각도로 용강 중에 100mm의 깊이로 취입한다. 취입 압력은 5~10kg/cm² 로 하고 탈탄 속도는 0.03~0.08%/min이 표준이다. 산화 정련시간은 승온기가 10~15분, 진정기는 30~40분이고 전력 소요량은 노용량에 따라 상이하나 보통 40~100kWh/t 정도이고 탈인, 탈크롬을 할 때는 용락(Burn Through, 熔落) 후의 저온 시에 산화한 다음 다시 승온하므로 10~15분이 연장된다.

라. 제재

산화 정련한 용강을 환원기로 옮기기 위하여 산화 슬래그를 제거하는 작업으로 제재할 때에는 전극을 올려서 통전을 중지하고, 노를 필요 각도로 기울여 사용한다. 요즘에는 전자력에 의한 유도교반장치가 실용화 되어 5~10분에 제재가 가능하다. 제재 전 용강의 탄소량은 제품 규격보다 조금 낮고, Mn은 0.15% 이상, P는 규격치보다 낮은 상태이며, 온도는 1,630~1,650℃ 정도여야 한다. 또한 슬래그는 유동성이 있고 파면은 균질하게 흑갈색을 띄어야 한다.

마. 환원기

염기성 및 환원성 슬래그 하에서 정련 하여 탈산과 탈황을 하는 동시에 용강 성분 및 온도를 조정하는 것으로, 탈산에는 확산 및 강제탈산법이 있다. 전자는 백색 강재(White Slag) 및 카바이드 슬래그(Carbide Slag)로 탈산하고 후자는 산화기 슬래그를 제거한 후 페로실리콘, 페로망간, 알루미늄 금속 등을 용강 중에 직접 첨가하여 실시한다. 환원기의 소요 시간은 40~50분 정도이다.

강종에 따라서는 70~100ton 노에서 20분 이내로 출강하는 때도 있다. 또 소요전력은 50~100kWh/t 정도이나 노 용량 합금철 첨가의 다소와 조업법 등에 따라 달라지며 50kWh/t으로 출강될 때도 있다. 환원기 작업을 그 순서대로 분류하면 제재 직후의 가탄, 초기의 합금철 첨가에 의한 탈산, 환원강재에 의한 탈산, 성분조정 및 온도 조정으로 나눈다.

1) 슬래그 제거 후의 탈산과 가탄

슬래그 제거 직후의 탈산에는 Mn은 최저 성분 규격치, Si는 규격치의 약 2/3~1/6을 첨가한다. 이때 금속 Al에 의한 탈산을 병용할 수도 있다. 상당량의 가탄을 할 경우에는 제재 직후의 용강에 전극설(Graphite Electrode Powder) 등의 세립을 투입함과 동시에 탈산제를 첨가하여 통전한다.

2) 환원기 강재의 조재와 탈산 및 탈황

조재제의 사용량은 생석회 20~30kg/t, CaF₂는 생석회의 20%, 슬래그의 환원제로서는 탄분 및 Fe-Si가 사용된다. 저탄소강에서는 Fe-Si의 비율이 증가한다. 조재제를 균일하게 살포하고 7~10 분 정도 통전 교반하여 용융시키고 그 위에 환원제를 살포한다. 탄분의 사용량이 적으면 카바이드 슬래그(Carbide Slag)에서 화이트 슬래그(White Slag)로 변한다. 카바이드 슬래그(Carbide Slag)는 고탄소강에서 생성되기 쉽고 환원성이 강하나, 환원 정련 시와 출강 시에 탄소가 상승하므로 환원기 후반에는 탄분의 사용을 피하고 출강 전에는 화이트 슬래그로 변한다. 조재의 적정성 여부는 강 욕의 탈산, 탈황을 지배하므로 각별히 유의해야 하며, 용강중의 Si량 용강 온도 등의 조정을 한다. 환원제에 의한 슬래그 중의 FeO를 감소시키고, 환원력이 강한 슬래그로 하여, 강 욕 중의 산소를 감소시키고, 슬래그의 염기도를 높여서 탈황을 촉진시킨다. 일반적으로 Fe-Si 및 탄분의 사용량은 각각 1.5~2.0kg/t 정도이며 슬래그의 상황에 따라서 수회로 나누어 살포한다. 균일한 슬래그의 빠른 생성과 탈산, 탈황을 촉진시키기 위하여 교반을 하는 것이 좋다.

3) 용강 성분의 분석

조재제를 넣은 후 10~15분이 경과하면 백색 강재(White Slag) 및 약 카바이드 슬래그(Carbide Slag)가 생기므로 강재를 충분히 교반하여 시료를 분석한다.

4) 용강 온도와 전력량

적절한 출강 온도는 강종, 용해량, 강괴의 크기, 주입형식, 레이들 예열상황에 의한 레이들내의 온도강하 등을 고려하여 결정한다.

조재시간 10~15분, 합금철 첨가 시 성분 조정 10~15분, 온도 및 탈산 조정 5~15분일 때 전력량은 용강성분 ton당 80~100kWh/t이다. 합금 첨가량이 많을 때에는 그 만큼 시간이 연장되고 전력 소비량도 증가한다. 오늘날에는 유도교반 장치가 채용되어 ① 노내반응의 촉진, ② 합금철 확산의 균일화, ③ 환원시간 단축 등으로 15~25분 단축되었다.

바. 출강

출강은 조괴작업의 시작이므로 용강의 온도와 Ladle에서 합금철 첨가 시에 합금실수율의 향상과 안전을 위해서 슬래그 혼입방지 작업도 한다. 노 보수로부터 출강까지는 장입방식 용해로의 형식 산소사용방법, 탈산 등에 따라서 조업시간 및 소요전력이 크게 달라진다.

통상 60톤 로에서 연속 조업할 때 보통탄소강에서 1조업 2-3시간, 전력사용량 500~550kWh/t, 전극사용량 5.0~5.2kg/t이다. 그림 3-6 구조용 탄소강의 용해 작업의 보기를 나타냈다.

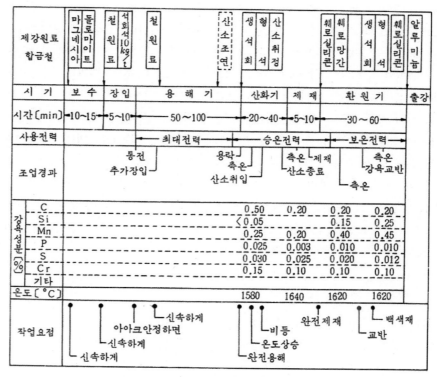

[그림 3-6] 구조용 탄소강의 용해작업 예(60t)

4. 초고전력 조업 신기술

종전에는 전기로를 고전압, 저전류의 고역률로 조업하는 편이 역률과 전기효율에 유리하다고 생각하여 왔다. 그러나 전력 증가는 노벽 손상을 조장하고 심한 부하 변동을 발생시켜 플리커 (Flicker) 현상을 일으킨다.

1964년 슈바베(W.E Schwabe)가 제안한 초고전력(UHP) 조업은 단위 시간에 투입되는 전력 량을 증가시켜서 장입물의 용해 시간을 단축함으로써 생산성을 높이는 방법이다.

UHP 조업이 종전의 RP조업(Regular Power)과 다른 특징은 다음과 같다.

① 동일 노 용량에 대하여 종전의 2~3배의 대전력을 투입한다.

② 저전압, 대전류의 저역률(70% 정도)에 의한 굵고 짧은 아크로써 조업한다.

위와 같이 전기효율을 희생하면서 저전압 대전류 조업을 하게 된 동기는 다음과 같다.

① 전압이 높고 긴 아크(Arc)보다는 저전압, 대전류의 짧은 아크가 용락 전후의 노벽에 미친 영향이 적다.

② 아크의 안정성이 증가하고, 동일전력의 경우 종전보다 흔들리는 현상(Flicker)이 적어진다.

③ 용락 이후의 용강의 열전달 효율이 높아진다.

④ 용해시간을 단축하고 생산성을 향상 시키고, 열효율이 좋아서 전력/열단위를 저하한다.

다음 표 3-3은 각종 전력 수준에서의 이론적 생산량을 나타낸 것이다.

[표 3-3] 각종 전력 수준에서의 이론적 생산량(70ton 노)

특성 조성법	제강 시간 (min)	이론적 생산 능률 (t/h)	능률비 (%)
RP	159	27	100
HP	105	41	150
UHP	70	62	230

UHP 조업을 위해서는 다음과 같은 대책이 있어야 한다.

① 노의 전기 용량을 크게 하기 위하여 송전 측의 용량도 크게 해야 한다.

② 높은 전류 밀도에 소모가 적고 높은 전자력에 강한 전극, 즉 비저항과 열팽창 계수가 낮고 기계적 강도가 강한 전극이 필요하다.

③ 노벽, 천정용의 내화물의 개량, 특히 전극 아래쪽에 생기는 화점(Hot Spot)부는 고품질의 내화 벽돌이나 수냉 상자를 설치한다.

④ 모선 용량에 문제가 생기므로 노에 맞추어 강화한다.

가. 보조 연료 취입 기술

UHP 조업 때 투입 전력이 증대됨에 따라 전기로 내부에 열적 비평형이 조장되어 저열부와 고열부가 발생한다. 따라서 고열부에서는 내화물 용선이 조장되고, 저열부에서는 고철의 용해가 지연되는 문제가 발생한다.

이에 대한 개선책으로 저열부의 고철 용해를 촉진하기 위하여 제트 버너에 의한 보조 연료 취입 기술이 활용되고 있다. 보조 연료 취입 기술의 도입으로 UHP 조업에서 발생하는 저열부의 문제가 많이 해소 되었다.

나. 환원철의 이용

직접 환원철에는 불순 성분이 적어서 고급 강을 제조할 때 고철 중의 구리, 주석, 니켈 등 비철금속 원소를 희석시키는 용도로 사용 할 수 있다. 그러나 직접 환원철에는 맥석과 미 환원 산화철이 다량 함유되어 있으므로 전력 원단위가 상승하는 것으로 알려져 있다. 또한, 직접 원가 와 물류비 문제 등으로 고철보다 가격이 비싼 것이 보통이다.

요즘은 이러한 환원철을 공업적인 규모로 계획 생산하여 그 가격, 양 및 품질에 있어서 안정한 공급을 함으로써 변동이 심한 고철 대용으로 사용하려는 연구가 진행되어 일부 공업화되고 있다.

환원철을 전기로의 천장으로부터 전극과 측벽의 중간에 연속 장입하면, 생산성이 높은 조업이 될 수 있다. 따라서 현재의 고로-전로법에 대용하여 앞으로 연속 장입법에 의한 환원철-전기로 법이 발달할 가능성이 있다.

다. 고철 예열 기술

전기로는 총 투입 에너지의 약 20%가 배기가스와 함께 방출된다. 따라서 1980년대부터 전기로 의 에너지 절감 방안으로서 배기가스의 현열을 이용한 고철의 예열 기술이 보급되기 시작하였다.

고철의 예열 방법으로는 주로 전기로 배기가스를 고철이 장입된 버킷을 통과시키는 SPH(Scrap Pre-Heater) 방식이 활용 되었으며, 이때 10~30kWh/t의 전력 원단의 절감 효과 가 있는 것으로 알려져 있다. 그러나 SPH 방식은 고철 예열 때 발생하는 백연과 악취가 발생하 는 문제가 있으며, 고철의 융착과 버킷의 변형 등으로 예열 온도를 높이는 데 한계가 있다.

최근에는 고철을 전기로에서 직접 예열하는 트윈 셀(Twin Shell)법과 샤프트(Shaft)로법, 콘스틸(Consteel)법 등 다양한 고철 예열법들이 실용화 되고 있다.

라. 자동제어

전기로에는 지금까지 제강 공정이 복잡하고, 또 생산성이 비교적 낮았기 때문에 LD전로에 비하여 컴퓨터 제어의 적용이 늦어졌다. 그러나 최근의 전기로는 대형화되고 제강 시간도 단축되어 컴퓨터 제어에 대한 필요가 요청됨에 따라

① 용해기의 최적 전력 제어

② 전력 부하를 제어하는 수요(Demand)제어

③ 제강 작업의 지시를 주는 오퍼레이터 가이드(Operator Guide)방식에 의한 관리

등 컴퓨터를 이용하게 되었다.

최적 전력 제어 방식은 최단 시간에 가장 적은 전력으로 장입물을 용해하기 위해 전압 탭(Tap), 전류 설정값을 시간의 변화에 따라 전산 제어하는 방식이다.

수요 제어는 제강 공장 전체의 전력 부하를 알맞게 제어하여 특정한 시간에 과부하 현상이 일어나지 않도록 하여 전력의 절약과 과다한 시설 투자의 억제를 도모한다.

오퍼레이터 가이드 방식은 각 공정의 자료를 모두 입력시켜 적정한 모델로 기억시킨 다음 어떤 조업자의 요구 신호에 따라 항상 균등한 조업 지시를 획득하기 위한 것이다.

마. 노 외의 정련법과의 조합

아크(Arc) 전기로는 생산성 향상을 목적으로 변압기 용량이 대형화되면서 초고전력 조업을 지향하였으나 3상 교류 아크 전기로(AC로)는 전류를 변동할 때 전원의 부화 변동에 의해 발생하는 전원 전압의 변동(Flicker 현상)과 고열부 형성 문제로 대형화에 한계가 있다. 그러나 근래에 직류 전원을 쉽게 얻을 수 있는 대용량의 사이리스터(Thyristor)와 다이오드가 개발되면서 교류 전기로의 문제점을 극복할 수 있는 직류 전기로(DC로)가 개발되어 널리 보급되고 있다.

유도식 전기로

1. 구 조

현재 제강용으로 널리 사용되고 있는 유도로는 그림 3-7과 같이 무철심형으로, 도가니의 외부 주위에 코일을 감아 이에 고주파 교류 전류를 통하면 코일 안쪽에 교반 자기장이 생기는데, 이 코일 안쪽에 있는 도가니 안에 도전체를 넣으면, 전자 유도 작용에 의하여 코일 전류와 반대 방향이 맴돌아 전류가 금속 중에 흐르게 되어, 장입물을 가열, 용해하는 구조를 가진 것이다. 따라서 장입 재료가 전기 도체일 때 한하여 용해가 가능하며, 가열의 효과도 재료의 재질과 모양, 노의 용량 등의 전자기적인 요인의 차이에 따라 크게 변화한다.

코일에 공급되는 교류는, 보통 사용 주파수(50~60Hz)를 사용할 때에는 가열 효율이 낮으므로, 일반적으로 고주파가 사용된다. 장입 재료 중에 생기는 2차 전류는 주파수가 높을수록 그 표면에 집중하므로 쉽게 고온을 얻을 수 있다. 또, 재료가 선 모양이거나 박판 모양으로 가능할수록 저주파에 의한 용해가 어렵기 때문에, 더욱 높은 고주파가 필요하다. 고주파 유도로는 전류의 침투 깊이가 얕아서 노의 용량에 한계가 있다.

유도로에 사용되는 주파수는 노의 용량이 수 kg인 소형로의 20,000Hz부터 용재 장입이 수십 톤에 이르는 대형로의 60Hz까지 용량과 장입 재료의 종류에 따라 여러 값을 가지나, 과거에는 1,000Hz 정도의 주파수가 실용화되었으며, 최근에는 용도에 따라서 3,000Hz까지의 주파수를 사용하고 있다.

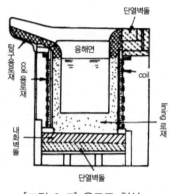

[그림 3-7] 유도로 형상

2. 설 비

가. 고주파 전원

전동 발전기는 상용 주파수를 고주파로 변환하는 목적으로 주로 사용되어 왔다. 현재 대부분의 노는 유도 전동기를 가지고 고주파 발생기를 움직이는 방법을 이용하고 있으며, 전력의 변환 효율은 85% 정도이다. 전동 발전기용 고주파로의 노 용량과 발전기 용량은 표 3-4와 같다. 발전기는 고속(3,000rpm)으로 회전을 계속하나, 용해 전력은 발전기의 여자 전류를 변경함으로써 쉽게 제어할 수 있다.

용해로에 공급되는 전압은 400V, 800V, 1,600V 등이 실제 사용되고 있으나, 수백 kg으로부터 톤 단위의 노에까지 일반적으로 800V를 사용되고 있다.

[표 3-4] 전동 발전기식 고주파로의 노 용량과 발전기 용량

노용량(kg)	50	100	150	300	500	1,000	2,000	4,000	8,000
발전기 용량(kw)	60	100	150	300	300	600	1,100	1,100	2,000
용해시간(min)	40	35	35	30	60	60	60	140	150
소요 전력량(kWh/t)	1,100	850	750	750	720	720	640	650	650

나. 진상(進相) 콘덴서

진상 콘덴서는 전압과 전류의 상 사이의 차이를 단축시키는 것으로 유도로의 회로는 코일 때문에 상당한 유도 저항을 가지며, 이 값은 주파수가 커짐에 따라 증대한다. 이에 따라 생기는 전류 위상을 보상하고 효율을 개선하기 위하여 회로에는 진상 콘덴서를 부설해야 한다. 이것의 설비는 상당히 커서 콘덴서만으로도 전기실 내부의 넓은 면적을 차지한다.

2톤급 노(1,00Hz, 666kVA, 800V)를 예로 들면, 8F의 콘덴서(330mm×150mm×480mm)가 모두 200개나 필요하다.

3. 노체

노체는 중앙에 용해시키는 원통형의 내화물 도가니가 있고, 그 주위에 그림 3-8과 같이 빈 코일이 나사선 모양으로 감겨 있으며, 이 코일에 고주파 전류를 흘려보낸다. 그리고 코일의 내부에는 냉각수를 통하게 하여 코일 자체와 도가니의 냉각 보호를 겸하도록 하고 있다. 이것들은 비자성강으로 만든 노체 틀 속에 들어 있으며, 틀의 밑면에는 단열 벽돌을 깔고 그 위에 도가니를 놓는다.

[그림 3-8] 유도로의 코일

이것만으로도 용해시킬 수 있으나 최근의 노는 도가니를 다시 스테인리스제의 상자 안에 넣어 고정시키며, 코일의 변형과 내화물의 신축을 억제하고, 그 사이에 규소 강판을 넣어 자속 누설을 방지하는 등의 여러 가지 고안을 하고 있다.

가. 내화물과 축로법

고주파로의 도가니용 내화물에는 산성(SiO_2) 및 염기성(주로 MgO)의 두 가지 라이닝이 사용되고 있다. 종전에는 산성 제강로도 많았으나, 현재는 특수한 경우를 제외하고는 거의 염기성 노가 사용되고 있다.

산성 라이닝은 내화도가 낮아 용강 온도를 1,650℃ 이상으로 할 수 없으며 침식이 심하여 보수를 위한 작업 정지 시간이 많고, 또 제품 중에 규산염계의 불순물이 많아지는 등 제강에 있어 불리한 점이 많다. 따라서 현재 산성 라이닝은 거의 주철 용해용으로만 사용되고 있다. 이때의 슬래그의 주성분은 산화규소(SiO_2)이며, 조재제로서 유리가 쓰이고 있으나, 이 슬래그는 정련 작용이 없다.

염기성 라이닝은 산화마그네슘(MgO), 또는 이것을 주성분으로 한 것이 대부분으로, 산화마그네슘은 용융점이 높고 침식에 강하며, 산화칼슘 슬래그에 잘 침식되지 않는 이점이 있다. 그러나 열팽창률이 크므로 도가니에 큰 균열이 생기기 쉽고, 이에 따라 용탕이 누출되기 쉽다. 도가니 폐기의 원인은 거의 이 용탕의 누출 때문이다.

한편, 사용횟수는 노 용적, 노체 구조, 조업률 등에 따라 상당히 차이가 많으나, 톤 단위의 노에서 간헐 조업을 할 때에는 50회, 연속 가동을 할 때에는 100회 정도가 보통이다. 라이닝 방법 중에 때로는 수명 연장의 목적으로 열팽창률이 작은 다른 내화 물질을 산화마그네슘에 혼합시켜 균열 발생을 감소시키려는 라이닝 방법도 사용되고 있다.

산화알루미나(Al_2O_3)는 내화도가 크고 팽창률도 비교적 작으나, 그렇게 많이 사용되고 있지 않다. 이 물질에는 특히 산화칼슘(CaO)과 플루오린화칼슘(CaF_2)이 용제로서 작용하기 때문에 산화칼슘계 강재에 대해서는 산화마그네슘만큼의 저항성이 없다.

일반적으로, 라이닝의 원료로는 입도 조정을 한 내화물의 가루를 사용한다. 축로에는 건식과 습식의 두 가지 스탬프 방식이 있는데, 건식에서는 내화재를 그대로 사용하나 습식에서는 이것에 3~4%의 수분을 첨가하여 판상 밑에서 혼련한다. 이때, 점결제로서 약간의 물유리 및 점토 등을 첨가할 때도 있다.

위의 두 가지 방식은 모두 그림 3-9와 같이 도가니에 철재의 코어를 넣고, 라이닝을 해야 할 간격사이에 내화재를 충전한 다음 해머로 다지며, 축조 후에는 1~2일 동안 자연 건조시킨 다음 내부에 흑연 전극을 세우고 용해 전원으로써 가열하여, 약 12시간 적열 건조시킨 다음 용해를 시작한다.

산화마그네슘 원료의 입도의 예를 들면 표 3-5와 같다.

[그림 3-9] 코어와 축로

[표 3-5] 산화 마그네슘 원료의 입도

6.0mm이상	0.5%	0.074~1mm(200메시)	30%
3~6mm(7메시)	20%	0.074mm(200메시 이하)	25%
1~2mm(16메시)	25%		

4. 조업과 제품

가. 조업법

장입 재료는 보통 한 번에 노에 넣을 수 없으므로 용해가 진행됨에 따라 조금씩 추가 장입을 한다. 2톤을 용해시킬 때 전원이 666kVA이면 용락까지는 2시간 정도 걸린다. 전원 용량이 2배가 되면 시간은 반 정도 단축된다. 그러나 용락 이후 출강까지의 시간은 거의 같다. 송전 이후 용해가 진행되면, 노의 임피던스(Impedance)가 증가해 감에 따라 그 때마다 콘덴서를 넣어서 효율의 저하를 방지한다. 용락 후에는 전력을 낮추므로 유도 저항이 줄고, 이에 따라 콘덴서를 제거해야 한다.

용락 후, 제재, 탈산, 조재 작업을 한 다음 노중의 분석 시료를 채취한다. 분석값에 따라 부족한 성분을 첨가한 다음 온도를 조정하여 출강한다. 용락으로부터 출강까지는 이러한 성분 및 온도 때문에 30분~1시간 정도 필요하다. 용해 작업의 조정은 아크로보다 쉬우며, 관리를 더욱 확실히 할 수 있다.

또, 이 노에서 출강에서부터 다음 출강까지는 약 3시간, 노의 전력 원단위는 강괴당 평균 750kWh/t이다. 용해 감소는 아크로보다 적어서 1~2% 정도이며, 이 값은 장입 원료의 모양에 따라서도 좌우된다. 그림 3-10은 합금공구강(SKD61)의 용해 예이다.

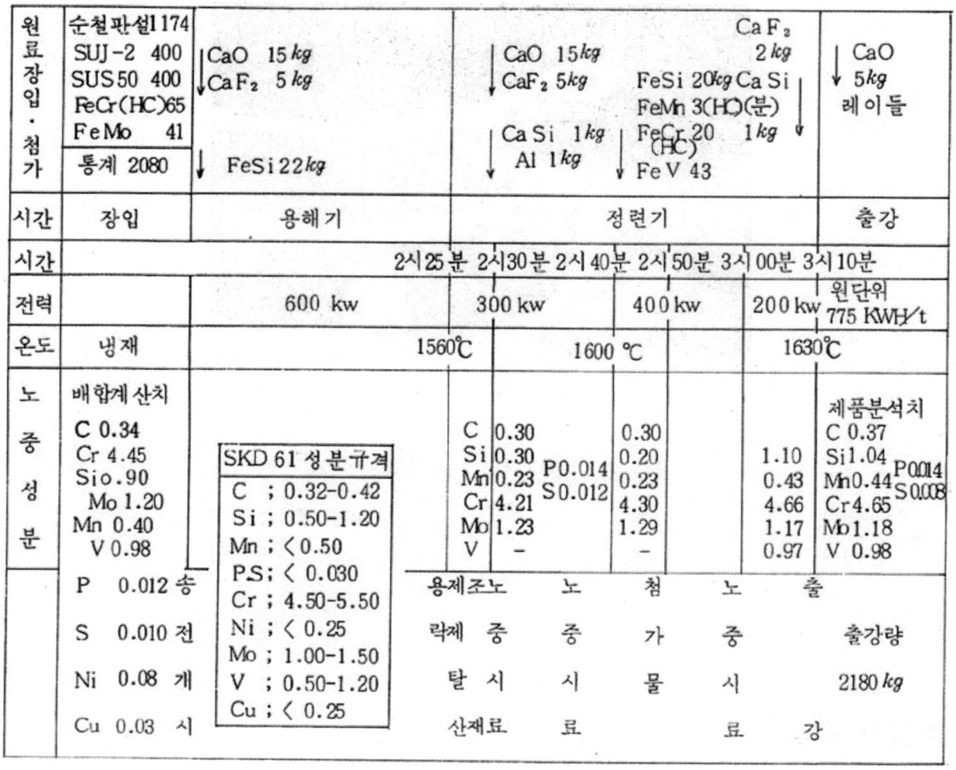

원료장입·첨가	순철판설1174 SUJ-2 400 SUS50 400 FeCr(HC)65 FeMo 41 통계 2080	↓ CaO 15kg CaF₂ 5kg ↓ FeSi 22kg	↓ CaO 15kg CaF₂ 5kg CaSi 1kg Al 1kg	CaF₂ 2kg FeSi 20kg CaSi 1kg FeMn 3(HC)(분) FeCr 20(HC) Fe V 43	↓ CaO 5kg 레이들
시간	장입	용해기	정련기		출강
시간		2시25분 2시30분 2시40분 2시50분 3시00분 3시10분			
전력		600 kw	300 kw	400 kw	200 kw 원단위 775 KWH/t
온도	냉재	1560℃	1600℃		1630℃

노중성분

배합계산치
C 0.34
Cr 4.45
Si 0.90
Mo 1.20
Mn 0.40
V 0.98
P 0.012 송
S 0.010 전
Ni 0.08 개
Cu 0.03 시

SKD 61 성분규격
C ; 0.32-0.42
Si ; 0.50-1.20
Mn ; < 0.50
P.S; < 0.030
Cr ; 4.50-5.50
Ni ; < 0.25
Mo ; 1.00-1.50
V ; 0.50-1.20
Cu ; < 0.25

C 0.30	0.30	제품분석치
Si 0.30	0.20	C 0.37
Mn 0.23 P0.014	0.23	Si 1.04 P0.014
Cr 4.21 S0.012	4.30	Mn 0.44 S0.008
Mo 1.23	1.29	Cr 4.65
V -	-	Mo 1.18 V 0.98

1.10 0.43 4.66 1.17 0.97

용제조노 락제 탈 산재료 | 노중 | 첨가물 | 노중 | 출강 출강량 2180kg

[그림 3-10] 합금공구강(SKD61)의 용해 예

나. 제품 및 특성

출강할 때, 용강 중의 산소, 질소 등의 가스 성분의 함유량은 아크로와 거의 같으나, 수소는 강재의 차단 효과 때문에 약간 작은 값을 가진다.

유도로 중의 용강은 코일에 의하여 생긴 자속 때문에 이것과 반대 방향의 전류, 즉 코일과 역방향의 전류가 흐르게 된다. 이 때문에 용강과 코일 사이에 반발력이 작용하는데, 이 힘은 노의 중앙에서는 자속 밀도가 크고 윗부분과 아랫부분에서는 작다. 한편, 같은 방향의 전류가 흐르는 도가니 주위의 용강 사이에는 인력이 발생한다. 이러한 힘이 합성된 결과로서 노 안의 용강은 회전 운동을 일으키게 되며, 이것이 유도로에서 나타나는 교반 작용이다.

이 교반 운동의 힘은 당연히 투입 전력에 비례하여 커진다. 이 밖에 주어진 전류의 주파수에 따라서도 달라지며, $\sqrt{f}$에 반비례한다. 따라서 저주파를 사용할수록 교반 운동이 강하여 도가니를 침식하게 되며, 때로는 강재 면이 분할되어 용강 면이 노출되는 원인이 된다. 보통 사용하는 1,000Hz 정도에서의 교반 작용은 온건하여 불규칙한 운동을 일으키는 일이 없다.

용강의 교반은 성분, 온도를 고르게 하는 효과 이외에 탈산 반응을 촉진시키며, 첨가 합금의 금속 용해에 큰 도움이 된다.

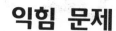

익힘 문제

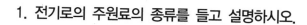

1. 전기로의 주원료의 종류를 들고 설명하시오.

2. 전기로 제강법의 특징을 쓰시오.

3. 아크전기로에 의한 용해방법을 설명하시오.

4. 고주파 유도로의 용해방법을 설명하시오.

5. UHP 조업이 RP조업(Regular Power)과 다른 특징을 설은 명하시오.

04 ▶ 노외 정련

제1절 진공 탈 가스법

 제강로에서 정련한 용강을 다시 노외에서 정련하여 품질을 향상시키며, 강중의 질소, 수소, 산소 등과 비금속 개재물 등의 불순물을 감소하여 제강 능률이 향상되고 제조원가가 절감되는 효과가 있으며 진공 탈가스법, Ladle 정련법, AOD법 등이 있다.

 노외 정련법을 제2차 정련법이라고도 한다. 2차 정련은 최근 매우 보편화된 공정이다.

 진공 탈가스법은 1950년 독일의 Bochumer Verein사에서 공업화된 이후 현재까지 많은 발전을 하고 있다. 진공 탈가스 처리의 효과는 다음과 같다.

 ① 가스 성분의 제거(H, N, O 등)

② 비금속 개재물의 저감

③ 온도 및 성분의 균일화

④ 내질 및 기계적 성질의 향상

1. DH 탈가스법

가. 원 리

그림 4-1에서 보는 바와 같이 진공조 하부에 있는 흡인관을 용강에 담그고 진공조 내를 감압하면 용강은 1기압에 상당한 높이까지 진공조 내를 상승한다. 이 후 진공조를 상승 또는 레이들을 하강하면 그 높이만큼 용강면은 진공조 내를 하강한다. 70t 용강의 경우 1회 이동으로 9~11t의 용강이 흡인되며, 이러한 상승 하강을 3~4회/분 실시하므로 분당 30~40t의 용강이 진공조 내에서 처리된다.

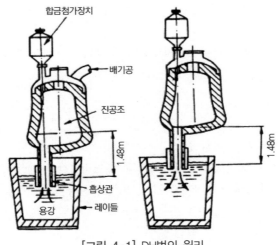

[그림 4-1] DH법의 원리

나. 효 과

1) 탈산

미탈산 강을 처리하여 감압하의 CO 반응을 활발히 일으켜서 탈탄과 탈산을 효과적으로 진행시킬 수 있으므로 보통의 정련기에서는 매우 곤란한 극저탄소강을 만들 수 있다.

이 방법에 의한 탈산의 정도는 용강의 C 함유량에 따라 다르다. 그림 4-2는 탈산제를 사용하지 않고 처리한 때의 산소함량의 변화를 나타낸 것이며, 탈가스 후의 산소 함량은 대략 30ppm 정도이다.

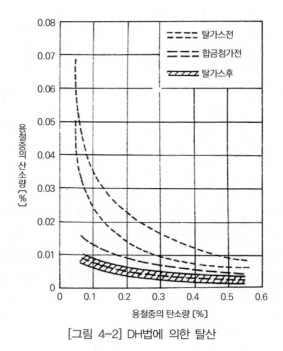

[그림 4-2] DH법에 의한 탈산

CO 반응에 의한 탈탄의 정도는 처리 전의 C량에 따라 다르나 현재 제조 가능한 최저 C함량은 0.002~003%이다.

2) 탈수소

탈수소는 그림 4-3에서 보는 바와 같이 처리전의 4ppm 정도로부터 1.7ppm 정도를 저하한 실적이 있다. 일반적으로 주입온도를 확보하기 위하여 처리시간이 한정되므로 처리전의 H 함량이 높은 용강은 처리 후의 H량도 높아지게 된다. 또한 탈산강은 미탈산강에 비하여 탈수소율이 떨어진다고 한다.

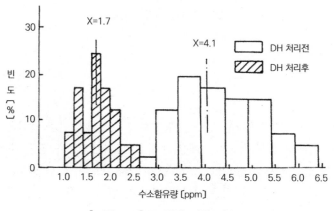

[그림 4-3] DH법에 의한 탈수소

3) 탈질소

현저한 N의 감소는 볼 수 없고 그림 4-4에서 보는 바와 같이 비교적 장시간의 탈가스 처리로서 감소하게 된다. 또 질소의 평형 용해도도 산소에 비하여 매우 높아서 30~40ppm의 질소 함량에서 단시간의 DH처리로서는 감소량이 아주 적고(분석 오차의 범위 온도) 100ppm 이상이 되어야 20~30%의 탈질소를 기대할 수 있다.

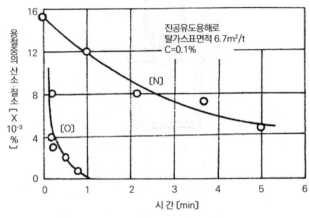

[그림 4-4] N, O의 탈가스에 의한 변화

2. RH 탈가스법

가. 원리

그림 4-5에서와 같이 흡인용관과 배출용관 2개의 관을 용강 중에 넣으면 쇳물은 1기압 상당의 높이까지 올라온다. 이때 아르곤 가스를 흡입하면 기포를 함유한 상승관은 비중이 작아져서 상승하고 하강관측은 비중이 커서 내려간다. 이 상태가 계속되면 용강이 조 내에서 계속 진공상태가 노출되므로 탈가스가 진행된다.

RH법과 DH법은 용강을 진공조 내에 흡입하여 탈가스를 한다는 점에서는 공통이다. 그러나 후자가 한 개의 침적관으로 용강을 흡인하고, 방출도 같은 관으로 하여 흡인, 방출의 1사이클(cycle)로 할 때, 25~30사이클 정도 상하하는 주기 운동을 반복하여 탈가스 하는데 대하여, RH 탈가스법은 침적관이 2개 있어서 용강의 흡인과 배출을 각기 독립된 관으로 하는 것이다. 또한 Ar가스 등의 작동가스를 사용하여 탈가스를 진행하는 점이 다르다.

RH법의 장점은 DH법과 거의 같으나 RH법의 특징은 흡인용관의 내경과 취입하는 가스의 양에 따라 순환속도를 임의로 조절할 수 있다는 점이다. 그러나 전처리 시간 내에 용강량의 약 5배가량의 용강이 진공조를 통과하기 때문에 진공조 내부의 내화물의 침식이 문제가 된다.

현재 고알루미나질의 내화재가 개발되어 이 문제를 많이 해결하고 있다. RH 탈가스법을 전기로 내에서 적용하는 예도 있고, 또 흡입관에 전자코일을 설치하여 전자력으로 용강을 상승시키는 Thermoflow법도 RH법의 변형으로 개발되고 있다.

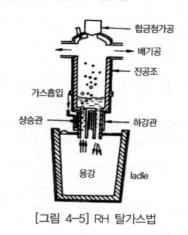

[그림 4-5] RH 탈가스법

나. 효과

1) 탈산

그림 4-6과 같이 처리 후의 C-O 관계는 Pco가 대기압의 1/10 정도의 평행값에 가까이 있는 것을 알 수 있다.

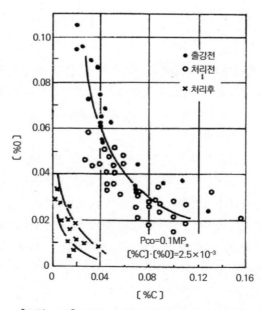

[그림 4-6] RH법에 의한 산소와 탄소의 변화

　그 감소 비는 C/O=12/16 보다 크게 되어 있으나, 이것은 흡입한 슬래그와 내화물이 탄소와 반응하기 때문이다. 예비 처리한 용강을 탈가스 할 때의 시간에 따른 산소의 변화는 그림 4-7과 같이 처리전의 산소가 높을수록 탈산 속도는 크나 최종의 도달 산소량은 낮게 되지 않고 약 50ppm 정도로서 완전 탈산강을 처리한 때의 35ppm에 비하여 높게 나타나고 있다. 일반적으로 극 저탄소 미탈산강에서는 처리 전 산소가 200~500ppm의 것이 처리 후에는 80~300ppm, 저탄소 및 고탄소 킬드강에서는 산소량이 60~250ppm으로부터 20~60ppm으로 저하한다.

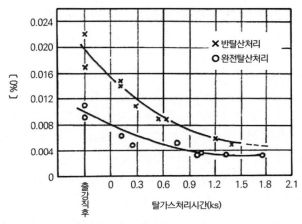

[그림 4-7] 예비 탈산도에 따른 탈 가스중의 산소의 변화

2) 탈수소

　탈수소는 레이들 용량 100t에서 20분간 처리하여, 처리전의 수소량에 관계없이 거의 2ppm 이하로 되었다고 하며, 또는 탈수소율에 미치는 예비탈산의 영향은 예비탈산도가 적을수록 도달 수소량은 낮게 된다고 한다.

3) 탈질소

　처리 전의 질소가 40ppm 이하에서는 탈질소가 거의 진행하지 않고, 50ppm 이상에서도 탈질소율은 10~25% 정도이다.

제2절 레이들 정련법

진공 탈가스법은 강의 품질향상을 주목적으로 발달한 것이나 레이들 정련법은 품질을 향상함과 동시에 생산성을 높이고 원가를 절감하려는 목적으로 발달한 방법이다. 즉, 전기로 등에서 실시하는 환원기 정련(탈산, 탈황, 성분조절)을 노외에서 하는 방법으로서 LF법, AOD법, VAD법, ASEA-SKF법 등이 개발되고 있다.

1. LF(Ladle Furnace)법

세계에서 약 70% 정도 사용하고 있으며 전기로에서 실시하던 환원정련을 레이들에 정련함으로써 전기로의 생산량을 증가시키는 방법이다. 그림 4-8은 레이들 노외 정련법이다.

진공설비는 없고 용강위의 슬래그 중에서 아크를 발생시키어 정련한다. 아르곤에 의하여 교반을 하면서 레이들 내를 강 환원성 분위기로 유지한 상태에서 정련하며 정련설비가 싸고 탈산, 탈황, 성분 조정 등이 용이하여 전기로와 전로와의 조합 조업도 가능한 이점이 있다.

LT(B/B): Laddle Treatment(Bubbling) 이라고도 하며, 수요가의 품질요구 수준에 부응하기 위한 최종 정련공정이다.

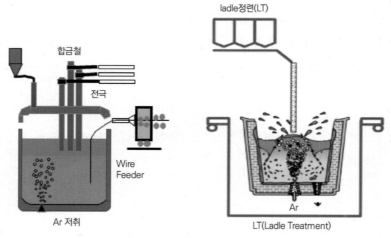

[그림 4-8] LF(Ladle Furnace)법과 LT(Laddle Treatment)법

2. AOD(Argon Oxygen Decarburization)

스테인리스강의 산화정련에는 CO분압을 저하시켜서 Cr 산화를 억제하고, [C]를 우선적으로 저하시키는 것이 중요하므로 VOD법에서는 CO분압의 저하에 진공설비를 이용하였다. 그러나 AOD법은 진공설비를 쓰지 않고 불활성가스와 O_2와의 혼합가스를 취입하여 CO가스를 희석해서 CO 분압을 낮춤으로써 [C]를 우선적으로 제거하는 방법이다.

AOD법은 1968년 미국의 UCC사에 의하여 개발된 스테인리스강 정련법이며, 현재 각국에 많이 보급되고 있다.

가. 설비

AOD 노체는 그림 4-9와 같이 전로와 비슷한 모양과 설비를 갖는다. O_2, Ar 가스를 취입하는 풍구는 노저 근처의 측벽에 설치되어 있어 희석된 가스 기포가 상승할 때 탈탄반응이 일어나도록 되어 있다. 풍구는 손모를 방지하기 위하여 이중관구조로 해서 외관에는 풍구냉각용으로 Ar만을 통하고, 내관에는 O_2와 Ar의 혼합가스를 통한다.

AOD법에서는 용강과 슬래그의 교반이 심하므로 내화물의 용손이 많다. 특히 풍구와 풍구 상부의 용손이 심하며, 이것은 풍구 근처의 용강의 격렬한 유동, O_2와 용강 성분과의 발열반응이 주원인이다. 내화물의 수명은 제품원가에서 큰 비중을 차지하므로 벽돌의 재질, 축로법, 조업법 등을 검토하여 수명연장에 힘쓰고 있다.

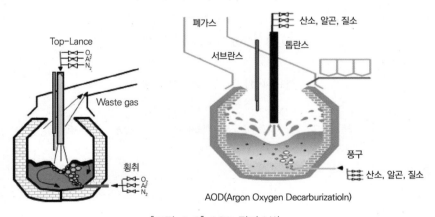

[그림 4-9] AOD 탈가스법

나. 조 업

AOD법을 이용할 때에는 전기로 등에서는 완전히 용해만 하여 1,600℃ 정도에서 출강하고 레이들의 용강을 AOD로 옮겨 정련을 개시한다.

그림 4-10은 조업시간에 따른 온도와 [C], [Cr]의 변화를 나타낸다.

탈탄기 중 [C] ~0.3% 까지를 제1기라 하여 O_2:Ar=3:1로 취입하고, [C] ~0.1%까지를 제2기라 하여 O_2:Ar=1:2로 하고 있다. 표 4-1에 O_2와 Ar의 취입 예를 든다.

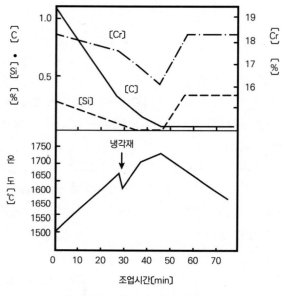

[그림 4-10] AOD법의 조업 예

[표 4-1] O_2 및 Ar의 취입 예

	탈탄기			완성기		
	제1기	제2기	제3기	Cr 환원	제 재	탈 황
시간[min]	28	9	8		30	
O_2[m³/min]	13.5	12	6	0		0
Ar[m³/min]	4.5	6	12	8		8

산소 취련이 끝날 때까지의 Cr 산화는 약 2.0~2.5% 정도이나 AOD법의 특징의 하나인 용강과 슬래그의 강렬한 교반으로 Cr은 거의 100%가 환원된다. 또 탈황도 잘되어 단시간으로 0.010% 이하로 할 수 있다.

3. 진공 산소 탈탄법(VOD: Vacuum Oxygen Decarburization)

1967년 독일에서 개발된 진공탈탄법으로, Witten법이라고도 한다. 그림 4-11에서와 같이 진공실 상부에 산소를 취입하는 1개의 랜스가 있는 점과 산소의 탈탄으로 인해 CO가스가 발생되어 배기능력이 증강된다. 조업은 전로 및 전기로에서 탄소를 0.4~0.5%로 산화 정련한 것을 VOD용 레이들에 받는다. 이때 슬래그가 혼입되지 않도록 레이들 및 용강을 제재한다. 쇳물이 담긴 레이들을 진공실내에 넣고 아르곤가스를 레이들을 진공실내에 넣고 아르곤 가스를 레이들 저부로부터 흡입하면서 감압한다. 진공압력은 용강의 CO가스가 발생하므로 100~10mmHg로 조절한다. 취련중의 탄소량은 진공도 배가스량 등으로 달라지고 탈탄이 끝난 후에도 아르곤 교반을 계속하여 탈산제 및 합금철을 첨가하여 처리한다. 이 방법은 Stainless Steel의 진공 탈탄법으로 현재 널리 보급되고 있으며, 이것과 비슷한 MVOD(Modified VOD)법이 있다. 단 전기로와 전로에서 출강할 때 탄소량을 정확히 조절하고 만약 대기 하에서 탄소량이 낮아지면 Cr의 산화가 증가되고 높으면 VOD처리시간이 길어지므로 Cr의 회수율과 맞추어 탄소량을 조절해야 한다. 그림 4-12는 노외 정련법의 비교이다.

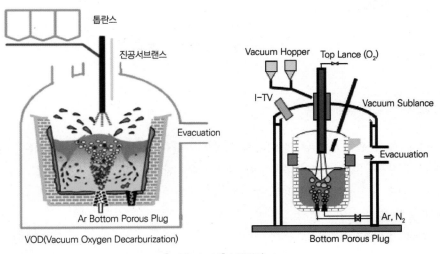

[그림 4-11] VOD법

구분	형상	원리	효과
AOD	● 희석가스 탈가스법(AOD) 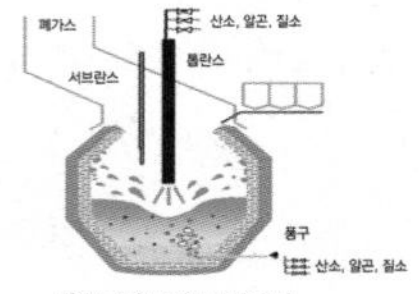 AOD(Argon Oxygen Decarburization)	전기로에서 출강된 용강을 전로와 비슷한 형상인 AOD로에 장입하여 노의 횡측으로는 Ar과 산소 가스를 노의 상부로는 산소를 취입하여 정련하는 방법으로 전로정련과 유사함.	1. 탈탄, 탈황 2. 용강온도 및 성분조정 3. 고청정강 제조
VOD	● 진공 탈가스법(VOD) 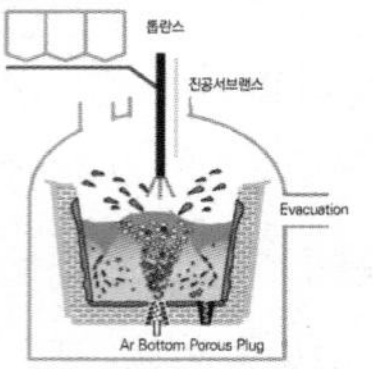 Air Bottom Porous Plug VOD(Vacuum Oxygen Decarburization)	전기로에서 출강된 용강을 레이들의 진공탱크 내에 넣고 진공탱크 상부에 산소를 취입하여 탈가스하고 레이들 저부로는 불활성가스를 취입하여 교반하면서 정련하는 방법 • Low C, N을 요구하는 강종에 대해서 VOD처리함 　– 처리재 : 409L-20, 436L 430JIL, 430Tl, 444, 445, 446M	1. 용강중 탈탄(C) 2. 용강온도 상승 3. 탈가스(N_2 H_2) 4. 고청정강 제조
L/T	● 노외정련(LT) 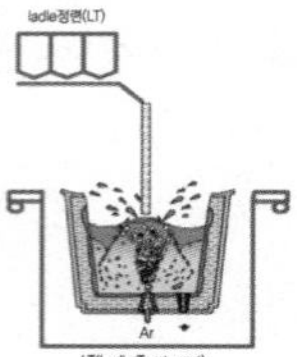 LT(Ladle Treatment)	전로 또는 전기로에서 일차 정련을 완료한 용강을 레이들로 출강하고 출강 중 탈산제와 합금철, 부원료 등을 첨가하게 되며, 이후 용강에 아르곤 등 불활성 가스(Ar, N_2)를 취입하여 용강을 교반시킴으로써 불순물을 분리부상 시키고 용강온도와 성분을 균질화하여 청정화 함	1. 용강온도 및 성분 미세조정 2. 비금속개재물의 분리제거 3. 청정강 제조

[그림 4-12] 노외 정련법의 비교

4. ASEA - SKF법

　1965년에 Sweden의 ASEA사와 SKF사가 공동 개발한 방법이다. 이 방법에서는 그림 4-13 에서와 같이 진공장치와 가열장치가 있어 진공처리와 함께 탈황, 성분조정, 온도조정 등을 할 수 있는 특징이 있다. 이 방법은 용해 정련된 용강을 레이들에 받아서 이 레이들에서 유도 교반하면서 진공 탈가스처리, 아크 가열을 하며, 이 사이에 적당한 슬래그에 의한 정련과 합금의 첨가를 할 수 있도록 되어 있다. 즉 단지 탈가스만이 아니고, 레이들로에서 정련도 하고 또한 주입 작업도 가능하다.

　조업법은 용해로에서 용해한 용강에 합금원소를 첨가한다. 탄소와 온도만을 조정하고 제재한 후 예열되어 있는 레이들로 이송한다. 레이들에서 진공카바를 닫고 탈가스를 시작한다. 탈가스

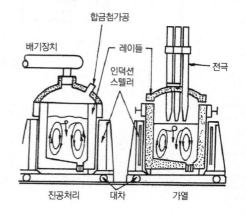

[그림 4-13] ASEA-SKF법

종료 직전 또는 직후에 합금원소 및 조재제를 첨가하여 가열을 시작한다. 소정의 온도와 성분이 되면 가열을 중지하고, 용강중에 스토퍼(Stopper)를 삽입하여 노즐(Nozzle) 위에 고정시킨다.

일반적으로 처리시간은 탄소강에서 1.5~2시간, 합금강에서 2~3시간 정도이다.

5. VAD법

이 방법에서는 그림 4-14에서와 같이 감압 하에서 아크가열을 하면서 Ar가스를 취입하여 용강을 교반한다. 레이들을 진공실 내에 넣고 배기와 동시에 아크 가열을 하고, 감압하여 100mmHg 이하가 되면 Glow 방전의 위험이 있으므로 약 200mmHg의 압력에서 가열을 중지하고, 배기는 계속하여 2mmHg 이하로 낮추어 탈가스한다. 그다음 압력을 100~200mmHg까지 올려 가열을 하면서 조제재, 합금철, 탈산제를 첨가하여 필요한 처리를 끝낸다.

70t 설비의 실적으로서 0.20% 탄소강의 VAD처리로서 얻어진 최저 가스함량은 10ppm, N 8ppm, H 0.95ppm이라는 우수한 결과가 있다.

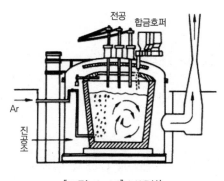

[그림 4-14] VAD법

익힘 문제

1. 진공탈가스법의 종류를 들고 설명하시오.

2. LF법에 대해서 설명하시오.

3. 스트립 캐스팅에 대해서 설명하시오.

4. 오스테나이트 스테인리스강 제조에 대해서 설명하시오.

5. 초고전력 조업에 대해서 설명하시오.

05 ≫ 조 괴 법

조 괴

조괴는 전로 및 전기로에서 정련한 용강을 레이들에 받아 일정한 형상의 주형에 주입 응고시켜 강괴를 만드는 공정이다. 이 강괴는 분괴압연 및 단조하여 각종 제품으로 만든다.

1. 조괴 설비

가. 레이들

레이들의 용량은 일반적으로 제강로의 용량에 의해 결정되고, 1 Heat를 1개의 레이들로 받는 것이 원칙이다. 스토퍼 방식의 레이들과 슬라이딩 노즐 방식의 레이들이 사용되고 있지만 작업성, 안정성의 면에서 슬라이딩 노즐 방식으로 전환되고 있다.

그림 5-1은 스토퍼 방식의 구조이다. 레이들의 내장 벽돌로는 보통 Chamotte 내화물 또는 납석 벽돌을 사용한다. 특수한 용도에는 중성 또는 염기성도 사용한다. 이 내장 벽돌 두께는 일정치 않지만 평균 100~200㎜ 정도로서 용강과 장기간 접촉하는 하부는 두꺼운 벽돌을 사용한다. 레이들 저부의 노즐에는 고급 점토질(샤모트질) 내화물(공경 30~50㎜)이 사용되고, 스토퍼 헤드로는 일반적으로 흑연질의 것이 사용되고 있다. 최근 활발히 사용되고 있는 슬라이딩 노즐의 구조를 그림 5-2에 나타낸다.

상부 노즐과 하부 노즐로 되어 있으며 하부 노즐은 유압 또는 전동에 의해 좌우로 작동한다. 이 방식은 주입작업을 자동적으로 행하는 외에 스토퍼 방식에서 나타나는 문제점을 피할 수 있는 점에서 커다란 이점을 갖는다.

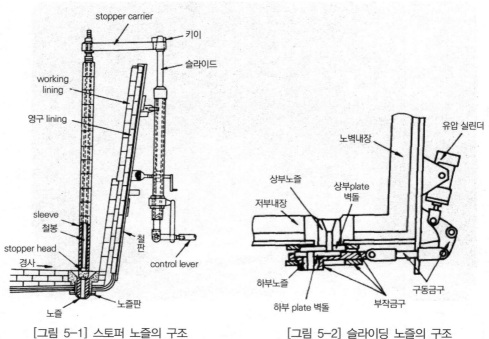

[그림 5-1] 스토퍼 노즐의 구조   [그림 5-2] 슬라이딩 노즐의 구조

나. 주형

1) 형식

주형은 용도에 따라서 여러 가지 형식이 사용되고 있다. 단면 형상에 따른 주형의 분류를 표 5-1에 나타냈다. 이 외에 두부 봇틀형의 캡트강용이 있다.

[표 5-1] 주형 형식과 용도

형 상		주 용 도	적 용 강 종
횡단면	종단면		
각 형	하 광	압연용	림드, 세미킬드, 킬드
	상 광	압연용. 단조용	킬드
구 형	하 광	압연용	림드, 세미킬드, 킬드
	상 광	압연용	킬드
편평형	하 광	압연용	림드, 세미킬드, 킬드
	상 광	압연용	킬드
조 형	하 광	압연용	세미킬드, 킬드
국 형	상 광	단연용	킬드

2) 주형의 설계

압연강괴용 주형은 강괴의 품질, 압연회수율, 능률, 주형수명, 설비능력 등이 고려되고, 기본적인 단면현상에 대하여는 요구되는 강편의 크기와 분괴압연의 능력에 따라서 달라진다. 주형의 설계는 이론적 수치가 별로 없고 과거에 사용한 실적을 감안하여 경험적으로 얻는 데이터로 설계되며, 또 그 적부에 대하여도 실용시험에서 판정하는 것이 보통이다.

설계의 요소가 되는 항목은 주형높이, 단면형상, 주형중량, 두께, Taper, Corner 반경, 보강 Band 등이 있다.

림드강괴의 최대 높이는 좋은 림 작용(Rimming Action)을 얻기 위하여 2m를 넘지 않도록 하는 것이 좋다.

또한 세미킬드(Semi-Killed)강, 킬드(Killed)강에서는 압연능률 또는 편석의 관계도 있어 단면을 비교적 적게 하는 것이 좋다. 필요한 압연비가 보장되는 한도 내에서 단면을 적게, 높이는 높게 하는 것이 일반적이다. 이런 이유로 수 톤의 강괴를 사용하는 공장에서는 주형 높이가 2~2.5m, 수십 톤의 강괴를 생산할 때에는 2.3~2.8m의 주형 높이가 된다.

3) 압탕틀(Hot Top)

킬드강과 같이 응고 후에 강괴두부가 수축해서 수축관(Pipe Shirinkage Cavity)을 형성하는 것은 주형 상부에 압탕 틀을 설치하여 응고시간을 늦춤으로서 수축관을 적게 한다. 압탕 보온방식에 대해서는 그림 5-3과 같이 여러 가지가 있으나 현재는 발열성 및 단열성 압탕 슬리브의 사용이 일반적이다.

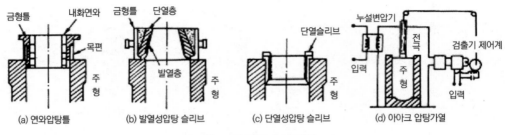

(a) 연와압탕틀   (b) 발열성압탕 슬리브   (c) 단열성압탕 슬리브   (d) 아아크 압탕가열

[그림 5-3] 압탕 보온방식

2. 주입작업

가. 주입법

레이들에 수강 후 주입작업으로 들어가지만, 강종에 따라서 레이들 내의 용강의 온도 균일화와 탈산생성물의 부상효과, 레이들에서의 진정시간 및 필요에 따라 진공처리나 가스 교반처리를 행하는 경우도 있다. 레이들에서 주형에 용강을 주입하는 방법으로는 상주법(Direct Pouring)과 하주법(Bottom Pouring)이 있다. 상주법에서는 주입속도가 빠르게 되는 경향이 있고, 또 Splash에 의한 표면기포가 생기기 쉽다. 하주법에서는 용강의 주형 내 상승 속도가 늦어 강괴의 표면은 깨끗하게 되고 크랙 발생도 적지만, 탕도연와가 용손 되어 비금속개재물이 많게 되는 결점이 있으며 원가 면에서도 불리하다.

나. 림드강의 주입

림드강은 좋은 림 작용을 얻기 위하여 탈산 조정을 한다. 일반적으로는 첫째 강괴는 조정하지 않고 주입하여 림 작용을 관찰하고, 다음 강괴부터는 탈산조정을 한다. 즉, 림 작용이 약하면 NaF, 강하면 Shot A1을 사용한다. NaF는 림 작용 촉진제로서 A1과 같이 사용한다.

다. 세미킬드강의 주입

세미킬드 강에서는 강괴 두부의 응고 상항으로 탈산 정도를 판정하여서 Shot A1을 사용하여 적당한 두부 형상을 얻도록 조정한다. 첫째 강괴에 수축이 있을 경우에는 다음 강괴부터는 Al을 사용하지 않고, 주입 후 두부를 수냉한다. 수축이 많으면 분괴 압연에서 손실이 증가하게 되므로 탈산은 약간 약하게 하면 좋다.

라. 킬드강의 주입

킬드강은 주입종료 후 곧 강괴두부의 보온을 한다. 일반적으로 발열성 분말을 약 1.2~1.5kg/t의 비율로 사용하며, 또 단열성의 보온재를 사용할 때도 있다.

킬드강의 압탕율은 보온제의 종류에 따라서 다르나 8~15% 범위이다.

3. 강괴의 응고과정

제강로에서 산화 정련된 용강은 많은 산소를 함유하고 있으므로 출강할 때에 Fe-Mn, Fe-Si, Al등으로 탈산하여 산소량의 조절 및 제거한다. 이때의 탈산도에 따라서 그림 5-4에서 보듯이 림드, 캡드, 세미킬드 및 킬드 강괴로 분류된다.

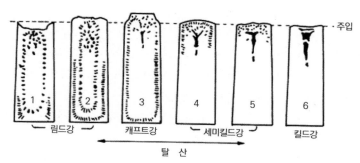

[그림 5-4] 탈산도에 따른 강괴 내부 성상의 변화

가. 림드강

주형에 주입되는 용강 중의 탄소와 산소는 응고 진행과 더불어 CO가스의 생성반응을 일으킨다. 이 CO가스는 응고 벽을 따라서 상승하므로 용강은 마치 용탕이 끓는 것과 같은 대류현상을 일으킨다. 이 같은 현상을 교반운동이라 한다. 이 대류작용에 의해 응고 벽에 따라 발생하는 불순물이 많은 용탕부분은 씻겨 내려가므로 강괴표면은 비교적 순도가 높은 층(Rim)이 생긴다. 주형 하부에서는 용강의 압력이 높기 때문에 CO가스 발생이 작고 대류현상이 약하므로 발생한 CO가스는 부상하지 못해 수지상정 사이에 갇혀져서 강괴 하부의 가늘고 긴 관상기포가 생긴다. 이같이 림드강은 균일도가 낮고 탈산도가 불충분하지만 기포는 압연작업으로 압착되며 표면순도가 높으므로 이 강괴는 판, 관, 봉 등과 같이 표면상태가 우수한 것을 요구할 때는 좋다. 이 강괴는 절단해 버리는 부분이 없고 전부 사용하기 때문에 경제적이다. 그림 5-5는 림드강의 내부와 강괴 모양(Ingot)이다.

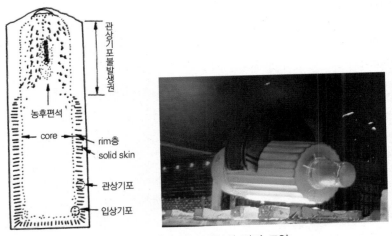

[그림 5-5] 림드강 내부와 강괴 모양

나. 세미킬드강

킬드강과 림드강의 중간 정도의 탈산을 한 용강을 주입하여 약간의 기포를 생성시켜서 응고수축을 보충하면서 응고시킨 강괴를 세미킬드강이라 한다. 이것은 파이프량이 적고 강괴실수율이 좋은 특징이 있다. 그러나 탈산이 너무 약하면 표피부에 기포가 나타나서 표면결함의 원인이 되고, 또 탈산이 지나치면 파이프가 커져서 실수율이 낮아지므로 탈산의 조정이 중요하다. 그림 5-6은 세미킬드강의 매크로 조직의 해설도이다.

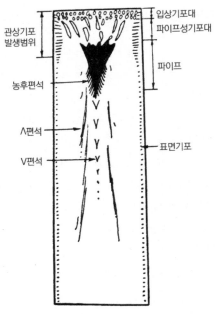

[그림 5-6] 세미킬드강의 매크로 조직의 해설도

다. 킬드강

용강을 Fe-Si, Al 등으로 충분히 탈산하고 주입시킨 것이며, 주형 중에서 조용히 응고되므로 기포가 없으나 상부에는 수축관이 생긴다. 이것을 제거하기 위해서는 전 길이의 10~20%를 잘라내야 하므로 비경제적이다. 이것은 전기로, 전로 등에서 만든 고급강에 사용되며 재질은 균일하다. 그림 5-7은 킬드강의 매크로 편석의 해설도이다.

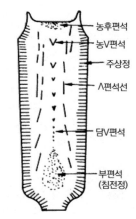

[그림 5-7] 킬드강의 매크로 편석의 해설도

라. 캡드강

림드강과 같은 좋은 표면과 편석이 적은 강괴를 얻기 위해서 림드강과 같은 정도의 탈산도의 용강을 병형 주형에 주입하며 캡드강을 얻는다. 캡드강은 주형에 주입하고 탈산제를 가하여 림 작용(Rimming Action)을 중지시켜 만든 화학적인 캡드강이었다. 용강은 림 작용(Rimming Action)을 일으켜 주형 내를 상승하여 가스의 방출이 억제되어 강괴 내에서 기포가 된다. 표피부(Rim)는 림드강보다도 얇아지므로 내부 편석은 적어져서 균질을 요하는 박판용에 많이 쓰인다.

4. 강괴의 결함

가. 표면결함

강괴표면에 나타난 흠과 강편표면에 영향을 미치는 표면직하의 흠도 포함된다. 이와 같은 결함은 분괴의 실수율을 저하시킨다. 표 5-2는 결함의 발생원인과 그 방지법을 표시하였다.

[표 5-2] 표면결함의 발생원인과 방지법

결함의 명칭	원 인	방 지 법	비 고
이 중 표 피 (Double Skin)	상주초기에 용강의 Splash(飛沫)에 의한 각의 형성. 강괴하부에 생김. 림드강에서도 가스발생으로 갑자기 탕면이 낮아질 때	① 오목 정반의 사용 ② Splash Can의 사용 ③ 주형내부에 도료를 바름 ④ 주입초기에 Al사용	압연 후에 미세 균열이 생긴다.
탕 주 름 (Rippled Surface)	강괴상부에 수평으로 나타나는 물결 보양의 주름. 저온저속 주입, 주입 중 용강면의 동요, 하주할 때 나타남	① 고온고속 주입 ② 주형에 도료 사용 ③ 주형 카바 사용	특히 킬드강에 나타남. 압연 후에는 균열
균 열 (Crack)	고온고속 주입, 고온주형을 썼을 때 엷은 응고벽이 터짐	① 저속주입 ② 하주채용 ③ 저온주형 채용	특히 킬드강에 나타남
	주형의 설계불량, 형발이 너무 빠를 때	① 주입온도, 속도조절 ② 주형설계변경 ③ 형발시의 강괴냉각 방지	킬드강, 합금강, 고탄소강에 나타남
구갑균열 (Crazing)	주형내면의 구갑상의 흠, 주로 강괴중앙에 나타남	주형의 교환	
개재물 혼입 (Brick Inclusion)	강괴하부의 내화물의 부착 또는 혼입, 내화재의 Spalling, 주형, 탕도 등의 청소 불충분	① 내화재 개량 ② 주형, 탕도의 청소 ③ 주형 도료사용	하주에서 많다.
기포 (Blow Hole)	림드강에서는 고온고속 주입, 탄산과도, 고C, Mn	① 고온저속 주입 ② 하주채용 ③ NaF, Scal 첨가에 의한 Rimming Action 조절	압연 후에 가로흠, 모서리 균열
	킬드강에서는 습기, 저속 주입, 탈산 부족, 슬래그 혼입	① 첨가물 건조 ② 소량의 Al사용	
해 면 두 부 (Spongy Top)	Rimming Action 불량, 세미킬드, 킬드강에서는 탈산부족	탈산조절, Rimming Action 조절	

나. 내부결함

1) 편석

강괴내의 용질이 불균일하게 된 현상인데 설퍼 프린트 또는 매크로조직시험으로 식별되는 거시적인 것과 수지상정 사이에 생기는 국부적인 미시적 편석이었다. 편석의 정도는 강괴의 크기, 용질 성분의 종류, 용강 교반 등에 따라 달라진다. 여기서 강괴의 크기에 따른 편석 분포는 용강이 응고할 때 먼저 응고하는 저부 및 외주부에는 용질원소가 적은 부편석이 생기고 중앙부에는 용질원소가 많은 정편석이 생긴다.

용질원소는 철과 용질원소가 공존하는 고체-액상농도비(분배계수 k_0)로부터 $(1-k_0)$를 편석계수라 하며, 이 값이 클수록 편석이 잘된다. 보통 탄소강에서는 황에 의한 편석이 가장 크고

인, 탄소, Mn 순으로 작아진다. 용강의 교반에 의한 편석은 용강에서 가스가 발생하거나 동요되면 용강이 교반하여 편석이 조장된다. 림드강에서는 림 작용(Rimming Action)에 의한 교반작용 때문에 조용히 응고하는 킬드강에서 보다 편석이 심하게 일어난다. 이상과 같은 편석을 응고 특성을 고려하여 다음과 같은 대책을 세운다.

① 편석하기 쉬운 유해 성분함량을 줄인다.
② 편석 성분을 Hot Top에 모이게 하여 분괴 후 끊어낸다.
③ 강괴 중량을 적게 하거나 연속주조법을 써서 Billet나 Slab를 제조한다.
④ 같은 방향으로 응고하면 Macro편석은 나타나지 않는다.(예, ESR법)

2) 수축관 및 기포

용강이 응고할 때 수축으로 인하여 강괴에 생기는 수축공을 말한다. 보통 킬드강에서는 압탕틀(Hot Top)을 써서 이곳에 파이프를 형성시켜 분괴 압연 후 잘라내고 있으며 기포는 가스방출로 인하여 표피부에 관상기포(Skin Hole)가 생기고 내부에는 입상기포가 생긴다. 이와 같은 기포가 산화되면 압착되지 않고 압연제품에 균열을 일으키므로 응고 중의 가스 방출을 조절하여 기포가 없는 두꺼운 표피를 얻어야 한다.

3) 백점(Flakes)

단련한 합금 강괴의 종파단면에 나타나는 원형 또는 타원형 은백색의 점이며 Ni-Cr강 및 구조용 합금강에 백점이라는 편평한 균열로 나타나는데 이것은 강중의 수소에 기인한다.

백점은 강재의 응력 작용으로 발생한 균열로 ① 가공 잔류응력 ② 냉각시의 온도차 ③ 변태응력 ④ 과포화가스의 발생 압력에 의하여 생긴 응력이며 이중 ④에 관여한 과포화 수소의 석출이 강재 중의 소균열 중에서 고압을 일으켜 이것이 응력발생의 주원인을 이루고 다른 응력이 가해져 백점을 일으키며, 이것을 방지하려면 강중에 흡수되는 수소량을 충분히 감소시키고 단조 또는 압연 온도에서의 냉각을 늦추는 것이 효과적이다.

익힘 문제

1. 강괴의 종류를 들고 설명하시오.

2. 킬드가의 응고과정을 설명하시오.

3. 강괴의 표면 결함을 설명하시오.

4. 수축관 및 기포에 대하여 설명하시오.

5. 백점(Flakes)에 대하여 설명하시오.

06 > 연속주조

1. 개 요

정련된 용강으로부터 판재, 봉재 및 선재 등의 각종 제품을 생산하려면 용강을 정련한 뒤에
조괴, 균열로, 분괴, 가열 및 압연의 제조 공정을 차례로 거치는 것이 일반적인 방법이다. 그러
나 연속 주조(Continuous Casting)는 그림 6-1과 같이 균열로와 분괴 공정을 생략하고, 용강
을 일정한 형상의 수냉 주형에 연속하여 주입하고 반 응고된 주편을 주형 하부에서 연속으로
빼내어 용강으로부터 직접 블룸(Bloom), 슬래브(Slab), 빌릿(Billet) 등을 생산하는 주조 방법
이다.

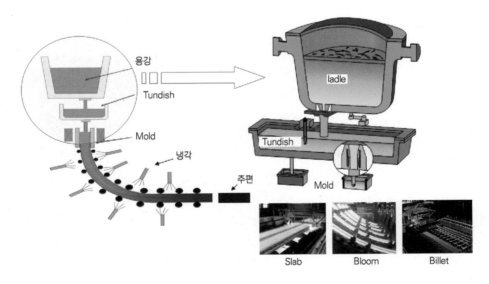

[그림 6-1] 연속주조법

따라서 연속 주조법은 표 6-1에서 보듯이 일반 조괴법에 비하여 실수율, 생산성, 소비 에너지 측면에서 우수하고, 자동화, 기계화가 쉬우며, 공장 소요 면적의 감소, 작업 환경의 개선, 강재의 균질화 및 품질 향상, 인건비의 절약 등 여러 가지 이점이 있다.

또한, 연속 주조법으로 빌릿을 생산할 때에 조괴법에 비하여 약 12.5% 값싸게 생산할 수 있다. 따라서 모든 제철 선진국에서 연속 주조 설비와 연속 주조율을 늘리는 추세에 있으며, 우리나라에서도 포스코를 비롯하여 일반 전기로 공장까지 널리 보급되어 현재 연주율이 97.7%에 이르고 있다.

[표 6-1] 연속주조법의 이점

공정	대용강 실수율	주편까지의 소요 시간	에너지소비*	
			전기	가스
조괴법	79~90%	10~20h	1.5~2.0	5~18
연속 주조법	85~98%	1~2h	1.0	1.0

연속 주조 기술도 급속히 발전하여 전체 용강을 연속 주조법으로 생산하는 전연속 주조법, 그리고 연-연속주조법이 실용화 되고 있다.

제2절 주조 설비

1. 형식

가. 연속 주조기

연속 주조기의 기본 설비는 그림 6-2와 같이 용강용 레이들, 레이들로부터 용강을 받아 각 스트랜드(Strand: 철사를 꼬아서 만든 줄)의 주형에 배분하는 턴디쉬(Tundish), 턴디시 밑의 노즐을 통해 흘러간 용강을 응고시키는 수냉 주형, 주형 밑에서 나오는 응고된 주편을 냉각하는 2차 냉각 장치, 주편을 안내하는 가이드 롤(Guide Roll), 주편의 절단장치 등으로 되어 있다. 또 수냉 주형은 상하단 면이 열려 있으므로 주입을 시작하기 전에 주편과 같은 단면을 가지는 더미 바(Dummy Bar)로 주형의 밑 부분을 막고 주

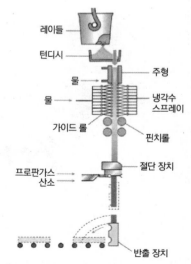

[그림 6-2] 연속주조기의 기본 설비

입한다.

　최근에 생산성을 높이고 품질을 향상시키기 위해 연속 주조기에서 응고된 주편을 절단하기 전에 높은 온도 상태에서 조압연을 하는 직송 압연(In Line Reduction)법이 있다. 이 방법에는 주편의 중심부가 아직 응고되지 않은 상태에서 압연을 하는 Bsr법과 완전히 응고한 후에 압연을 하는 사이징 밀(Sizing Mill)법이 있는데, 주로 사이징 밀법이 많이 사용되고 있다.

　그림 6-3은 사이징(Sizing)법 개략도로 교정기를 나온 주편을 절단하기 전에 재가열로에서 가열하여 압연기에 들어가 소정의 단면을 압연함으로써 주편의 품질개선, 생산량 증가, 주편의 현열을 이용할 수 있는 장점이 있다.

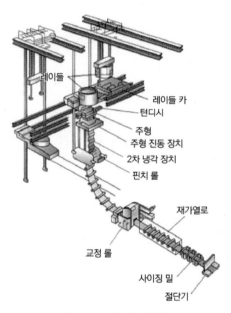

[그림 6-3] 사이징법

1) 연속 주조기의 형식

　처음 산업화 된 연속 주조기에는 수직형이 사용되었으나, 그 후 그림 6-4와 같이 수직곡형, 만곡형, 수평형 등이 개발되어 실용화되고 있다. 이와 같이 만곡형으로 바뀐 이유는, 고속화에 따른 미응고 길이의 증가 때문에 건물의 높이를 낮출 필요가 생기고, 또한 주편의 길이를 조절하기 쉬우며 만곡 교정을 할 수 있도록 되었기 때문이다.

　전만곡형은 설비 높이는 낮으나, 공장 점유 면적은 수직형에 비하여 대단히 크며, 또 수직 만곡형과 거의 같은 면적을 차지한다. 그러나 수직형에 비하여 평면에서 작업하는 경우가 많으므로, 작업이 효율적인 이점도 있다.

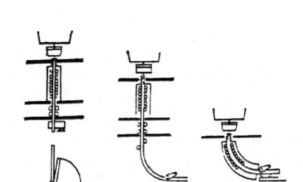

수직형   수직만곡형   만곡형

[그림 6-4] 연속주조기의 각종 형식

2. 설 비

가. 레이들

연속 주조법에서는 주편의 품질, 조업의 안정을 위해 엄격한 용강 온도를 조절해야 한다. 따라서 레이들 내에 불활성 가스(Ar, N₂)를 취입하여 용강을 교반한다.

가스 취입법은 그림 6-5와 같이 내화물로 제조 또는 피복한 파이프에 의한 상취 버블링법과 포러스 플러그법(Porous Plug)을 통한 저취법이 있으며, 저취 버블링법이 온도의 균일화와 개재물의 부상 분리면에서 안정된 교반 효과를 얻을 수 있다. 이 가스 취입법의 효과는 용강 온도의 균일화와 용강 중 개재물을 부상 분리시켜 청정도를 높이는 점이다.

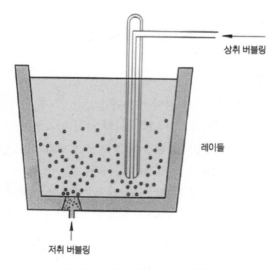

상취 버블링

레이들

저취 버블링

[그림 6-5] 불활성 가스 취입

나. 턴디쉬

턴디쉬(Tundish)는 레이들로부터 용강을 받아 주형으로 분배하는 용기로 주형에 들어가는 용강의 양을 조절하고, 용강을 각 스트랜드(Strand)에 분배하며, 용강으로부터 슬래그나 개재물을 부상시켜 분리할 수 있도록 한다.

턴디쉬로 주강을 주형에 주입하는 방법으로는 개방 주입(Open Casting)법과 침지 노즐 (Submerged Nozzle)법이 있다. 개방 주입법은 보통의 조괴법에서와 같이 용강이 주형에 주입 되는 동안 대기와 접촉하여 산화물이 생겨 개재물의 원인이 되므로 산화를 방지하기 위해 그림 6-5와 같이 불활성 가스로 보호하는 방법이 쓰인다.

그러나 요즘의 대형 주편에 대해서는 그림 6-6과 같은 침지 노즐을 써서 용강이 공기에 접촉 하지 않도록 하는 방식을 많이 쓴다. 이와 같은 노즐은 내식성이 커야하므로 지르콘이나 고급 알루미나 또는 마그네시아로 라이닝한다.

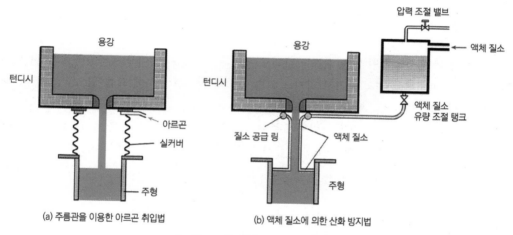

[그림 6-6] 개방 주입형 턴디쉬

다. 주 형

턴디쉬로 부터 주형에 주입된 용강은 1차 냉각을 받아 응고가 진행한다. 이 냉각 속도는 주편 의 인발 속도를 결정하므로 열전도도와 내마모성이 좋은 재질이어야 한다. 현재 많이 사용하는 재질은 구리 또는 구리 합금이며 강판 내면에 크롬(Cr) 도금을 한 것도 있다.

주형의 길이는 연주기의 형식, 주편 크기, 인발 속도에 따라 다르나, 보통 700~1,200mm이 며, 형식은 그림 6-7과 같이 관상 주형(Tubular Mold), 블록상 주형(Block Mold), 조립식 주형의 세 가지가 사용된다.

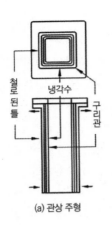

(a) 관상 주형

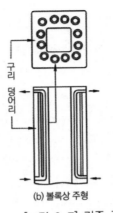

(b) 볼록상 주형

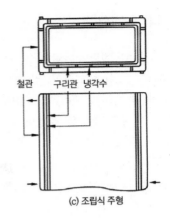

(c) 조립식 주형

[그림 6-7] 각종 주형

관상 주형은 두께 6~12mm의 동관을 주편 크기로 프레스 가공한 것을 지지틀에 넣은 것이며, 구조가 간단하고 냉각 능력이 좋아서 고속 주조에 적합하다.

블록 주형은 주조 또는 단조한 구리의 블록에서 깎아 낸 주형으로 냉각수의 통로를 드릴가공하기 때문에 통로 단면적이 커지고 냉각 능력도 나쁘다.

또한 블록 주형은 주형의 변형이 적고 수리도 용이하여 그동안 많이 사용해왔다. 그러나 내면의 연삭 수리 때마다 주편의 크기가 커지고 고속 냉각의 필요성 때문에 요즘에는 조립 주형으로 바뀌는 경향이 있다.

조립식 주형은 4매의 구리판을 조립하여 주형으로 한 것으로 최근에는 블룸, 슬래브 연주기에 주로 쓰이고 있다. 조립식 주형의 특징은 짧은 변의 위치를 이동시켜 폭이 다른 주편을 생산할 수 있다는 점이다.

라. 더미 바

더미 바(Dummy Bar)는 주조 초기에 용강이 새지 않도록 주형의 밑을 막고, 또 주편이 핀치 롤에 이르기까지 인발하는 역할을 한다.

더미 바는 그림 6-8과 같이 주형 하부를 막는 부분을 더미 바 헤드(Dummy Bar Head)라 하며, 주형 단면보다 약간 작게 하고 주형과의 간극은 석면 등으로 완전히 밀폐하여 용강이 새지 않도록 한다.

용강이 응고하면 더미 바 헤드에 밀착하여 인발할 수 있도록 볼트 모양이나 레일 모양으로 되어 있다. 최근에는 더미 바를 주형 상부에서 삽입하는 방식 또는 퍼머넌트 더미 바(Permanent Dummy Bar)가 실용화되고 있다.

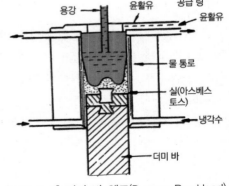

[그림 6-8] 더미 바 헤드(Dummy Bar Head)

마. 2차 냉각장치

주형에서 나온 주편에 물을 뿌려 냉각 응고시키는 것을 2차 냉각장치라 한다. 2차 냉각에서 물의 양은 응고 속도에 영향을 주며 주조 조직에도 영향을 준다. 또 같은 양이라도 물을 뿌리는 형식이나 배치 및 2차 냉각대의 길이에 따라 냉각 효과가 달라진다.

바. 핀치 롤

그림 6-9는 핀치 롤로써 더미 바가 주편을 잡아당기기 위한 롤로 주편의 크기나 강의 종류에 따라 정해지는 주조 속도를 유지한다. 핀치 롤은 통상 2, 3단의 롤이 사용되고 있지만, 최근에는 다수의 롤을 사용한 멀티 롤(Multi-Roll)식이 증가하고 있으며, 보통 한쪽의 롤은 고정하고 반대쪽의 롤은 유압 등의 일정한 압력으로 주편을 압착한다.

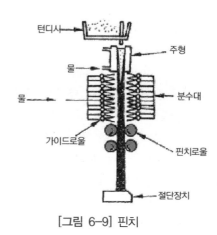

[그림 6-9] 핀치

사. 절단과 반출 장치

연속 주조된 주편은 일정한 길이로 절단되는데, 가스 절단(그림 6-10)과 전단기 절단이 사용된다.

가스 절단 장치에는 산소 및 아세틸렌 또는 프로판가스가 사용되고, 전단기 절단 장치는 가스 절단 장치보다는 값이 비싸지만 신뢰성이 높고 조업비가 적으며, 정밀하게 절단할 수 있다는 장점이 있어 소형기에 주로 사용된다.

수직 만곡형과 전만곡형 주조기에서는 수평부에서 절단되기 때문에 절단 후 강편을 그대로 롤러 컨베이어로 이동시키면 되므로 특별한 장치가 필요 없으나, 수직형 주조기에서는 절단부가 지하에 있어, 지상으로 반출하는 장치가 필요하다.

[그림 6-10] 가스절단

제3절 연속주조 제품

1. 연속 주조 작업

일반적인 연속 주조 작업 순서는 다음과 같다.

미리 충분히 가열된 레이들에 정련이 끝난 용강을 받아온다. 연속주조기에서는 주입시간이 비교적 길기 때문에 필요에 따라서는 레이들에 받은 용강을 버너나 부착된 뚜껑을 덮어 가열하면서 턴디쉬에 주입할 때까지 보온해야 한다.

다음으로 레이들을 턴디쉬 위에 놓은 후, 기계의 작동준비가 완전한지를 확인하고, 주형에 냉각수 및 윤활유를 흘려 주입한다.

이때 레이들로부터 턴디쉬로 들어온 용강은 노즐을 통해 주형으로 들어가게 되는데, 더미 바를 미리 주형의 하부에 끼워 놓아 용강이 고이면서 응고가 시작된다.

주형 윗부분까지 용강이 고이면 주형에 상하로 진동을 주면서 핀치 롤을 작동시켜 더미 바를 뽑아내기 시작한다. 이렇게 하면 더미 바의 머리끝에 고착된 강편은 내부가 아직 용융 상태로 더미 바와 함께 주형을 빠져 나오며 점차 내려가서 냉각 스프레이 대의 롤러 에이프런 사이를 통과하게 된다. 이와 동시에 2차 냉각장치에서 냉각수를 뿜어주면 강편은 냉각되면서 핀치 롤로 들어가게 되고, 이때 더미 바를 차례로 떼어 낸다. 그리고 핀치롤을 통과한 강편을 저당한 길이로 절단하여 운반한다.

2. 연속 주조 속도와 온도

주조 속도와 온도는 연속 주조법에서 생산성과 품질을 좌우하는 중요한 요인이다. 주조 속도는 턴디쉬가 파손되는 조업상의 문제나 표면 흠, 주편의 내부 균열 등 품질면에서는 큰 영향을 주므로 강종과 주편 크기에 따라 적절한 주조 속도를 선택하여야 한다.

주조 온도를 생산성의 측면에서 생각하면, 온도가 너무 낮으면 턴디쉬 노즐에 용강이 부착하고, 결국은 완전히 막혀 주조 불능 상태가 된다. 그러나 온도가 너무 높으면 응고각의 발달이 늦어서 주변의 응고층이 깨져 용강이 유출되는 브레이크 아웃(Break Out)의 위험성이 커진다.

한편, 주조 품질에 미치는 주조 온도의 영향은 용강 내의 혼재하는 개재물의 부상에는 온도가 높은 편이 좋으나 응고에 따른 마이크로 편석에 대하여서는 저온 주조가 바람직하다.

3. 제 품

연속 주조에서는 주로 빌릿과 슬래브를 생산하며, 표면이 매우 매끄럽고 단면의 모양과 치수도 일정하여 분괴 과정을 거쳐 만든 강괴보다 표면을 손질하는 일이 적은 이점이 있다. 이것은 구리로 된 주형의 매끈한 내벽에 따라 응고하기 때문에 주조할 때에 주형 안에서 용강이 물결치는 것을 가급적 막고, 주형의 상하 운동을 적절히 조절해야 한다.

연속 주조로 주조할 수 있는 종류는 주로 킬드강이나 세미킬드강이다. 연속 주조법에서의 응고 속도는 일반 조괴법에서 보다 빠르기 때문에 교반 작용이 일어나기 어렵고, 강편의 표면이 기포가 생기는 등의 나쁜 영향이 있기 때문에 림드강의 연속 주조법은 널리 사용되지 않는다.

가. 반제품의 종류

[표 6-2] 반제품의 종류

종 류	종 류	특 징	치 수	용 도
판재(板材)	slab	단면이 장방형	단면이 직사각형의 판용 두께 0~350mm, 폭은 350~2,000mm, 길이 1~12m	후판, 중판, 박판
봉형강류 (조강=條鋼類)	bloom	단면이 정방형	한변이 160~480mm, 단면적이 25,600mm² 이상의 사각이고 길이 1~6m	대중형 봉형강류
	billet	소형의 각형강편	한변이 160mm 미만, 단면적 25,600mm² 미만의 각형강편으로 소강편	소형 봉형강류, 선재

나. 강반성품의 용도별 종류

[표 6-3] 강반성제품의 용도별 종류

종 류		재 료	특 징	치 수	용 도
조강재	bloom	각형강괴	대형장방형 단면은 정방형	변 130mm 초과 단면 16,900mm² 초과	대중형 조강, 소형반성품, 단조용 소재
	billet	각형강괴, bloom	소형의 각형강편	변 130mm 이하 단면 16,900mm² 이하	소형조강, 선재, 강대
	조형 강편 (beam blank)	각형강괴	조압연한 것 (제품과 유사)		대형조강, 강판
판재	slab	편평강괴	단면이 장방형	두께 45mm 초과 1변은 다른 변의 2배 이상	후판, 중판, 박판
	sheet bar	각형강괴, bloom	slab 보다 얇은 판상강편	두께 45 mm 이하 1변이 다른 변의 2배 이상	박판, 규소강판
	tin bar	bloom(rimmed 강)	얇은 판상강편 (극연강)	두께 7.1~17mm, 폭 250mm 최대길이 1005 mm	주석도원판
	tin bar in coil	slab	열간압연한 coil		주석도원판, 마강판

종류		재료	특징	치수	용도
관재	skelp	각형강괴, billet	平鋼狀 극연강		단접강관
	hoop	각형강괴, billet	대상 coil, 연강, 반연강		용접강관, 전봉강관, 경량형강
	관재 봉강 (bar for tubular)	각형강괴, bloom	원형의 극연강		이음매 없는 강관

제4절 연속주조 신기술

1. 미니 밀(Mini Mill)법

고철을 전기로에서 용해하여 고속으로 주조한 후 연주기와 직결된 압연 Line을 통해 압연하여 열연코일을 만드는 공정이다. 기존의 고로 밀에 비해 생산주편 두께가 40~120mm의 얇은 박(薄)슬래브 연주(Thin Slab Casting)가 가능해 졌으며 열연설비의 4분의 1에 불과한 콤팩트한 설비로 설비 투자비가 대폭 축소되어 생산 코스트도 크게 줄어들었다. 표 6-4는 고로밀과 미니밀의 비교이고 그림 6-11은 미니밀의 공정도이다.

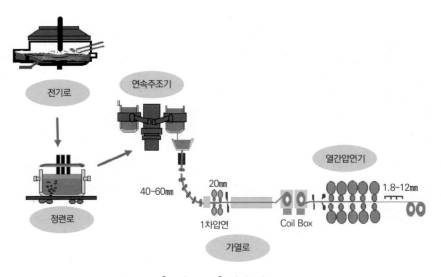

[그림 6-11] 미니 밀

[표 6-4] 고로 밀과 미니 밀의 비교

구분	고로 밀	미니 밀	비 고
장점	– 원료비 저렴 – 고급강 생산가능	– 투자비 저렴 – 환경 친화적 – 납기 단축	○ 설비길이 – 고로밀 3,000m – 미니밀 185~325m
단점	– 투자비와 제조비 고가 – 환경오염원이 많음	– 고 원료비 – 저급강 위주 생산	○ 생산 Slab 두께 – 고로밀: 200~250mm – 미니밀: 40~120mm

2. 스트립 캐스팅(Strip Casting)법

스트립캐스팅은 기존 연속주조(Casting)를 통하여 생산된 Slab를 압연하여 강판을 제조하는 공정을 생략하여 두 개의 원통형 롤 사이에 쇳물을 넣고 이 롤을 회전냉각 시키면서 쇳물에서 바로 두께 1~6mm의 얇은 강판을 제조하는 기술이다.

특히 스트립캐스팅은 슬래브를 다시 가열하여 압연하는 가열공정과 열간압연공정을 생략할 수 있어 에너지 사용량을 대폭 절감할 수 있으며, 제조공정과 납기단축, 가공비 절감은 물론 열연공장의 여유능력을 활용한 증산효과도 기대할 수 있다.

표 6-5는 기존 연속주조공정과 스트립캐스팅의 장점이고, 그림 6-12는 고로 밀, 미니 밀, 스트립 캐스팅의 프로세스이다.

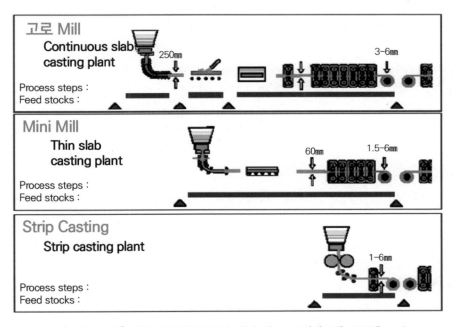

[그림 6-12] 기존 연속주조공정과 미니 밀, 스트립캐스팅 프로세스

[표 6-5] 기존 연속주조공정과 스트립캐스팅의 장점

제품 재공	제품 납기	에너지소비량	배출가스량
30% 감축	85% 단축	87% 감축	83% 감축

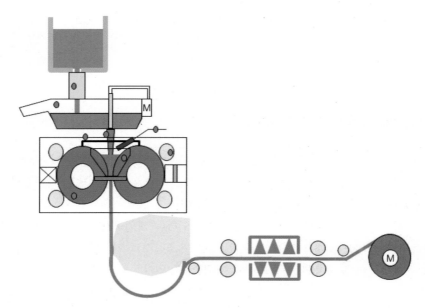

[그림 6-13] Strip Casting의 연속주조 공정

그림 6-13과 같이 Strip Casting 기술은 연주기에서 두께 1~6mm의 박판을 직접 제조하는 것으로서 열간압연공정의 전체를 생략할 수 있는 기술이며, 수요가들의 다품종 소량 주문에 대응하여 탄력적으로 가동될 수 있다는 점에서의 이점도 갖고 있다.

원래 본 기술은 1856년 영국의 베세머가 처음 창안한 것이었으나, 최근 철강기술, 컴퓨터, 제어, 신소재, 기계 등의 주변기술이 발전함에 따라 개발되기 시작한 기술이다. 두개의 맞물려 회전하는 롤 사이에 용강을 부어 0.5초 이내에 박판으로 응고시키는 매우 단순해 보이지만 어려운 기술이며 최근 포스코 포항제철소의 스테인리스 제조공정 및 일본의 신일철 히카리 제철소에서 상용규모의 Strip Caster를 설치하고 상업화 기술을 개발하고 있는 중이다.

연속기술은 조압연한 시트 바(Sheet Bar)를 용접하여 연속적으로 사상압연(仕上壓延)을 실시함으로써 치수, 재질, 품질 등이 불량한 Top End부위를 줄여 생산성향상 및 박물 광폭생산, 치수정도 향상, 재질 균질화를 할 수 수 있으며, 고 부가가치의 열연제품을 생산할 수 있다. 현재 시트 바 접합기술 관련 연구를 완료하고, 스테인리스 시트 바(Stainless Sheet Bar) 접합기술도 개발되었다.

익힘 문제

1. 연속주조기에서 Dummy Bar의 역할에 대해서 설명하시오.

2. 연속주조기의 형식을 설명하시오.

3. 핀치롤의 역할에 대하여 설명하시오.

4. 연속주조의 공정을 쓰시오.

5. Tundish의 역할에 대해서 설명하시오.

압 연

01 》 압연의 개요

제1절 압연의 기초

1. 압연가공

압연(Rolling)은 회전하는 두 개의 롤(Roll)사이에 소성변형이 쉬운 금속 소재를 통과시켜 롤의 압력에 의하여 단면적과 두께를 감소시키고 길이 방향으로 늘리는 소성가공 작업을 통하여 판재, 형재, 봉재, 관재 등을 성형하는 가공법이다. 즉, 밀가루 반죽을 밀어 내듯이 두께를 감소시키거나 두께와 폭을 같이 감소시키는 가공 방법을 이용하는 것이다. 그림 1-1은 압연작업의 원리이다.

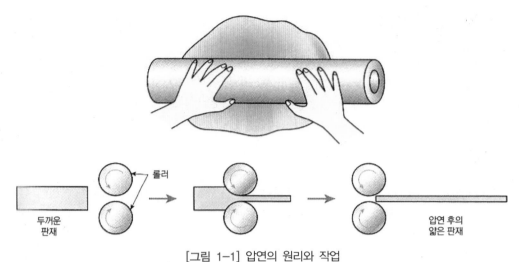

[그림 1-1] 압연의 원리와 작업

가. 압연기의 형식

롤의 수가 많을수록 제품의 정밀도가 우수하고, 그 중 다중식은 스테인리스강과 같은 고정밀도가 필요한 냉간압연에 사용한다. 한 대의 압연기에서 소재를 왕복으로 반복하는 압연 방식을 가역식(Reversing) 압연기로, 주로 슬래브, 블룸 등의 공정에 사용한다. 그림 1-2는 압연 롤의 형식이다.

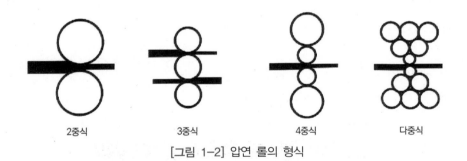

[그림 1-2] 압연 롤의 형식

연속식(Tandem) 압연은 일직선으로 여러 대의 압연기를 배치하여 소재의 장입부터 제품까지 가공하는 공정이다.

2. 압연 가공의 특징

압연 가공은 재료의 두께 또는 단면적을 변형시키는 부피 성형 가공으로, 절삭 가공에 비하여 재료의 손실이 적다.

압연 가공은 강괴(Ingot)나 연속 주조된 소재의 주조 조직을 파괴하고, 내부의 기공을 압착하여 균일하고 미세하고 조직으로 만들어 치수와 재질이 균일한 제품을 대량으로 생산할 수 있다.

압연은 주조 등에 비하여 작업이 빠르고 생산비가 적게 드는 장점이 있으며, 작업 온도에 따라 열간 압연(Hot Rolling)과 냉간 압연(Cold Rolling)으로 나눌 수 있다.

열간 압연은 재결정 온도 이상에서 가공하는 열간 가공이므로 고온에서 재료의 변형이 쉽기 때문에, 비교적 작은 동력으로도 소재를 크게 변형시킬 수 있다. 또한 변형과 동시에 재결정이 일어나므로 가공 경화 현상이 일어나지 않는다.

열간 압연은 거친 주조 조직을 미세화하고, 불순물에 의한 편석과 결함을 제거하여 균일한 재질을 얻을 수 있으나 정확한 치수로 가공하기가 어렵고 제품 표면이 산화되어 깨끗하지 않다.

냉간 압연은 재결정 온도 이하에서 가공하는 냉간 가공으로 반드시 상온에서 가공하는 것은 아니며, 금속의 종류에 따라 온도의 범위가 다르다.

냉간 압연은 온도가 낮은 상태에서 가공하므로 비교적 큰 동력이 필요하며, 치수가 정밀하고 깨끗한 제품을 가공할 수 있다. 그러나 냉간 가공을 하면 재료가 단단해지는 가공 경화 현상이 일어나 기계적 강도는 향상되지만, 안정적인 물성을 부여하기 위해 풀림 열처리를 하여 재질을 연화시켜야 한다.

냉간 압연은 두께가 얇은 판이나 가는 선 등과 같이 열간 압연이 곤란한 제품이나 정밀한 다듬질 가공을 해야 하는 제품의 생산에 적합하다. 그림 1-3은 열간 압연에 의한 결정 입자의 변화이다.

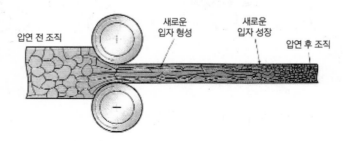

[그림 1-3] 열간 압연에 의한 결정 입자의 변화

3. 압연의 소재와 생산된 철강 제품

가. 압연 소재

강괴 일부 그대로 강재나 단강품 등 최종 제품으로 가공되는 것도 있지만, 대부분은 분괴 압연기를 거쳐서 압연, 단조, 프레스의 다음 공정에 적당한 크기나 모양으로 압연된다. 분괴, 조압연된 중간 단계의 소재를 반제품이라 한다.

강의 반제품을 용도에 따라 나누면 그림 1-4와 같이 각종 강재의 재료가 되는 강편(블룸, 빌릿), 강판의 재료가 되는 슬래브, 시트바, 틴바, 틴바 코일, 강관 재료로 사용되는 스켈프(Skelp), 후프, 관재, 봉강 등이 있다.

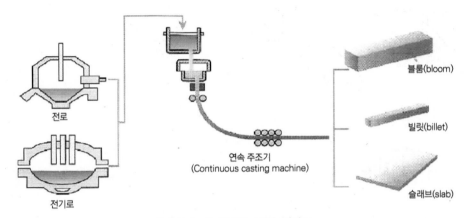

[그림 1-4] 반제품 공정 개략도

1) 분괴 압연(Blooming)공정

소규모의 공정에서는 압연 강재를 작은 강편으로 직접 만들 수도 있으나 일관제철소와 같은 대규모 공장에서는 강괴를 균열로에서 장시간 가열하여 그 내부와 외부의 온도를 균일하게 (1,150~1,300℃) 가열한 후에 분괴 압연기로 강편을 만든다. 큰 강괴로부터 직접 강재를 만들려고 해도 도중에 온도가 내려가기 때문에 일단은 중간 크기로 강편을 만들어야 한다. 분괴 압연은 대형의 롤(Roll)과 큰 동력의 모터를 사용하여 강인 힘으로 압연하기 때문에 강질을 보다 좋게 하는 효과도 있다. 강편의 형태는 슬래브(후판 및 강대용), 블룸(대형 조(條)강류용), 빌릿(소형 조(條)강류용) 등의 세 가지로 최종 제품을 만드는 데 편리하도록 조형된다.

2) 반제품의 종류

반제품의 종류에는 봉형강류용 반제품, 강판용 반제품, 강관용 반제품으로 구분한다. 그림 1-5는 압연제품의 형상들의 제품이다

233

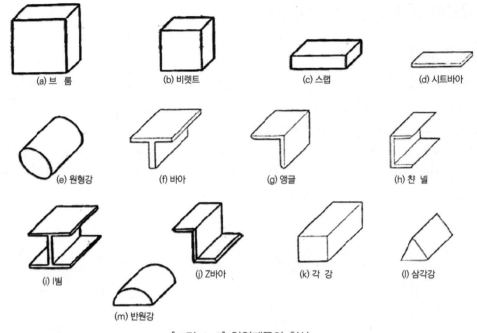

[그림 1-5] 압연제품의 형상

가) 봉형강류용 반제품

(1) 블룸(Bloom)

블룸은 장방형의 커다란 강편으로서 절단면은 거의 정방향이고 모서리가 약간 둥글다. 한 변이 160~480mm까지이며, 단면적은 25,600mm^2 이상이며, 길이는 최소 1m부터 최대 6m까지 있다. 용도는 대부분 압연 공장에서 대형, 중형, 조(條)강류로 압연되지만 일부는 다시 분괴, 조압연하여, 빌릿, 시트 바, 스켈프, 틴 바 등 소형의 반제품으로 만들어지는 경우도 있다

(2) 빌릿(Billet)

빌릿은 단면이 정방형으로 한 변이 160mm 이하, 단면적 25,600mm^2 이하의 각 형강편으로서 작은 강편이다. 각형 강괴 또는 블룸을 분괴, 조압연하여 만들거나 연속 주조에 의해 만든다.

용도는 소형 조강류, 선재 등의 재료로 사용된다. 단순 압연 업체에서 생산된 제품의 대부분은 빌릿으로 소형의 조강류, 선재를 만드는 재료로 시트 바와 함께 사용량이 많은 반제품이다. 또 일부는 차량 피스톤, 크랭크축 등의 단조용 강편으로 사용된다.

나) 강판용 반제품

(1) 슬래브(Slab)

슬래브는 연속 주조에 의해 직접 주조하거나 편평한 강괴 또는 블룸을 조압연한 것으로서

단면은 장방형이거나 모서리는 약간 둥글다. 치수는 여러 가지 제품 형상을 얻을 수 있도록 다양하며, 보통 두께가 50~350mm까지이며, 폭은 350~2,000mm, 길이 1~12m이다. 강판, 강판 및 강대의 압연 소재로 사용된다.

(2) 시트 바(Sheet Bar)

각형 강괴 또는 블룸을 분괴, 조압연한 것으로서 판을 옆으로 절단한 것과 같은 모양의 가늘고 긴 형태로 되어 있다. 치수는 두께 7.6~16.8mm, 폭은 250mm, 길이는 최대 10.05m이다. 박판, 함석판, 규소 강판 등 박판류의 재료로 사용되면, 빌릿과 함께 사용량이 가장 큰 반제품이다. 또 일부는 차량 피스톤, 크랭크샤프트 등의 강편으로 사용된다.

(3) 틴 바(Tin Bar)

블룸을 분괴, 조압연한 것으로서 석도 원판의 재료이며, 형상 및 시트 바와 같기 때문에 시트 바에 포함시키기도 한다. 외판용은 길이 5m 정도의 것이 많고, 이것을 구입하는 단순 압연 업체는 소요 원판의 치수에 따라서 적당히 절단하여 석도 원판으로 압연한다.

(4) 틴 바 인 코일(Tin Bar in Coil)

틴 바와 같이 석도 원판용 소재를 연속 압연하여 코일 모양으로 감은 것이다. 두께 1.9~1.2mm, 폭 200mm 정도, 중량 2~3t 정도의 것이 많이 만들어진다.

다) 강관용 반제품

(1) 스켈프(Skelp)

단접 강관의 재료가 되는 반제품으로 각형 강괴 또는 빌릿을 분괴, 조압연한 용접 강관의 소재로서 띠 모양이며, 양단이 용접에 편리하도록 85~88° 경사져 있다. 강괴는 극연강으로서 두께 2.2~3.4mm, 폭 56~160mm, 길이 5m 전후의 것이 많다.

(2) 후프(Hoop)

강판을 폭이 좁은 형상의 띠 모양으로 절단 가공하여 감아 놓은 강대를 말한다. 두께는 박판과 같이 3mm 이하, 폭 600mm 미만이다. 절판으로 출하되나 대개는 코일로 출하된다.

주로 포장용으로 사용되며 용접 강관, 전봉 강관용 강대로 스켈프로 같은 강대이지만 코일로 되어 있어 점이 스켈프와는 다르다. 강질은 연강, 반경강에 해당된다.

나. 압연 제품 생산

그림 1-6은 압연 제품의 생산 개략도이다.

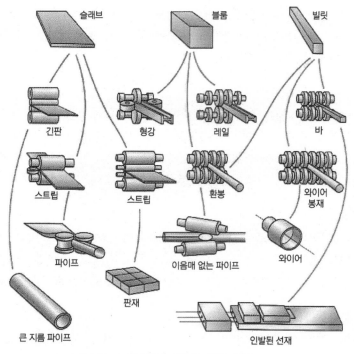

[그림 1-6] 압연 제품의 생산 흐름도

다. 압연 제품 종류

봉형강류(條鋼類)는 봉강(bar)은 원형, 정방형, 육각형 압연이나 단조 된 것으로 환봉, 마봉강 등이 있다. 형강(Section)은 블룸이나 빌릿 등 반제품을 용도에 따라 모양을 늘리거나 가공한 것으로 단면의 형상 ㄱ, ㄷ, H, I로 구분하며 선재는 단면이 원형이고 레일은 철도용, 광산용 레일 등이다.

판재류는 판자 모양의 강판으로 6mm 초과 후판, 3~6mm의 중판, 3mm 미만의 박판 구분하며 열연 강판은 약 800℃의 고온으로 압연 된 강판으로 냉연 강판 및 강관 소재이다.

냉연 제품은 열연 제품을 소재로 주로 박판으로 표면이 깨끗하고 가공성 우수하며, 정밀도와 평탄도가 좋다. 전기강판은 전자기적 성질 향상 위하여 규소(Si)가 1~5% 정도 내외 첨가되어 (변압기 등은 6.5%, 일반적 강을 1% 내외 즉 강종에 따라 규소 함량 달라짐) 투자율이 높고 자력이 적은 자성재료로 모터, 변압기 등에 철심으로 만든다. 그리고 표면처리강판은 내식성과 내마모성을 위하여 강판위에 주석 또는 아연 등을 도금한다.

표 1-1은 압연 제품의 종류와 용도를 표시한 것이다.

[표 1-1] 압연 제품의 종류와 용도

구분	종류		용도
봉형강류	봉강	원형강, 평강, 각강	기계구조용, 건설용 볼트, 너트, 리벳(기계 연결) 등
	형강	ㄱ, ㄷ, H, I 형강	공장, 건물, 교량, 지하철, 철골, 선박, 차량 등
	철근		건축, 토목
	선재		각종 철선, 소형 볼트, 너트
	레일		철도용 레일, 크레인 레일, 엘리베이터 레일
판재류	중후판		선박, 자동차, 보일러, LNG 탱크 등
	열연 강판		경량 형강, 구조물, 농기구 등
	냉연강판		자동차, 세탁기, 냉장고, 가구, 용기 등
	전기강판		전기기기, 변압기, 모터 등
	표면처리 강판		건축, 자동차, 가전 제품, 주방 용품 등
강관류	용접 강관		수도관, 가스관, 공유관, 배관용
	무계목 강관		고압가스, 화학, 석유, 시추 등 특수 용도

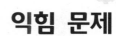

익힘 문제

1. 압연 전 소재의 두께 20mm, 압연 후의 두께 15mm일 때 압하율(%)을 구하시오.

2. 분괴 압연(Blooming)공정을 설명하시오.

3. 봉형강류의 종류를 쓰시오.

4. 4단 압연기에서 작업 및 보조롤의 역할을 설명하시오.

5. 강관용 반제품인 스켈프(Skelp)에 대하여 설명하시오.

02 ≫ 압연이론

1. 압연작용

    서로 반대 방향으로 회전하는 2개의 롤 사이에 그 간격보다 두꺼운 재료를 물려 통과시키면, 그 재료는 압축 변형되어 두께가 감소되고 폭은 약간 넓어지며, 길이는 현저하게 늘어나면서 압연 작용이 이루어진다.(그림 2-1)

    압입점을 각각 A, A′ 접점은 B, B′이다.

    그림에서

    - A, A′ : 압입점

- B, B′ : 접점
- O : 상부롤(Roll)
- O′ : 하부롤(Roll)
- AOB: 접촉각(압입각)
- K : 중립점
- BB′ : 롤갭(Roll Gap)
- WS(AA′BB′) : 물림부
- AB, A′B′ : 접촉호
- OO′ : 롤축면
- θ : 접촉각 및 압연각
- h_0: 통과전 소재 높이
- h_1: 통과후 소재 높이

압하량(h) = $h_0 - h_1$

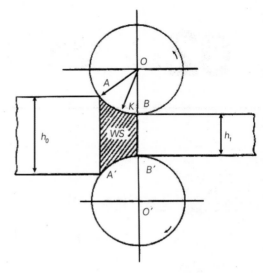

[그림 2-1] 치입 단면도

$$\frac{h_0 - h_1}{h_0} \times 100[\%] \ : \ 압하율$$

가. 패스(Pass)

소재가 롤을 통과하는 것을 말한다.

통과 전 소재의 길이 ℓ_0, 폭 B_0, 높이 h_0,

통과 후 소재의 길이 ℓ_1, 폭 B_1, 높이 h_1,

통과 전후의 체적의 변화가 없다고 하면 다음과 같이 성립한다.

체적(V) = $\ell_0 \cdot B_0 \cdot h_0 = \ell_1 \cdot B_1 \cdot h_1$

$$\therefore \quad \frac{\ell_1 \ B_1 \ h_1}{\ell_0 \ B_0 \ h_0} = 1$$

따라서, $\frac{\ell_1}{\ell_0}$= λ (연신비), $\frac{B_1}{B_0}$= β (증폭비), $\frac{h_1}{h_0}$= γ (압하비)

라면 λ · β · γ = 1

나. 감면(Reduction Area)

소재의 통과 전후의 단면적 감소를 말한다.

감면량 = ΔA − A_0 − A_1 A_0 : 통과전의 단면적($B_0 \times h_0$)

$$감면율 \ = \frac{A_0 - A_1}{A_0} \times 100[\%] \qquad A_1 : 통과후의 \ 단면적(B_1 \times h_1)$$

다. 중립점(Neutral Point)

중립점 : 롤의 원주 속도와 압연재의 통과 속도가 같은 지점(K)

$$원주속도 \ = \frac{2 \cdot D \cdot N}{60}(mm/sec)$$

π: 3.14159, $\qquad$ D: 롤의 경(mm), $\qquad$ N: 롤의 회전수(r.p.m)

라. 선진과 후진

소재가 패스될 때 소재의 속도는 롤의 주속도보다 빠르거나 늦다.
입구에서는 주속도가 늦고, 출구에서는 빠르다.

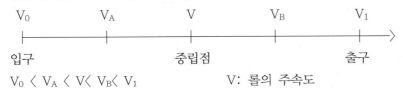

$V_0 < V_A < V < V_B < V_1$ $\qquad$ V: 롤의 주속도

마. 물림각

물림각을 압입각(접촉각)이라고도 한다. 그림 2-1에서 AOB이며, 이 압연각(θ, 접촉각)에 따라 치입성(통판성)이 좌우한다.

바. 중립각

중립각은 그림 2-1에서 중립점(K)과 중심 O의 연결각 KOB를 말한다.

제2절 압연의 일반적 계산

1. 압하와 압연직경의 관계

압입각(접촉각) θ를 적게 하여 롤의 압입성을 양호하게 하려면 다음과 같이 해야 한다.
① $h_0 - h_1$의 수치를 적게 한다.
② 롤의 직경(D=2R)을 크게 한다.

가. 롤의 압입성을 좋게 하는 방법

① 통과 전 소재의 높이에서 통과 후 소재의 높이의 **수치를 적게** 한다.(h_0-h_1)

② 롤의 직경(D=2R)을 **크게** 한다. $\dfrac{h_0-h_1}{h_0}\times100[\%]$

나. 압하율을 크게 하는 방법

① 롤의 직경을 크게 한다.
② 소재의 온도를 높게 한다.
③ 롤에 홈을 파거나 돌출부를 만든다.
④ 소재를 뒤에서 민다.
⑤ 롤의 회전속도를 늦춘다.

압하율은 보통 열연에서 30~40[%], 냉연은 30[[%], 황동은 10~20[%]이다. 압하율을 크게 하면 통과 횟수가 줄어들어 소비 동력과 롤의 마멸이 적어지므로 경제적이나, 너무 크면 재료나 롤이 파괴될 염려가 있다. 그러므로 압연 조건에 따라서 압하율의 한계가 주어진다.

다. 압하율을 크게 하면

① 통과 횟수가 줄어든다.
② 소비 동력과 롤의 마멸이 적어진다.
③ 경제적이다.
④ 압하율이 너무 크면 재료나 롤이 파괴될 염려가 있다.

2. 압입부에서 연신, 증폭

소재가 롤에 압입되는 것은 롤과 소재의 접촉 마찰력의 수평 분력에 의하지만 동시 수직 분력에 의해 소재를 압축하게 된다. 이것이 압하이다.

롤에 압입되는 동안 압축과 수직 수평 방향에 각각 변형되는 것이다.

일반적으로 수평 분력이 강하면 증폭보다 연신이 커진다.

- 연신량($\ell_1 - \ell_0$)를 크게 하려면 다음과 같이 하면 된다.
  ① 롤의 직경을 적게 한다.
  ② 압하량을 크게 한다.
  ③ 소재의 온도를 높게 한다.

- 증폭량($B_1 - B_0$)를 크게 하는 방법은 다음과 같이 하면 된다.
  ① 롤의 속도(주속도)를 늦게 한다.
  ② 소재의 온도를 낮게 한다.
  ③ 롤의 직경을 크게 한다.
  ④ 압하량을 크게 한다.
  ⑤ 재료의 두께를 크게 한다.

3. 압연재의 압입조건

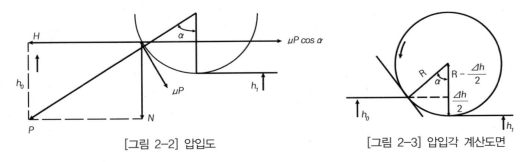

[그림 2-2] 압입도   [그림 2-3] 압입각 계산도면

그림에서 $P\sin\theta$는 재료를 뒤로 잡아당기는 힘이고, $\mu P\cos\theta$는 재료를 앞으로 보내는 힘이다. 재료가 통과되려면, $\mu P\cos\theta \geqq P\sin\theta$ ∴$\mu \geqq \tan\theta$ 이어야 한다.

  μ : 롤 면과 재료 사이의 마찰 계수

① $\mu > \tan\alpha$에서 롤과 소재의 마찰계수는 압입각의 tan값보다 크지 않으면 안 된다. 이때 마찰각을 ϕ라 하면 $\mu = \tan\alpha$에서 $\tan\alpha = \phi \rightarrow \alpha < \phi$

243

② α < φ에서 압입각은 마찰각 이하가 되지 않으면 안 된다.

압입각 계산법은 $\frac{\Delta h}{2} = \frac{h_0 - h_1}{2}$

$\therefore \tan\Omega ≒ \frac{\sqrt{R \ \Delta h}}{R \ \Delta h / 2}$

압입각은 열연에서 칠드롤의 경우 14~20°, 샌드롤은 22~30°

4. 압입에 영향을 주는 요소

① 롤의 직경이 크면 압입이 용이하다.
② 소재의 두께가 작으면 압입이 용이하다.
③ 롤의 표면거칠기 정도가 크면 마찰계수가 커 압입이 용이하다.
④ 압연속도가 늦으면 압입이 용이하다.
⑤ 압하율이 작으면 압입이 용이하다.
스케일(Scale)이 많으면 미끄러져 마찰계수가 작아지므로 치입성이 저하한다.

5. 선진과 후진

압연재의 진입속도와 진출속도는 롤의 주속도와는 다르다.
공형형상이 다르더라도 압연재의 체적은 패스 전이나 패스 후가 동일하다면, 패스 후에 단면이 작게 되면 속도는 달라진다. 이때 압연재의 속도가 롤의 주속도와 일치하는 점을 중립점이라고 한다.
압연재가 압입시 입구에서는 주속도보다 늦고, 출구에서는 빠르다. 전자를 후진 현상이라고 하며 후자를 선진 현상이라고 한다. 압연되는 재료가 처음에는 롤의 주속도보다 느리게 롤에 물려 들어가지만 롤을 나올 때는 롤의 주속도보다 빠른 속도로 되는 현상을 말한다.

선진율 = $\dfrac{\text{강재의 진출속도 - 롤의 주속도}}{\text{롤의 주속도}} \times 100[\%]$

선진율, $\psi = \dfrac{V_1 - V}{V} \times 100[\%]$

V : 롤의 주속도 V_1: 출구의 재료속도

V < V₁ 증가율 $V = \dfrac{V_1 - V}{V} \times 100[\%] = (\dfrac{V_1}{V} - 1) \times 100[\%]$이다.

또한 전진율은 연속압연기에서 플라잉시어(Flying Shear) 설계에 중요하고 전진 현상은 롤의 마모의 원인이 된다.

그림에서 A: 압연롤, B: Shear A와 B사이에서 전진현상으로 A의 주속도보다 빨라져 B의 속도를 적절히 계산하여야 한다. 그림 2-4 Shear 원리이다.

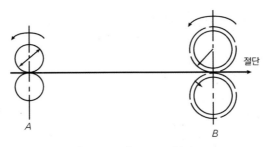

[그림 2-4] Shear 원리

6. 중립점

전진현상이 발생할 때 전진 슬립(Slip)이 생기고 후진 현상이 발생할 때에는 후방 슬립이 생기나 중립점에서는 전혀 슬립이 없고 롤의 주속도와 재료의 통과 속도가 동일하다. 중립점을 중심으로 입구 및 출구에서는 최대치로 점점 커진다.

롤의 주 속도는 어디에서든지 일정하나, 압연재의 통과 속도는 차차 빨라진다. 따라서 A와 B 사이에 어딘가에 롤 면과 같은 속도로 움직이는 점을 중립점 또는 등속점(No-Slip Point)이라 한다.

익힘 문제

1. 압하율을 크게 하는 방법을 설명하여라.

2. 연신량($\ell_1 - \ell_0$)를 크게 하려면 다음과 같이 하면 된다.

3. 증폭량($B_1 - B_0$)를 크게 하는 방법은 다음과 같이 하면 된다.

4. 압입에 영향을 주는 요소를 설명하시오.

5. 선진율을 구하는 공식을 설명하시오.

Chapter

03 ≫ 열간 압연

제1절 열간압연의 설비

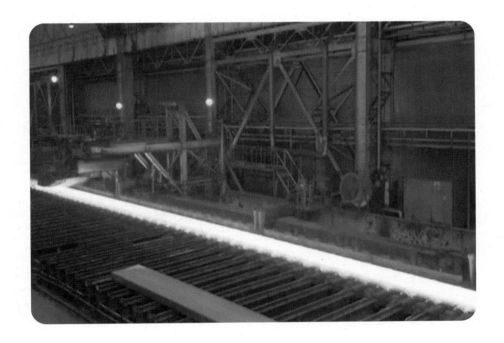

1. 압연기

가. 압연기의 구조

압연기는 보통 롤이 장착된 롤 스탠드, 롤의 회전력을 감속시키는 감속기, 롤의 회전력을 전달하는 피니언 및 전동기로 구성되어 있다. 그림 3-1은 열간 압연기의 구조이다.

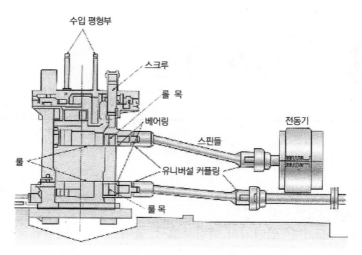

[그림 3-1] 압연기의 구조

1) 롤

롤(Roll)은 압연기에서 가장 중요한 부분이다. 직접 소재에 하중을 가하는 롤 몸체(Roll Body), 몸체를 지탱해 주는 롤 목(Roll Neck), 구동력을 전달하는 이음부(Wobbler)의 세 부분으로 되어 있으며, 롤의 형상에 따라 제품의 모양이 결정된다. 롤을 각 기준에 따라 분류하면 표 3-1과 같다.

[표 3-1] 롤의 형상 분류

분 류	종 류	특징 및 용도
형상에 따라	평 롤	평판 압연용
	홈 롤	각종 형재의 압연용
재질에 따라	주철 롤	사형 롤과 금형 롤이 있으며 최근에는 구상 흑연 주철 롤이 많이 사용되고 있다.
	강철 롤	주강 롤과 단강 롤 등이 있다.
	합금강 롤	크로뮴(Cr), 니켈(Ni), 몰리브덴(Mo) 합금강 롤 등이 있으며, 주로 박판 및 냉간 압연에 사용된다.

롤의 재료가 지녀야 할 성질 중 가장 중요한 것은 강도와 내마멸성으로서, 단조 가공된 단강 롤이 가장 품질이 좋다. 롤은 압연 중 높은 열을 받기 때문에 열팽창에 따라 롤 중앙부가 볼록하게 되거나, 소재의 너비가 롤 몸체 부분보다 좁기 때문에 압연력이 롤의 가장가리에 가해져 롤이 휘는 것을 고려하여 설계하여야 한다.

2) 롤 스탠드

롤 스탠드(Roll Stand)는 압연기의 핵심부로서, 롤이 설치되어 압연 가공이 이루어지는 곳이다. 롤은 하우징으로 지지되는데, 롤 하우징에는 밀폐형과 개방형이 있다. 밀폐형은 롤의 조립을 측면에서 하는 것으로 분괴 압연기와 같은 대형 압연기에 사용되며, 개방형은 하우징 윗부분의 캡을 열고 롤을 집어넣도록 되어 있어서 롤의 교환이 편리하다.

3) 구동 설비

① 구동 전동기: 보통 압연기의 동력원은 직류 전동기가 사용된다. 속도의 조정이 필요하지 않은 경우에는 3상 교류 전동기가 사용된다.
② 스핀들(Spindle): 전동기로부터 피니언(Pinion)과 롤을 연결하여 동력을 전달하는 설비이다. 유니버셜 스핀들, 연결 스핀들, 기어 스핀들 등이 있다.
③ 피니언(Pinion): 동력을 각 롤에 분배하는 기구이다. 최근에는 주로 상하부 롤을 개별적으로 구동하는 방식이 쓰이고 있다.
④ 감속기: 전동기의 동력은 감속기를 거쳐 피니언에 전달된다.

나. 롤의 배치 형식

2단, 3단, 4단, 5단, 6단 및 다단식으로 분류하고 있다. 그림 3-2는 롤의 형식과 특징이다.

롤의 배치	특 징	주용도
(2단식)	가장 오래된 형식인데, 풀오버 압연기로서 발달하였다. 그 후에 전동기, 변속 장치의 진보로 가역식으로 되었다.	분괴 압연기, 열간 조압연기, 조질 압연기
(3단식)	상하부 롤이 같은 방향, 중간 롤이 반대방향 으로 회전한다. 재료는 기계적 승강 테이블 또는 경사 테이블을 사용하여 아래쪽에서 위쪽의 패스로 옮긴다.	라우드(Lauth)식 3단 압연기(중간 롤이 작은 지름)
(4단식)	현재 가장 많이 사용되고 있다. 넓은 폭의 대강 압연에 적합하다.	후판 압연기, 열간 완성 압연기, 냉간 압연기, 조질 압연기, 스테켈식 냉간 압연기

롤의 배치	특 징	주용도
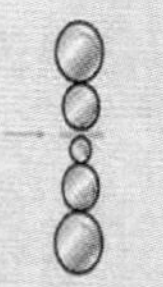 (5단식)	큰 지름의 받침 롤 상하부 2개, 작은 지름의 작업 롤 1개, 중간 지름의 롤 상하부 2개로 구성되어 있다. 넓은 폭에서 특히 폭 방향판 두께가 균일화하기 쉽다. 작은 지름 롤의 이용 효과 이외에 롤축에 의한 크라운 교정이 유효하다.	1960년 미국 J & L Corp.에서 실용화 되었으며, 데라 압연기(냉간 압연기)라고 한다.
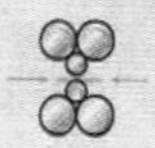 (6단식)	단단한 재료를 얇게 압연하기 위하여 작업 롤을 다시 작은 지름으로 하고, 폭 방향의 롤의 휨을 방지하여 판 두께의 균일화를 꾀한다.	클러스터 압연기(cluster, 냉간 압연기)
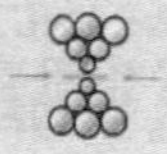 (다단식)	규소 강판, 스테인리스 강판의 압연기로서 많이 사용된다. 압하력은 매우 크며, 생산되는 압연판은 정확한 평행이다.	센지미어 압연기(냉간 압연기)
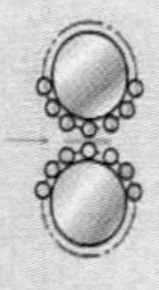 (유성 압연기)	상하부 받침 롤의 주변에 각 20~60개의 작은 작업 롤을 유성상으로 배치하여, 단단한 합금 재료의 열간 스트립 압연을 1패스로 큰 압하가 얻어져 작업 롤의 표면거칠기가 경미하다.	센지미어식 유성 압연기(받침 롤 구동), 프래저식 유성 압연기(받침 롤 고정, 아이들 슬리브부 중간 롤이 있음. 작업롤에 조입된 게이지가 구동된다.), 단축식 유성 압연기(센지 미어식의 상부를 아이들이 큰 지름 롤 또는 오목면 고정판으로 한 것)

[그림 3-2] 롤의 형식

다. 윤활 개소

1) 주요 개소의 윤활

압연기의 주요 윤활 개소는 롤 베어링, 하우징, 압하 장치, 피니언 스탠드와 감속기, 테이블 급유, 그 밖의 보조 설비 급유이다. 이들에 사용되는 윤활 개소와 윤활유의 예를 표 3-2에 나타내었다.

[표 3-2] 윤활의 특징

기계 명칭	윤활 개소	윤활 법	윤활 유
롤링 밀	롤 목 베어링 (슬라이딩 베어링)	그리스(충전)	열연: 호트목 그리스
			내연: 콜드 목 그리스
	롤 목 베어링 (롤링 베어링)	그리스	3호 컵 그리스
			3호 극압 그리스

기계 명칭	윤활 개소	윤활 법	윤활 유
롤링 밀	피니언 기어	순환식	450 디젤 엔진유
			B 700 디젤 엔진유
			2종, 4~5호 기어유
			2종, 6~7호 기어유
		유욕, 스플래시	2종, 4~5호 기어유
	피니언, 목 베어링	강제 적하	450 디젤 엔진유
로드 밀	롤 목 베어링	롤링 밀에 준한다.	450 디젤 엔진유
		강제 적하	450 디젤 엔진유
	피니언, 피니언 목 베어링	순환식	450 디젤 엔진유
			B700 디젤 엔진유
			2종, 4~5호 기어유
			2종, 6~7호 기어유
		유욕, 스플래시	2종, 4~5호 기어유

라. 구동 장치

1) 스핀들

전동기로부터 피니언 또는 피니언과 롤을 연결하여 동력을 전달하는 것으로 주강 또는 단강제이다. 스핀들은 형식상 유니버셜 스핀들, 연결스핀들, 기억 스핀들의 세 종류로 분류한다.

가) 유니버셜 스핀들

분괴, 후판, 박판 압연기 등에 많이 사용되는데, 분괴 압연기에서는 경사각이 7~8°에 이르며, 고속 대강 압연기에서는 1° 이하로 한다.

나) 연결(Wobbler)

스핀들 롤 축 간 거리의 변동이 적고 경사각이 1~2° 이내의 경우에 사용된다.

다) 기어 스핀들

연결 부분이 밀폐되어 내부에 윤활유를 유지할 수 있으므로 고속 압연기에 사용되어 경사각 2° 이하가 보통이다. 스핀들이 대형이거나 긴 경우에는 캐리어로 중간을 유지한다. 그림 3-3은 스핀들의 구분이다.

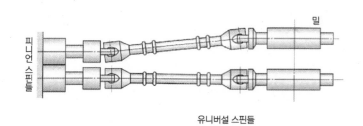

유니버설 스핀들

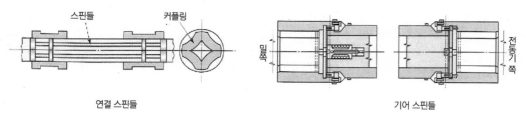

스핀들   커플링

연결 스핀들   기어 스핀들

밀쪽   전동기쪽

[그림 3-3] 스핀들의 구분

2) 피니언

동력을 각 롤에 분배하는 기구는 2단 또는 4단 압연기에서는 2개의 기어, 3단 압연에서는 3개의 기어로 되어 있다. 롤의 구동은 일반적으로 2단 및 4단 압연기에서는 롤을, 3단 압연기에서는 중간 또는 하부 롤을 구동한다. 지금은 상하부의 롤을 개별적으로 구동하는 스윙 드라이브 방식이 널리 쓰이고 있다. 그림 3-4는 피니언 치차 장치이다.

3) 감속기

전동기의 동력은 감속기를 거쳐 피니언에 전달된다. 감속비는 분괴 압연기에서 1/12 정도이고, 열간 대강 완성 압연기에서는 1/5~1/1, 냉간 대강 압연기에서는 0.7~1/2의 범위이다. 그림 3-5는 모터와 감속기이다.

[그림 3-4] 피니언 치차 장치

[그림 3-5] 모터와 감속기

4) 구동 전동기와 구동기구

가) 구동 전동기

압연기의 원동력은 일반적으로 직류 전동기가 이용되는데, 속도 조정이 필요하지 않은 경우에는 3상 교류 전동기도 사용된다. 일반적으로 연속 배열되는 1개의 전동기에 의해서 가능하다. 연속 배열에서 단독 구동의 경우에는 같은 규격의 전동기가 사용된다.

나) 구동 기구

전동기의 회전력은 커플링이나 스핀들에 직접 또는 전동기 뒤에 직결되어 있는 기어를 통하여 전달된다. 전동기에서 전달된 회전력은 2개의 상하부 롤을 분할하여 직접 구동하는 기구가 많이 이용되고 있다.

2. 부대설비

가. 공형 설비

공형 설비로는 롤러 테이블, 리프팅 테이블과 틸팅 테이블, 강괴 장입기, 추출 장치, 강괴 전도기, 기중기, 코일 반송 설비 등이 있다.

1) 롤러 테이블

롤러 테이블(Roll Table)은 구동되는 롤러를 비치한 통로로서, 그 위로 압연재가 반송된다. 일반적으로 롤러 테이블은 작업용과 반송용으로 분류 된다.

가) 작업용 롤러 테이블

이것은 압연기의 바로 앞뒤 부분에 설치되어 있어, 압연 작업을 할 때 압연재를 롤에 보내고, 패스 후에는 압연재를 받아 내는 일을 한다.

나) 반송용 롤러 테이블

압연재를 가열로에서 압연기로 반송하거나 압연기에서 절단기 또는 다음 압연기로 반송할 때 사용된다.

나. 리프팅 테이블과 틸팅 테이블

3단식 압연기에서는 압연재를 하부 롤과 중간 롤의 사이로 패스한 후, 다음 패스를 위하여 압연재를 들어 올려 중간 롤과 상부 롤의 사이로 넣어야 하는데, 이러한 역할을 하는 장치에

리프팅 테이블(Lifting Table)과 틸팅 테이블(Tilting Table)이 있다.

이들 장치의 원리는 그림 3-6과 같이 어느 고정점을 기준으로 회전하여 필요한 위치로 올린다.

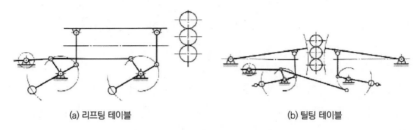

(a) 리프팅 테이블　　　　　　　　(b) 틸팅 테이블

[그림 3-6] 리프팅과 틸팅 테이블

1) 회전 및 반송

이것은 먼저 압연재를 압축할 위치가 되도록 회전시키고, 다음에 그 압연재를 압연 방향에 대하여 옆에 있는 다음의 공형으로 이송하는 역할을 한다. 2개의 조작은 필요에 따라 별개 또는 동시에 조작한다.

다. 강괴 장입기

가열로에 압연재를 연속적으로 밀어 넣는 설비이다. 압연재인 강괴, 블룸 및 빌릿은 대체로 기중기에 의해 가열로의 장입 쪽에 있는 장입대에 놓여지고, 거기서부터 장입기로 압연재를 가열로 속으로 밀어 넣는다. 강괴 장입기는 크랭크 또는 래크 피니언식으로서 전동, 유압 또는 수압으로 움직인다. 가열로를 비우든지 또는 반 정도만 장입하기 위하여 장입봉은 될 수 있는 대로 길게 하는 것이 좋다.

라. 추출 장치

가열된 강편을 가열로에서 밖으로 추출하는 장치를 강편 추출 장치라 한다. 빌릿과 같이 단면이 작고 길이가 긴 압연재는 롤러 테이블 또는 구동 롤러로 반송하여 가열로의 옆에서 장입되고 가열로 내의 이동은 강편 장입기에 의하여 이송된다.

마. 강괴 전도기

균열로 안에 장입한 강괴를 균열하기 위해서, 스트리퍼 크레인으로 균열로에서 수직으로 인출하여 분괴 압연기의 어프로치(Approach) 테이블로 이송시키는데, 어프로치 테이블 위에 강괴를 놓기 위하여 강괴를 수직 방향에서 수평 방향으로 전도시킬 때 사용하는 장치를 강괴 전도기라 한다.

바. 기중기

압연 공장에서 압연기 및 설비의 배치와 특성에 따라서 여러 가지 기중기가 있다. 즉 집는식 기중기, 저장소용 또는 적재용 기중기, 마그네틱 기중기 등이다.

사. 냉각상

냉각상은 열상이라고도 하는데, 압연기에서 온 압연재를 전 횡단면에 걸쳐 일정한 냉각 속도로 동시에 냉각하는 역할을 한다. 이때, 압연재는 압연 속도와 냉각 속도를 위한 수송 속도 간의 균형을 만들기 위해 압연 라인에 대하여 경사로 보내진다.

이와 같은 냉각상의 구조에는 여러 가지가 있는데, 냉각상의 여러 가지 구조는 각 압연기의 특성에 따라 결정된다.

아. 코일 반송 설비

코일 반송 설비로는 벨트 컨베이어, 체인 컨베이어, 워킹 빔 및 훅 컨베이어 등이 사용된다. 훅 컨베이어는 훅을 와이어에 단단히 묶어 그 훅이 레일 위를 이동하도록 되어 있는 장치이다. 또한, 적열 상태에 있는 선재 코일이 도출 장치에 의하여 냉각된다. 대강 코일은 수직, 수평 어느 쪽으로도 반송될 수 있다.

자. 전단 설비

1) 전단기

전단기(Shear)는 재료를 냉각상의 길이로 절단하거나 판의 가장자리 절단 및 슬릿 절단하거나 압연재를 운반 가능한 길이로 절단하기 위하여 압연 공장 내에 설치되어 있다. 전단기는 전단되는 재료의 온도에 의해서 열간 전단기, 냉간 전단기로 구분하여, 그 구조도 각각 다르다. 또 그 용도에 따라 강괴용, 강판용, 작은 봉용, 판용 전단기 등으로 구분한다.

그리고 전단기의 날에는 평행날, 경사날, 원형날 등이 있다. 그림 3-7은 저속으로 움직이는 압연재를 절단하는 데 사용하는 전단식 전단기의 구조를 나타낸 것이다.

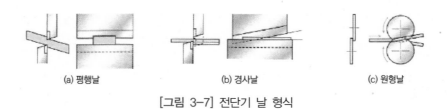

[그림 3-7] 전단기 날 형식

가) 톱

직각의 절단면이 요구될 때, 열간, 냉간 압연재의 절단에 톱이 이용된다. 톱을 사용할 때의 결점은 재료의 칩으로 인한 손실이 생기고, 절단 능률이 낮다는 점이다.

차. 교정설비

교정기로는 교정 프레스, 형강용 롤러 교정기, 판용 롤러 교정기, 경사 롤러 교정기 등이 있고, 권취 설비에는 선재용 권취기, 대강용 권취기 등이 있다.

1) 교정 프레스

교정 프레스나 롤러 교정기는 압연재에 굴곡을 가할 때 소성 변형을 일으키는 것을 이용하여 교정하게 되어 있다. 대개의 경우 크랭크 프레스를 사용하는 교정 프레스는 수평으로 조정할 수 있는 2개의 하부 앤빌과 크랭크의 구동에 의해 작동하는 상부 앤빌로 구성되어 있다.

2) 형강용 롤러 교정기

형강용 롤러 교정기는 강성이 높은 프레임에 교정 롤러가 2열로 배치되어 있는데, 그림 3-8과 같이 1열의 롤러는 상부에, 다른 1열의 롤러는 하부에 있다. 그리고 롤러는 교정 작용을 하기 위하여 통과하는 강재가 상하로 휠 수 있도록 배치되어 있다.

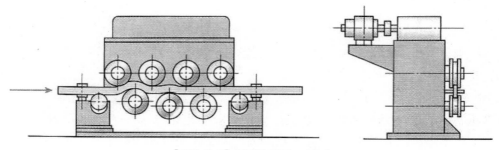

[그림 3-8] 형강용 롤러 교정기

3) 판용 교정기

판용 롤러 교정기에서는 판을 교정할 때에 교정 롤러의 휨을 방지하기 위하여 받침 롤러 (Back-up Roller)가 설치되어 있다.

4) 경사 롤러 교정기

원형 단면을 가지는 압연 제품의 교정에는 주로 경사 롤러 교정기가 사용된다. 피교정재는 회전되면서 휨 또는 압축력이 가해져 똑같이 교정된다.

5) 연신 교정기

압연재를 교정할 때에는 탄성 한계 이상으로 연신하여 교정한다. 그림 3-9는 연신교정기의 구조이다.

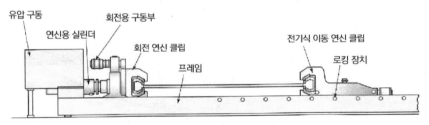

[그림 3-9] 연신기의 구조

카. 선재용 권취기

1) 에덴본(Edenborn)식 권취기

권취기로 원주 12 이하의 선재를 고속 압연할 때 사용된다. 그림 3-10은 에덴본식 권취기의 구조이다.

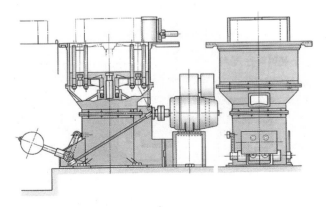

[그림 3-10] 에덴본식 권취기

2) 가렛(Garret)식 권취기

권취기로 원주 40까지의 선재를 권취하는데 적합하다. 그러나 최대 권취 속도는 15m/s로 제한되어 있다. 이 경우 압연재는 완성 압연 속도로 회전하고 권취 버킷(Bucker) 안으로 들어간다. 그림 3-11은 가렛(Garret)식 권취기의 구조이다.

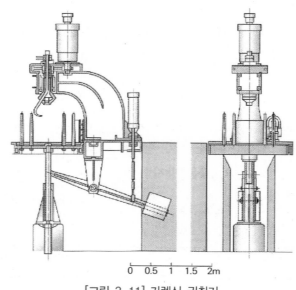

0 0.5 1 1.5 2m

[그림 3-11] 가렛식 권취기

3) 스크랩 권취기

선재 압연 공장에서는 스크랩(Scrap) 권취기가 사용된다. 이것은 불량품이 발생할 때 발생한 스크랩을 코일로 권취하기 위하여 쓰인다. 그림 3-12는 스크랩 권취기의 구조이다.

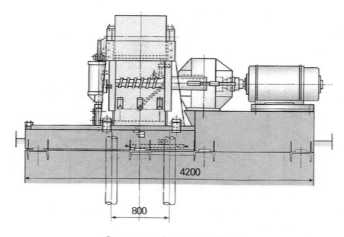

[그림 3-12] 스크랩 권취기

타. 대강용 권취기

1) 대강 권취기

열간이나 냉간에서 사용되는 대강의 권취기는 일반적으로 맨드릴(Mandrel)이 조합되어 있다. 맨드릴은 장력을 걸어 권취 할 수 있으므로 대강의 유도가 잘 되며, 가장자리의 손상이 감소되고 간격이 없이 코일이 감긴다. 권취가 끝난 후에 권취 드럼이 축소되면, 대강을 분리하는 장치에 의하여 권취 드럼에서 분리된다. 그림 3-13은 대강 권취기의 구조이다.

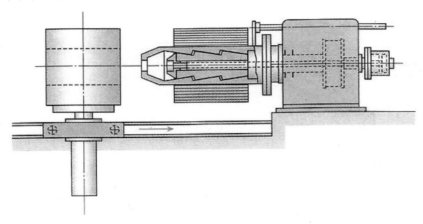

[그림 3-13] 대강 권취기

2) 열간 대강용 권취기

열간 대강용 권취기를 나타낸 것이다. 여기에는 모든 경우의 권취에서 최초나 최후에 대강을 유도할 수 있는 가동 압착 롤이 장비되어 있다. 그림 3-14는 열간 대강용 권취기의 구조이다.

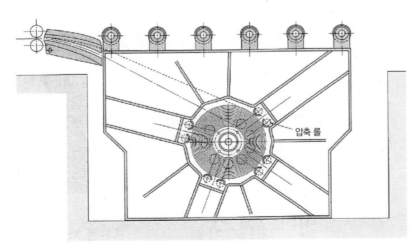

[그림 3-14] 열간 대강용 권취기

259

3) 냉간 대강용 권취기

냉간 대강용 권취기는 엔들리스 벨트(Endless Belt)를 갖춘 권취기이다. 여기서 엔들리스 벨트는 압축 롤러의 역할을 하게 되며, 또한 대강을 적당한 힘으로 드럼을 말아 붙이는 역할을 한다. 권취 드럼은 세그먼트(Segment)로 구성되어 있는데, 권취 후 권취 드럼의 지름은 처음부터 넓혀져 있는 세그먼트의 축소에 의하여 작게 되며, 코일은 분리 장치에 의해 처리된다. 권취 드럼의 간격에 압연재를 넣어 클램프(Clamp)를 하는 옛날의 방식은 오늘날 두꺼운 대강의 가역 때 압연기에 사용된다.

3. 열간압연의 공정 설비

가. 가열로(Reheating Furnace)

제강으로부터 이송된 소재를 예열대, 가열대 균열대로 구성 약 1,200℃ 가열시켜 적정 온도 유지하며 소재의 산화 방지와 내·외부의 온도 균일 및 응력이 되지 않도록 노 내 분위기 조정한다.

나. 스케일 제거기(VSB: Vertical Scale Breaker, RSB, HSB)

가열로에서 가열된 표면에 생긴 산화철의 피막 형성을 제거하고 스케일을 분쇄 고압수로 제거한다.

다. 조압연기(Rough Mill)

1차로 거칠게 압연하며 일반적으로 4개의 밀로 구성되어 있고, 코일 폭 조정을 위해 모서리(Edge)가 밀의 입측부에 부착되어 압연기 전후에 디스케일(Descaling)설비가 있다.

라. 에지 히터(Edge Heater)

폭 방향의 온도가 냉각에 의하여 강하됨을 방지하기 위하여 가장자리 부분을 가열하고 모서리(Edge)와 중심(Center)의 온도를 균일하게 한다.

마. 크롭시어(Crop Shear)

조압연에서 나온 바(Bar), 상부(Top) 및 하부(Tail)를 절단하여 사상압연기의 취입과 통판을 좋게 하기 위한 설비이다.

바. FSB(Finish Scale Breaker)

마무리하기 전 2차 스케일 완전 제거하며 사상압연기 전면에 설치되어 Bar 표면에 붙어있는 2차 Scale을 제거하기 위하여 고압수를 분사하는 장치이다.

사. 사상압연기 = 완성압연기 = 마무리 압연(Finishing Mill)

조압연에서 압연된 재료(Bar)는 6~7 스탠드가 연속적으로 배열된 사상압연기에서 최종제품 판 두께로 압연하며, 사상압연의 공정에서의 작업성이 제품의 치수, 형상 품질에 크게 미치므로 세심한 조업 관리가 요구되고 판 크라운 제어능력의 향상, 형상제어능력의 향상의 목적으로 Work Roll Shift, Pair Cross 등 형상 압연기가 있다.

아. 루퍼

스탠드 사이에서 재료에 일정한 장력을 주어 각 스탠드간 압연상태를 안정시키고 제품 폭과 두께의 변동을 방지하며 사이드 가이드 Strip을 권취기로 유도하는 장치(가운데로, 조압연, 사상압연, 권취 앞)이다.

자. 런 아웃 테이블(Run Out Table)

사상압연 출측에서 권취기 사이에 있는 테이블로서 테이블 내에 라미나 플로우가 설치되어 권취 온도까지 냉각시킨다.

차. 핀치 롤(Pinch Roll)

굴곡이 심한 코일의 척(Top)부분과 끝(End)부분을 편평하게 펴주어 통판이 잘 되도록 하는 보조장치이다.

카. 권취기(Down Coiler)

완성압연기에서 압연된 열연강판을 맨드릴에 감아 코일 상태의 열연 코일을 생산한다.

타. 전단 · 절단

길이 방향의 폭이 좁은 슬리터(Slitter)나 박판(Strip) 상태로 풀어서 전단기에서 폭 방향으로 전단하여 시트(Sheet) 만든다.

제2절 열간압연의 제조

열간압연은 압연 가공에서 재료의 재결정온도 이상에서 작업하는 것이며 생산 제품에 따라
차이가 있으나 슬래브의 경우 가열로 → 스케일 제거(VSB=RSB=HSB) → 폭압연 → 조압연
→ 에지히터 → 크롭시어 → 2차 스케일 제거 → 다듬질압연(사상압연=Finishing Mill) → 냉각
→ 런 아웃 테이블 → 핀치롤 → 권취 → 권취(다운코일러) → 전단·절단 및 출하의 과정을
거쳐 수요자가 요구하는 형상과 치수 및 기계적 성질을 갖춘 제품을 생산한다. 그림 3-15는
열간 압연 공정의 생산 흐름도이다.

열간압연은 반제품을 압연하기에 적당한 온도인 1,100~1,300℃ 정도로 가열한 후 원하는
두께와 폭으로 압연하는 과정이며 열연 강판은 자동차, 건설, 조선, 파이프, 산업기계 등 전
분야에 중요한 소재이다. 열간 압연 공정을 거쳐 완성된 제품은 그대로 제품으로 활용하거나
일부는 냉연 공장에서 가공하여 다양한 제품으로 생산 된다.

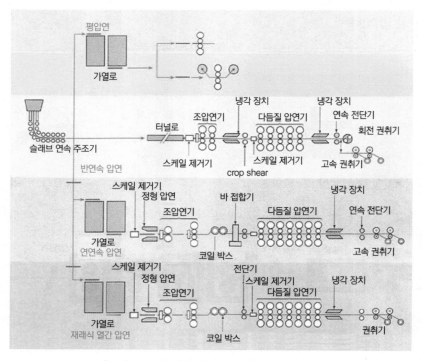

[그림 3-15] 열간 압연 공정의 생산 흐름도

1. 판재류 열간압연

가. 가열로(Reheating Furnace)

제강 공장으로부터 공급된 두꺼운 슬래브를 얇게 만들기 위해서 압연 작업이 쉽게 이루어지도록 열을 가하는 공정으로, 가열로는 예열대, 가열대, 균열대로 구성된다. 가열로는 입구로부터 출구로 이송되는 동안에 약 1,200℃로 가열시켜 주며, 적정 온도를 유지해준다.

나. 스케일 제거(Descaler)

가열로에서 장시간 슬래브를 가열하다 보면 제품 표면에 스케일이 발생한다. 가열된 슬래브의 표면에 발생한 스케일은 산화철의 피막으로 이것을 제거하기 위해 고압의 물을 뿌려 제거하는 장치이다. 즉, 가열로에서 나온 슬래브를 수직형 롤(Roll)에서 약간의 압하율로 압연하여 스케일을 분쇄하고 고압의 물에 의해 제거하는 과정이다.

스케일이 있는 상태에서 작업을 하면 제품의 완성도가 떨어지기 때문에 이를 제거하는 것이다.

다. 조압연기(Roughing Mill)

조압연기는 소재인 슬래브를 사상 압연에 알맞은 두께로 제품 수치에 따라 1차로 단면적(두께+폭)이나 두께를 감소시키는 압연과정이다.

라. 다듬질 압연기(Finishing Mill)

사상 압연기라고도 하는 이 설비는 조압연기에서 슬래브가 압연되어 만들어진 소재를 다시 이 압연기에서 연속 압연하여 상품의 최종 두께 및 폭으로 압연하는 설비이다.

마. 권취기(Down Coiler)

다듬질 압연기에서 압연되어 ROT를 통해 운반 된 열연 강판을 권취용 핀치 롤을 통하여 멘드릴(Mandrel)에 감아 코일 형태로 만들어 주는 설비이다.

바. 절단(Shear)

코일을 소재로 하여 상하 환도로 구성된 슬리터(Slitter)에서 길이 방향으로 절단하여 폭이 좁은 코일 형태인 강대를 만들거나, 코일을 다시 스트립 상태로 풀어서 전단기(Flying Shear)에서 폭 방향으로 전단하여 시트(Sheet)를 만드는 과정이다.

2. 중, 후판 압연

가. 중, 후판의 압연 공정

중후판의 압연 작업은 가열된 압연재를 롤의 간극을 점차 좁히면서 몇 번에 걸쳐 왕복 압연하여 소정의 치수로 만들고, 압연된 판을 다시 교정기에서 평탄하게 교정한 다음, 원하는 길이로 절단하여 완성한다. 최근에는 4단식 압연기가 많이 사용되며, 두께 6mm 이하의 중후판 중에는 코일의 모양으로 감겨진 것도 있다.

중후판의 압연은 공정 계획에 따라 소재 공정, 압연 공정, 청정 공정을 거쳐 출하되며, 그 중 압연공정은 가열 작업, 압연 작업, 교정 작업, 전단 작업, 정정 작업 등으로 이루어진다.

후판의 제조 방법은 사용하는 압연 소재에 따라 강괴법과 강편법으로 분류하며, 분괴 공정이 필요 없는 강괴법은 공정이 간단하고 원가 측면에서 유리하여 아직도 일부 오래된 공장에서 사용되는 있다. 그러나 일반적으로 기술과 장비의 현대화에 따른 에너지 절감, 품질 향상 및 재료의 수율 향상 등을 위하여 신설 또는 합리화된 공장에서는 점차 강편법으로 전환하고 있다. 그림 3-16은 중후판 제조 공정도이다.

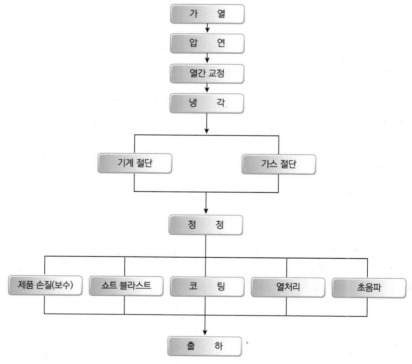

[그림 3-16] 중후판 제조 공정도

나. 중, 후판의 압연 소재

중후판용 소재의 재질은 규격, 용도에 따라서 결정되는데 탈산 형식별로 림드강, 세미킬드강, 캡드강, 킬드강으로 분류된다. 최근 용접성의 요구가 높아짐에 따라 림드강의 분야는 좁아지고 세미킬드강과 킬드강의 수요가 많아지고 있다.

3. 박판의 압연

두께 3mm 미만의 강판을 박판이라고 하는데, 열간 압연 제품과 냉간 압연 제품으로 구분한다. 대부분의 박판은 소재를 연속 열간 박판 압연기(Hot Strip Mill)에 의해 길이가 길고 폭이 넓은 광폭 대강(Hot Coil)으로 만든 후, 이것을 소정의 규격으로 절단하여 사용한다. 이것을 열간 압연 박판이라는 하는데 두께 1.2mm 이상으로 압연한다.

가. 열간 압연 박판의 제조 공정

저 탄소강을 주로 압연하는 연속식 열간 박판(Strip) 압연기에 의해 제조한다.

분괴 공정을 거친 슬래브는 연속 가열로에 장입된다. 가열로에서 소정의 온도로 가열된 슬래브는 산화 피막 제거 장치(VSB: Vertical Scale Breaker)와 조압연기를 통과하여, 가열로 내에서 발생한 1차 산화 피막이 제거되고 폭이 조정되어 두께 20~40mm의 바(Bar)로 만들어진다.

이어서 크롭 절단기(Crop Shear)와 사상 압연기(FSB: Finishing Scale Breaker)를 통과하면서 두께, 형상 및 완성 온도의 제어, 조정을 통해 소정의 제품으로 완성된다. 또, 박판(Strip)은 냉각 장치에 의하여 소정의 온도로 냉각된 다음 코일(Coil)로 감기고, 결속, 제품 표시, 칭량된 후 코일 야적장으로 운반된다. 코일은 제조할 때 두께 게이지, 폭 게이지, 각종 온도계에 의한 점검 및 표면 정도, 감기는 모양 등의 검사를 받게 된다. 그림 3-17은 열간 압연 박판의 공정도이다.

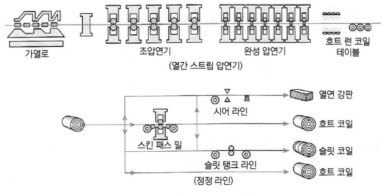

[그림 3-17] 열간 압연 박판의 공정도

265

나. 소재와 가열 작업

1) 소재

열간 압연 박판용 소재는 일반적으로 탄소 함유량 0.3% 이하의 저탄소강이 대부분이나 특수한 소재로서는 고탄소강, 스테인리스강, 규소강 등이 있다.

열간 압연 박판용 강괴의 종류에는 ① 림드강(캡드강 포함) ② 세미킬드강 ③ Mn, Cr, Ni, Nb, V, Mo 등 특수 원소를 첨가하는 실리콘 킬드강 ④ 탄소량 0.1% 이하인 킬드강 ⑤ 고규소 강판용(전자 강판용)강 등이 있다.

2) 가열 작업

가열 작업 목적은 압연용 소재인 슬래브를 능률적이고 경제적인 방법으로 알맞은 온도까지 가열하여 연속적으로 압연기에 보내는데 있다.

열간 박판 압연용 가열로로 종래에는 주로 100~150t/h 정도의 3대식 연속 가열로가 사용되었으나, 1960년경부터 대형의 5대식 연속 가열로가 사용되고 있다.

가열 작업에서 슬래브는 푸셔(Pusher)에 의해 가열로 안으로 장입되고 예열대와 가열대에서 위아래 버너에 의해 추출 온도 부근까지 가열된다. 여기서는 수랭 스키드(Skid)에 의한 스키드 마크(Skid Mark)가 크게 남아 압연 작업이나 품질에 영향을 끼치므로 균열대에서 스키드 마크를 감소시킨다.

가열, 균열된 슬래브는 추출 테이블 위로 보내져 조압연 공정에 들어간다. 소재가 추출되는 것은 장입구 쪽에서 새로운 소재가 푸셔(Pusher)에 의해 장입됨으로써 이루어지며, 이러한 작업의 반복으로 연속 가열 작업이 이루어진다.

연료는 중유나 가스가 사용되며, 필요한 공기는 연도에 부설된 예열기에 의해 400~450℃로 예열하여 버너로 보낸다. 연소 중 노 내 온도는 노 천장과 벽에 부설된 온도계에 의해 측정되며, 목표 온도에 도달하여 유지될 수 있도록 연료와 공기를 자동으로 조절하여 공급하게 되어 있다.

장입에서 배출까지의 승열 곡선과 가열로 내 각 구역의 온도 설정은 여기에 투입된 연료 비율로 예열대 65%, 가열대 25%, 균열대 10% 정도이고, 배출 때 슬래브 표면 온도는 1,250~1,300℃ 정도이다.

다. 가열로(Reheating Furnace)

가열로는 분괴 공장으로부터 조압연된 강편이나 연속 주조된 주편을 최종 제품으로 압연하기 위하여 목적 온도로 재가열하는 로를 말하며 제강으로부터 이송된 소재를 예열대, 가열대 균열대로 구성 약 1,200℃ 가열시켜 적정 온도 유지하며 소재의 산화 방지와 내, 외부의 온도 균일 및 응력이 되지 않도록 노 내 분위기 조정한다.

1) 푸셔식 가열로

푸셔식은 노 내의 강편(슬래브, 빌릿)을 푸셔에 의하여 장 입구에 밀어 넣어 장입하고 출구로 배출하는 것으로, 가열 재료의 두께, 푸셔 능력에 따라 노 길이가 제한된다. 구조는 사용 목적에 따라 여러 가지가 있는데, 그림 3-18은 능률이 낮거나 가열재가 작거나 얇은 것에 사용되는 노의 구조를 나타낸 것이다.

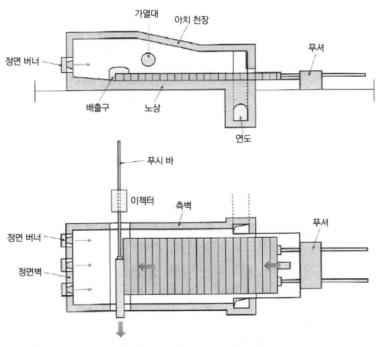

[그림 3-18] 푸셔식 가열로

2) 워킹 빔식 가열로

워킹 빔식은 노상이 가동부와 고정부로 나누어져 있고, 이동 노상이 유압, 전동에 의하여 상승 → 전진 → 하강 → 후퇴의 과정을 거치는 구형 운동 기구를 이용하여 재료 사이에 임의의 간격을 두고 반송시킬 수 있는 연속로이다. 여러 가지 치수의 재칠의 것도 가열할 수 있으며, 치수는 같으나 재질이 다른 경우에는 일정한 사이를 두어 재질을 쉽게 구분할 수 있다. 그림 3-19는 워킹 빔식 가열로의 구조인데, 노의 상부는 푸셔로와 같다.

노 하부에 있는 가동부는 가열재의 치수에 따라 15~300초에 1회씩 이동된다. 재료를 장입할 때에는 0.5~20mm 정도의 일정한 간격을 두고, 재료의 3방면에서 가열되도록 한다.

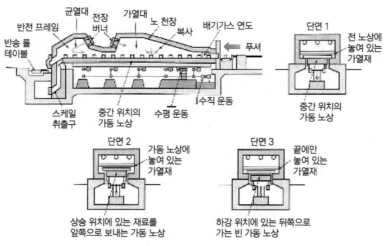

[그림 3-19] 워킹 빔식 가열로

3) 스키드

가) 스키드 마크

압연재는 가열로의 스키드 위에서 가열되며 가열로에서 배출되면 스키드에 접한 부분은 가열 분위기를 직접 접하지 못하여 암적색으로 된다. 이것을 스키드 마크라고 하며 압연 할 때 변형저 항으로 판두께 편차가 발생한다.

나) 스키드

수랭 스키드와 핫 스키드(Hot Skid)가 있고, 3대식 가열로에는 수랭 스키드가 설치되며, 5~6대식 가열로에는 핫 스키드가 사용되고 있다. 핫 스키드의 경우 압연재가 냉각수 파이프와 단열재로 차단되어 있으므로 종전의 수랭 스키드에 비하여 균열이 용이하고 스키드 마크도 줄어 든다. 그림 3-20은 스키드의 단면도이다

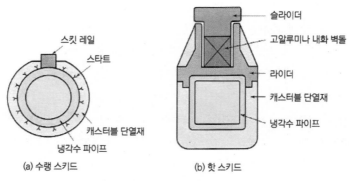

(a) 수랭 스키드   (b) 핫 스키드

[그림 3-20] 스키드의 단면도

라. 열간 압연 작업

각종 열간 박판 압연기 중에서 전연속식 열간 박판 압연기는 가장 능률이 좋아 대량생산에 적합하며 5~6대의 조압연기, 6~7대의 완성 압연기, 2~3대의 권취 등으로 구성되어 있다.

전연속식 열간 박판 압연 설비 중 조압연기를 1대의 가역식 조압연기로 줄여 사용하는 것을 반연속식 열간 박판 압연기라 하며, 그 외에 2대의 가역식 압연기를 배치한 것과 1대의 가역식 조압연기와 비가역식 압연기를 배치한 것 등이 있다. 그림 3-21은 조압연기 모형도이다.

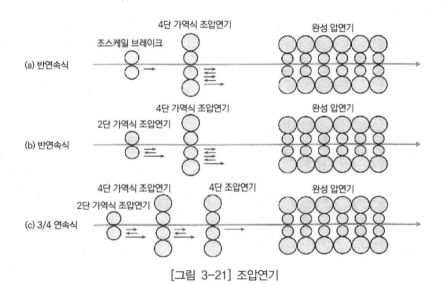

[그림 3-21] 조압연기

1) 조압연과 산화물의 제거

가열로에서 배출된 슬래브는 산화물을 제거한 다음 여러 대의 조압연기에 의하여 소정의 두께 (25~40mm)로 압연된다. 조압연기의 설치 대수는 사용하는 슬래브의 최대 두께에 따라 다르나 5~6대가 보통이다. 앞쪽 2~3대의 조압연기는 압연재가 쉽게 물려 들어가도록 하기 위하여 지름이 큰 작업 롤(1,000~14,000mm)을 사용한 2단식 압연기가 많고, 뒷부분의 압연기는 압 연 압력이 커야 하므로 4단식으로 한다. 또 압연의 고속화에 따라 테이블 사이의 거리를 좁히기 위한 방법으로 그림 3-22와 같이 최종 압연기는 2대를 근접 배치(Close Couple)하고 있으며, 이 경우는 구동 전동기를 직류 전동기로 하여 속도 제어를 하고, 스탠드 사이에는 루퍼(Looper) 를 설치한다.

열간 압연 중에 고온의 압연재 표면에 발생하는 산화 피막을 처리하는데, 이 처리가 불충분하면 제품 표면에 산화 피막이 남거나 흠이 발생해 불량품 발생의 원인이 된다. 산화 피막을 제거 하기 위해서는 100~150kg/cm²의 고압수가 살수되는데, 수압이 높을수록 효과는 증가하지만 시설비가 많이 들고 유지가 어렵다.

2) 사상압연

조압연이 완료된 압연재는 사상압연기로 보내진다. 사상 압연기 입구에는 크롭시어(Crop Shear)가 설치되어 있고, 압연재의 전 후단을 100mm 정도 절단하는데, 이것은 압연재 전 후단의 불규칙한 부분을 잘라 내고 저온부를 제거하여 박판이 롤 사이를 원활하게 통과할 수 있도록 돕기 위해서다. 최근에는 압연재의 전 후단을 각각 절단하여 2단 절단 방식이 개발되어 압연 작업의 생산성이 높아졌다. 압연재의 표면 산화 피막을 제거하고 전 후단의 절단이 끝나면 6~7대의 사상 압연기를 통과시켜 제품 치수로 압연한다. 사상 압연기는 4단 압연기를 5.5m 정도의 간격으로 나란히 배치한 것이며, 속도 제어 때문에 직류 전동기가 사용된다. 스탠드사이에는 사이드 가이드(Side Guide)와 스트리퍼(Stripper)가 설치되어 압연기를 안내하는 역할을 한다. 또 각 스탠드 사이의 압연재 장력 제어를 위해 루퍼(Looper)가 설치되어 있다. 그림 3-22는 사상 압연기의 구조이다.

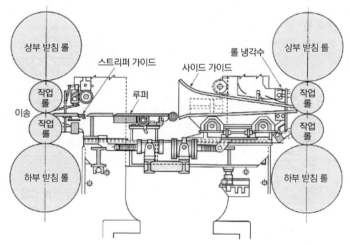

[그림 3-22] 사상 압연기 스탠드간 설비

3) 권취 작업

사상 스탠드를 나온 박판은 런 아웃 테이블(Run Out Table)을 통해 권취기에 감기게 된다. 이 테이블 위의 강판은 냉각수 스프레이(Spray)에 의해 일정한 권취 온도까지 냉각된다. 그림 3-23에서 보는 바와 같이 박판의 끝이 코일에 안내되면, 먼저 핀치 롤 사이에 물리게 되어 핀치 롤의 지름 차이와 그 압력에 의해 아래쪽으로 굽혀지면서 맨드릴과 루퍼(Looper) 사이에 말려 들어가게 되고, 루퍼 롤의 회전에 따라 박판은 맨드릴의 주위에 감기게 된다. 이때 맨드릴에 직결된 전동기는 전류 제어로 박판에 장력을 주면서 코일을 감아준다.

박판의 끝이 사상 압연기를 벗어나게 될 때는 핀치 롤 전동기의 역기전력으로 권취 장력을 유지한다. 코일의 권취 과정이 끝나면 맨드릴을 축소시켜, 코일 카(Coil Car)로 코일을 꺼내어 컨베이어 또는 크레인에 의해 다음 공정으로 반송된다. 권취기는 일정한 주기로 운전되며, 대부분의 설비가 자동화되어 있다.

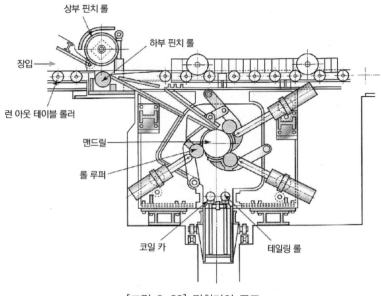

[그림 3-23] 권취기의 구조

4. 조강류 열간 압연

가. 선재 압연

선재는 열간 압연을 하는 강재 중에서 가장 소형이며 선재 공정은 사각형 단면인 빌릿을 고온에서 선재 압연기에 있는 20~33개의 공형 롤(Grooved Roll)을 연속적으로 통과시켜 단면적을 줄여서 다양한 크기의 원형 단면 제품을 생산하는 것이다. 그림 3-24, 25는 선재 압연의 원리와 공정이다.

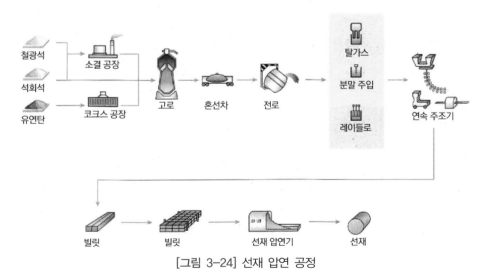

[그림 3-24] 선재 압연 공정

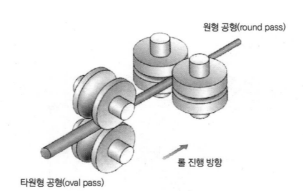

원형 공형(round pass)

롤 진행 방향

타원형 공형(oval pass)

[그림 3-25] 선재의 압연 원리

나. 봉과 형강의 압연

환봉, 육각봉, I-빔과 같은 구조용 형상, 채널(Channel), 철도 레일 등(그림 3-26)은 형상을 가진 롤에 의해서 열간 압연하여 대량 생산하고 있다. 주괴로부터 블룸(Bloom)으로 만드는 과정에서 형상을 제어하기 위해서 형상 롤을 사용하는 형태의 공정이다

봉재를 압연하는 압연기를 봉재 압연기 혹은 상용 압연기(Merchant Mill)라 부른다. 봉재 압연기는 빌릿을 공급하는 장치, 봉을 뒤집는 장치, 그리고 그것을 다음 단에 공급하는 장치 등을 가지고 있다.

형강 압연에 사용되는 압연기는 롤의 표면에 단면의 모양을 형상화한 공형 압연기와 유니버셜(만능) 압연기가 있다.

형강을 압연하는 경우에는 너비 방향으로와 변형을 억제하고 원하는 모양의 단면을 얻기 위해여, 상하 롤 사이에 공형을 만들어 이들 공형에 순차적으로 통과시켜서 압연한다.

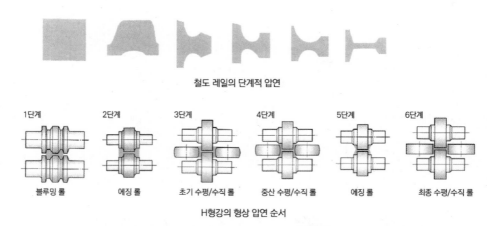

철도 레일의 단계적 압연

1단계	2단계	3단계	4단계	5단계	6단계
블루밍 롤	에징 롤	초기 수평/수직 롤	중산 수평/수직 롤	에징 롤	최종 수평/수직 롤

H형강의 형상 압연 순서

[그림 3-26] 철도 레일의 단계적 압연과 H형강의 형상 압연 순서

5. 강관류 열간압연

강관(Pipe)은 가스, 물, 기름, 증기 등의 액체를 수송하거나 용기로 사용되는 길고 좁은 형상이다. 관을 제조하는 방법에는 주조, 단조, 압연, 압출 및 인발 등 다양한 방법이 있다. 압연에 의하여 제조되는 강관은 대형 수송관, 가스관, 송유관 등에 사용된다. 강관 생산 공정(그림 3-27)은 원자재인 열연 강판을 규정한 폭으로 절단하고, 성형 롤(Forming Roll)을 거쳐 용접을 한 후 비드를 제거하고 정형 롤(Sizing Roll)에서 바깥지름을 규정된 치수로 정형한다. 이후 절단, 조관 검사를 거쳐 교정기에서 직선도를 교정하고 수압시험을 거친다.

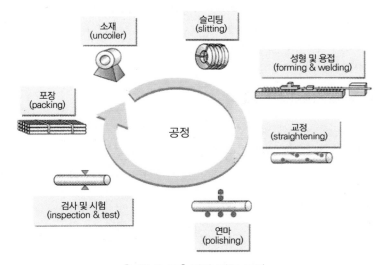

[그림 3-27] 강관 제조 공정

가. 전기 저항 용접법(ERW)에 의한 강관제조

강대를 상온에서 조관 롤(roll)에 의해 관 상태로 성형하고, 접합부를 전기 저항에 의한 발열을 이용해서 용접하여 조관하는 방법이다.

나. 단접법에 의한 강관 제조

강대를 약 1,400℃로 가열하여 접합 부분을 성형 롤(Forming Roll)로 압착시켜 강관을 제조하는 방법이다.

다. 스파이럴(Spiral)강관 제조

대구경관을 생산할 때 쓰이며, 강대를 나선형으로 감으면서 아크 용접하는 방법으로 외경

치수를 마음대로 선택할 수 있고 강도가 높다. 그림 3-28은 스파이럴(Spiral) 강관 제조의 공정도이다.

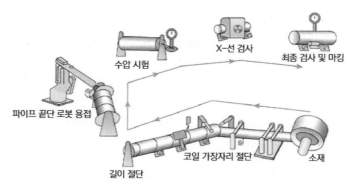

[그림 3-28] 스파이럴(Spiral) 강관 제조

라. 롤 벤더(Roll Bender)강관 제조

롤 벤더 강관은 후판을 규격에 맞게 절단한 다음 용접할 부위 단면을 밀링 가공한 후 롤 벤딩 기계로 원형 상태로 성형한다. 원형 상태에서 가접을 한 다음 내외면 용접을 실시한 후 각종 시험을 거쳐 완성한다. 그림 3-29는 롤 벤더(Roll Bender) 강관 제조 공정도이다.

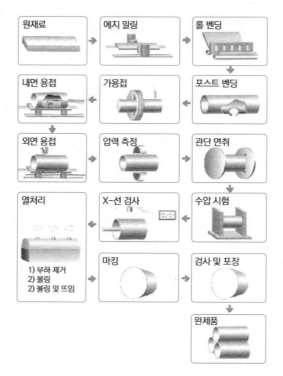

[그림 3-29] 롤 벤더(Roll Bender) 강관 제조 공정

마. 무계목 강관(Seamless Pipe)제조

원주에 이음매가 없는 강관으로서 특수 빌릿(Billet)에 구멍을 뚫은 다음 소재를 가열하여 압연 과정을 거쳐 생산한다. 무계목 강관은 건설, 건축, 기계 구조용 및 화학 석유 화학용으로 많이 사용된다. 그림 3-30은 무계목 강관 제조 공정이다.

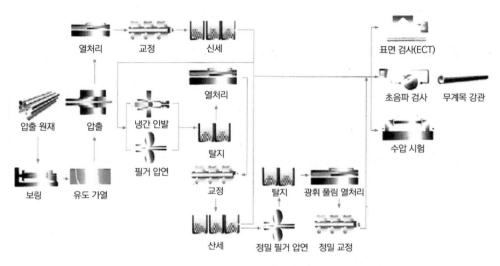

[그림 3-30] 무계목 강관 제조 공정

익힘 문제

1. 퓨셔식 가열로의 대하여 설명하시오.

2. 유니버셜 스핀들에 대하여 설명하시오.

3. 라미나 플로우에 대하여 설명하시오.

4. 스파이럴(Spiral) 강관 제조에 대하여 설명하시오.

5. 조압연(Roughing Mill)에 대하여 설명하시오.

04 > 냉간압연

제1절 냉간압연의 개요

　냉간 압연 강판(Cold Rolled Steel Sheets, CR, 냉간 강판)은 열연 코일을 압연재로 하여 표면 스케일을 제거하고 상온에서 압연한 후 풀림(Annealing)과 조질 압연을 거쳐 생산된다. 냉연 강판은 열연 강판에 비하여 두께가 얇고 정밀도가 우수하며 표면이 미려하고 평활하며 가공성이 좋다.

　이러한 특성에 따라 자동차, 가전기기, 가구, 사무용품, 차량, 건축 등에 직접 사용되거나 아연, 알루미늄, 주석, 크롬 등의 도금용 원판으로 사용한다.

일반적인 냉간 압연 공정은 다음과 같으며, 스케일 제거와 냉간 압연 공정이 연속으로 진행되고 청정, 연속 풀림, 조질 압연, 권취, 전단 등이 동시에 진행되기도 한다.

열연코일 → 언코일러 → 루퍼 → 산세 → 수세 → 냉간압연(RCM) → 알칼리전해 → 온수세 → 루퍼 → 풀림 → 루퍼 → 조질압연 → 코일러

1. 압연재 별 냉간 압연

가. 냉연 코일 및 냉연 강판 제조 공정

열연 코일을 냉간 압연하여 냉연 코일과 냉연 강판을 만드는 공정은 그림 4-1과 같다.

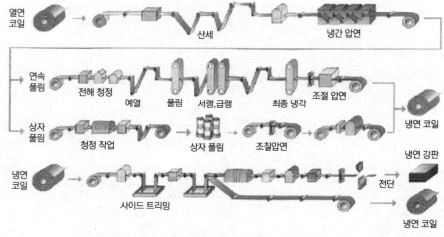

[그림 4-1] 냉연 코일과 강판 제조 공정

나. 극박판 스테인리스 강판 제조 공정

두께가 0.02~1.0mm의 극박판 스테인리스 강판은 하드디스크, 휴대전화 등 정보 기술 관련 분야와 에너지, 의료, 전자 등 다양한 산업 분야의 핵심 부품 소재를 사용하고 있으며 그 수요가 크게 증가하고 있다. 그림 4-2는 극박판 스테인리스 강판 제조 공정도이다.

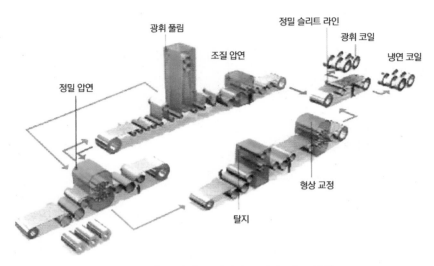

[그림 4-2] 극강판 스테인리스 강판 제조 공정

다. 전기 강판 제조 공정

그림 4-3은 방향성 전기 강판(Gain Oriented Electrical Steel) 제조 공정을 나타낸 것이다.

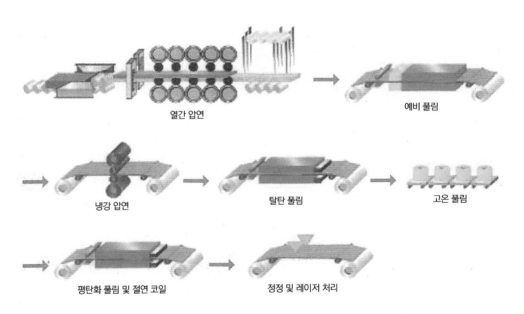

[그림 4-3] 전기 강판 제조 공정

라. 스케일 제거 작업

열간 압연 과정에서 생긴 산화 스케일은 최종 제품의 표면 결함의 원인이 된다. 따라서 염산 (HCl) 등을 사용하여 화학적인 방법으로 산화 스케일을 제거하는 작업을 하는데, 이와 같은 작업을 산세라고 한다.

열연 코일은 스케일 브레이커 및 염산 용기를 통과하면서 산화 피막이 제거된다. 이러한 과정에서 수소(H_2)가 강중에 흡수되어 수소 메짐의 원인이 되므로 주의하여 한다.

1) 산세 작업

① 열연 코일 표면의 산화막을 제거한다. 기계적 방법은 열연 강판을 밴딩시켜 스케일을 제거한다. 화학적 방법은 염산이나 황산을 사용하여 화학적으로 스트립의 스케일을 제거한다.
② 열연 코일을 규정 폭으로 절단한다.
③ 코일의 대형화, 연속화를 위하여 열연 코일을 용접한다.
④ 불량 부분을 제거한다.
⑤ 산세한 제품에 보조 윤활을 목적으로 오일을 도장한다.

2) 스케일의 형성과 조직

냉간 압연의 재료가 되는 열연 코일은 사상 압연에서 약 800℃ 이상에서 열간 압연하기 때문에 그 표면에는 철과 산소의 화합물인 산화 스케일이 발생한다. 스케일이 있는 상태에서 냉간 압연을 하면 스케일이 압입되어 표면 재질이 거칠고 제품의 미관이 손상된다.

또한 아연, 주석 등의 도금성과 에나멜 등의 도장성을 해치게 되며 심가공(Deep Drwing) 등이 곤란하므로 압연재 표면의 스케일을 제거해야 한다.

일반적으로 스케일은 철강의 열처리 중에 생긴 검고 단단한 피막을 말하며 575℃ 이상에서 생성된 고온 스케일과 575℃ 이하에서 생성된 저온 스케일이 있다.

3) 산세법의 스케일 제거 원리

열연 코일의 코온 스케일은 판 표면부터 갈철광(Wistite: FeO), 자철광(Magnetite: Fe_3O_4), 적철광(Hematite: Fe_2O_3)의 3층으로 되어 있으며 상층일수록 산화도가 높은 스케일로서 경도가 높고 연성이 적다.

염산 산세의 경우, 상층부 스케일 층과 반응이 매우 빠르고 표면층부터 점차 용해되어 산화제일철 층에 도달하며 철과의 반응은 느리다. 따라서 산세 전에 스케일을 기계적으로 파괴하는 공정을 생략할 수 있다.

황산 산세의 경우, 상층부 산화 스케일 층의 반응이 매우 느린 반면 산화제일철과 반응하여 산세가 진행되므로 산세 전에 상층부 산화 스케일 층에 기계적으로 균열을 주어, 그 틈새로

황산이 침투되도록 해야 한다. 표 4-1은 염산 및 황산 산세법의 비교이다

[표 4-1] 염산 및 황산 산세법의 비교

구분	염산 산세법	황산 산세법
산세 원리		
반응	$Fe + 2HCl \rightarrow FeCl_2 + H_2$ (수소가스발생) $FeO + 2HCl \rightarrow FeCl_2 + H_2O$ $Fe_2O_3 + 6HCl \rightarrow 2FeCl_3O + 3H_3O$ $Fe_3O_4 + 8HCl \rightarrow FeCl_2 + 2FeCl_3 + 4H_2O$	$Fe + H_2SO_4 \rightarrow FeSO_4 + H_2$ $FeO + H_2SO_4 \rightarrow FeSO_4 + H_2O$ $Fe_2O_3 + H_2SO_4 \rightarrow Fe_2(SO_4)_3 + 3H_2O$ $Fe_2(SO_4)_3 + H_2 \rightarrow 2FeSO_4 + H_2SO_4$

4) 스케일 제거 능력

① 산종의 영향은 염산이 황산의 2/3 정도 산세 시간이 짧다.

② 산 농도의 영향은 농도가 높을수록 산세 능력이 향상된다. 염산의 경우 10% 이상이 되면 산세 능력이 약해진다.

③ 온도의 영향은 온도가 높을수록 산세 능력이 향상된다.

④ 철분의 영향은 황산의 경우 철분이 증가함에 따라 산세 능력이 저하되고, 염산은 철분 농도가 증가함에 따라 산세 능력이 커지지만 $FeCl_2$의 석출 한계 농도 부근에서 급격히 저하된다.

⑤ 강종의 영향은 규소 강판 등 특수 강종일수록 산세 시간이 길어진다.

⑥ 열간 압연조건의 영향은 권취 온도가 높을수록 산세 시간은 길어진다.

⑦ 스케일 브레이크(Scale Breaker)의 영향은 황산의 경우 스케일 브레이크가 필수 설비지만 염산의 경우에도 상당한 효과가 있다.

5) 산세 작업과 품질

염산을 이용한 산세 라인(Pickling Line)은 열연 코일의 표면 산화철을 염산 용액으로 제거하여 균일하고 깨끗한 은백색의 표면과 수소 가스로 인한 표면 경화 현상이 일어나지 않은 제품을 생산할 수 있다. 그림 4-4는 산세 냉간 압연 공정이다.

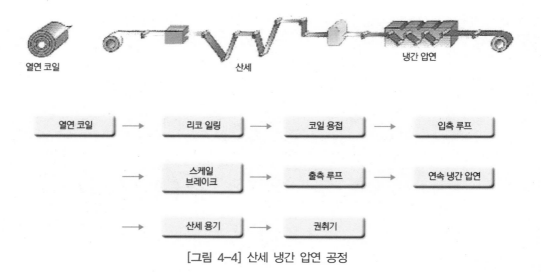

[그림 4-4] 산세 냉간 압연 공정

마. 새로운 스케일 처리 기술

1) 기계적 스케일 처리법

산을 이용한 스케일 제거 방법은 폐산 처리 문제, 라인 정지시 품질 문제, 시설비투자 비용 문제 등이 있어서 산을 사용하지 않고 스케일을 제거하는 방법이 개발되고 있다.

가) 쇼트 블라스트법

쇼트 블라스트(Shot Blast)법은 작은 입자의 강철 쇼트나 그리드(Grid)를 분사하여 스케일을 기계적으로 제거하는 작업이다.

폭이 좁은 열간 압연 강판에 사용되며 생산성에서는 산세법에 비하여 떨어지지만, 설비가 간단하고 큰 장소를 필요로 하지 않으며, 산액의 공급, 폐산 처리 설비가 없어도 된다.

나) 연삭 공구법

그라인드(Grind)와 같은 연삭 공구법이 일부 실용화되고 있다.

2) 기타 산세법

초음파를 이용한 초음파 산세는 수소 취성이 적고 산세 시간이 단축되며 전해 산세는 전해에 의해 발생되는 수소에 의해 환원 작용과 방출되는 수소의 상승력으로 산액을 교반해서 스케일을 박리한다.

제2절 냉간압연 작업

1. 스케일 작업

가. 산세 제품의 품질 결함

산세 공정에서 작업이 불량한 경우에 발생하는 결함 명칭과 다음 공정에 미치는 영향은 표 4-2와 같다.

[표 4-2] 산세 공정의 결함과 영향

구분	결함 영향		발생 원인 및 기구
	장해 공정	발생 결함	
산세 불량	냉간 압연	게이지(Gauge) 불량판 파단	소재 표면의 사상 분균일로 압연할 때 마찰계수 변동
	정정	외관 불량	스케일 잔존
용접불량	냉간압연	판 파단	용접부의 취약으로 압연할 때 발생
	공통	톱귀	사이드 트림머(Side Trimming) 불량
		폭 불량	사이드 트림머(Side Trimming) 불량
	냉간 압연	판 파단	제강 분괴, 열간 압연 요인 결함 검사 부족
		권취 불량	EPC 작동 불량 및 라인 센터링(Line Centering) 조업이 불량할 때 발생
		게이지 불량	도유량의 불균일
		이물 흠	크롭 시어(Crop Shear) Alc 사이드 트리머 조업이 불량할 때 발생되는 칩(Chip)에 의해 발생
	정정	핀홀(Pin Hold)	원판 흠 및 심한 스트레치(Scratch)부에 발생
		게이지 부량	권취 불량 및 도유 부족 시 압연재 면과 면이 접촉하여 발생
		긁힌 흠	각 테이블 및 롤러와 불균일 접촉할 때 발생

나. 폐산 처리

염산 탱크에서 사용된 염산과 철이 결합된 상태의 폐산은 산 회수 설비를 통하여 고온의 노 내에서 환원 처리하여 염산과 산화철을 분리한다.

이를 통하여 재생된 염산은 다시 염산 탱크로 보내져 사용한다.

1) 폐염산 처리의 원리

폐염산 처리에는 배소 방식, 가열 증발 방식, 가수분해에 의한 방법 등이 있다. 이 중 배소법은 폐염산을 고온으로 가열한 배소로에 공급하여 수분을 증발한 후 염화철을 산소와 반응시켜 산화

제이철(Fe_2O_3)과 염화수소(HCl)로 열분해 시킨다.

- 반응식: $4FeCl_2+4H_2O+O_2 \rightarrow 2Fe_2O_3+8HCl$

고온의 배소로 가스는 집진 장치에서 미세한 산화제이철(Fe_2O_3)를 제거하고, 가스냉각재(Gas Cooler)에서 냉각한 후 염산 흡수 탑에서 염화수소 가스(HCl Gas)를 물에 용해시켜 약 18%의 재생 염산으로 만든다.

2) 폐염산 처리와 품질

재생산된 염산은 97~98%의 효율로 회수되며 3가 철이온(Fe^{3+})의 함유량은 적을수록 좋다.

염산 회수 장치에서 대기로 배출되는 가스는 공해 방지를 위해 철저하게 관리되어야한다. 폐가스 중의 염산은 5ppm 이하, 산화제이철은 $0.2g/Nm^2$ 이하로 관리한다.

폐수 처리는 중화 처리장에서 일관 처리하며 중화 처리 능력은 pH 4 이상, 철 성분은 1,000ppm 이하로 관리한다.

회수 장치에서 회수된 산화 제이철은 순도가 높고 용도에 따라 고가에 판매할 수 있다.

2. 냉간 압연작업

가. 냉간 압연 작업

냉간 압연은 산세가 끝난 열연 코일을 상온에서 소정의 두께로 압연하여 두께를 얇게 하고 매끈하고 치밀한 표면을 얻으면 기계적 성질을 조정한다.

보통 연속식 4단 압연기가 많이 사용되며, 압하율은 40~90% 정도이다.

냉간 압연 공정의 주요 과제는 균일한 두께와 형성을 제어하는 것으로, 자동 두께 제어, 자동 형성 제어 등의 첨단 제어기기 및 최선 프로세스 컴퓨터 등을 이용하여 제품을 생산하고 있다.

냉간 압연기는 하나의 롤 스탠드(Roll Stand)에 있는 롤 수에 따라 분류되며, 사용 목적에 따라 2단 압연기부터 센지미어 압연기까지 선택하여 사용한다.

예를 들면, 폭 500mm 이하 제품의 압연은 2단 압연기만으로도 가능하지만 자동차용 강판이나 용기용 냉연 강판의 압연은 4단 또는 6단 압연기가 필요하다.

또한 스테인 리스 강판, 전기 강판, 고합금강과 같이 변형 저항이 높은 재료나 두께 정밀도가 아주 높은 극박판일 경우에는 클러스터 압연기(Cluster Mill) 또는 센지미어 압연기와 같은 다단식 압연기가 필요하다.

1) 연속식 압연기의 냉간 압연 작업

연속식 냉간 압연은 3~6대의 압연기를 순열로 하여 코일을 한 번에 통과시켜 압연하는 방법으로 능률적이고 대량 생산에 적합하다. 제품의 질이 양호하며 압연 속도는 1분간 약 2,000m 정도로 박판을 대량으로 압연 할 수 있다.

연속식 냉간 압연기(Tandem Cold Mill)는 3~4개의 스탠드를 갖춘 후판용 압연기와 5~6개의 스탠드를 갖춘 박판용 압연기가 있다.

압연 작업은 우선 언코일러에서 풀리는 압연재를 저속으로 유지하여 롤의 간극을 소정의 값으로 고정한 압연기에 차례로 물리게 하면서 권취기까지 보낸다. 압연재가 권취기에 감기면서 소정의 장력이 확보된다. 압연기 사이의 장력, 감기는 장력 등에 이상이 없으면 각 압연기는 압하 스케줄에 따라 조정된 속도비를 가지면서 가속되어 정상 압연 속도에 도달하게 된다. 가속 중에 각 장력, 판 두께 및 형상의 변화가 생길 때에는 필요한 수정 작업을 해야 한다.

또한 정상 압연 중에도 압연재의 변화에 따른 압연 상황 변화에 유의해야 하며, 압연재의 표면 결함 및 산세 과정에서 용접된 부분이 통과할 때에는 사고를 방지하기 위해 감속이 필요하다.

코일의 최종 부분에서도 압연기를 감속하여 끝맺음을 한다. 압연된 코일은 권취기에 감긴 후 코일 카에 의해 다음 공정으로 보내진다. 그림 4-5는 연속식 냉간 압연 공정도를 나타낸 것이다.

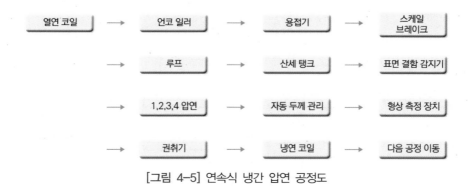

[그림 4-5] 연속식 냉간 압연 공정도

3. 청 정

청정 작업은 냉간 압연 후 압연재의 표면에 부착된 압연유, 기계유, 철분, 기타 오염 물질을 물리적 화학적 방법으로 제거하기 위해 세정하는 공정이다.

세정 방법에는 용제, 알칼리, 계면 활성제 등을 사용하는 화학적 세정 방법과 침적, 브러시, 스프레이, 전해, 초음파 등을 이용하는 물리적 세정 방법이 있다.

세정이 불충분한 경우에는 풀림 처리 후 오염물이 탄화물로 잔존하여 외관을 손상시키고 다음 공정에서 불량의 원인이 된다. 특히 주석 도금 등의 표면 처리 강판의 경우에는 표면에 얼룩을 만들기도 하고 내식성을 나쁘게 한다.

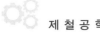

유지계 압연유가 사용된 압연 코일을 그대로 풀림할 경우 강판 표면에 잔류한 유지류가 불완전 연소되어 탄화물이나 오염물을 강판 표면에 남겨 표면 미관을 손상시킬 뿐만 아니라 다음 공정에서 문제를 발생시킨다.

압연 클린(Mill Clean)용 압연유를 사용한 압연 코일은 청정 공정을 거치지 않고 바로 풀림에 투입할 수 있다.

가. 청정 작업 공정

냉연 강판의 세정 공정은 알칼리액 침적→스프레이→브러싱→전해 세정→수세→건조 등으로 구성되어 있으며, 알칼리 탱크와 전해 탱크에는 수산화나트륨이나 규산나트륨이 5~30g/L의 농도와 70~90℃의 온도로 사용된다. 여기에 미량의 계면 활성제가 첨가되면 압연 강판 표면의 동식물유는 알칼리에 의한 비누화 반응, 광물유는 계면 활성제에 의한 유화 및 분산 작용에 의해 제거된다.

전해 용기에는 액 중에 전극이 설치되어 있어 압연 강판을 극으로 하는 전기 분해가 이루어지며 이때 발생되는 수소와 산소가스의 교반 작용이 알칼리 세정을 보조해 준다.

최근 청정 설비는 생산성 향상을 목적으로 고속화되고 있으며 환경과 관련하여 세정 폐액 처리에 대해서도 새로운 기술이 요구되고 있다.

그림 4-6은 냉연 강판의 청정 공정 및 외부 설비를 나타낸 것이다. 청정 공정의 구성은 입측 공정, 세정 공정, 온수 세정 공정, 출측 공정으로 나눌 수 있다.

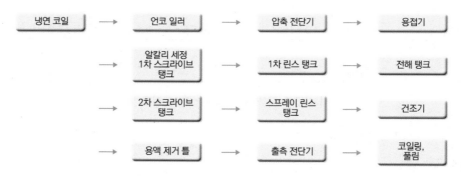

[그림 4-6] 냉연 강판의 청정 공정 및 외부 설비

1) 입측 공정

입측 공정에는 페이 오프 릴과 심 용접기가 있다.

2) 세정 공정

세정 장치에는 화학적 탈지 장치와 전기 기계적 탈지 장치가 있다.

가) 알칼리 세정 작업

알칼리 세정(Alkali Cleaning)은 냉연 강판을 알칼리염(규산나트륨)과 미량 첨가된 계면 활성제가 들어 있는 알칼리 세정 용기를 통과 시켜 비누화 작용과 유화 작용을 일어나게 하여 냉연 강판 표면에 있는 유지류를 제거하는 화학적 탈지 작업이다.

나) 전해 세정 작업

전해 세정(Electrolytic Cleaning)은 냉간 강판을 전기 전도도가 높은 세정액내에서 2개의 전극 사이를 통과시키면서 물을 전기 분해하여 판의 표면에 산소와 수소를 발생시키고 발생된 기포로 판의 미세한 요철부의 유막을 제거하는 전기 기계적 탈지 작업이다.

다) 온수 세정 작업

온수 세정 장치에는 브러시 스크러버(Brush Scrubber)와 린스 탱크(Rinse Tank)가 있다. 브러시 스크레버는 알칼리 세정 탱크 및 전해 탱크에서 완벽하게 제거되지 않고 냉연 강판 표면에 부착된 유지류를 판의 상하면에 뜨거운 물을 뿌리면서 고속으로 회전하는 브러시 롤로 판의 잔류 비누, 오물, 유지를 제거하는 작업이다.

린스 작업은 브러시 작업 후 온수를 뿌려 냉연 강판 표면에 잔류하는 오물을 제거한다.

3) 출측 공정

출측 장치에는 용액 제거 롤(Wringer Roll), 건조기(Dryer), 권취기(Tension Reel)가 있다

가) 용액 제거 롤 작업

용액 제거 롤은 고무를 입힌 롤로서 세정 탱크를 통과한 판의 수분 및 기타 용액에 압력을 가해 짜내는 방식으로 제거한다.

나) 건조 작업

건조 작업기는 100℃의 고온 건조한 공기를 판의 표면에 불어 수분을 제거하여 녹의 발생을 방지한다.

다) 권취기 작업

권취기는 압연 코일을 감거나 풀어 주고 코일에 적절한 장력이 걸리게 한다.

나. 청정 작업 관리

청정 작업은 독립된 청정 라인으로 된 것도 있지만 생산성 향상을 목적으로 연속 풀림 라인의 한 공정으로 구성되어 있는 경우가 많다.

1) 세제 종류

알칼리 탈지는 청정 공정의 주체를 이루고 있으며 세정제는 알칼리 단독으로 사용되는 경우도 있지만 세정 효과를 증가시키기 위해 계면 활성제와 혼합하여 사용한다. 압연재의 면에 부착된 유지는 동물유, 식물유와 광물유 등이 있는데, 동물유와 식물유는 비누화 작용으로 탈지를 한다.

광물유는 비누화 작업이 일어나지 않아 화학적으로 제거하기 어렵기 때문에 광물유의 분산성이 풍부한 규산소다계의 알칼리와 침투력, 분산력, 유화성이 풍부한 계면 활성제와의 작용에 의해 탈지가 된다.

사용되는 알칼리 세제로는 수산화나트륨($NaOH$), 규산나트륨($Na_2O \cdot SiO_2$), 인산나트륨(Na_3PO_4) 등이 있으며, 냉연 강판의 청정 라인에는 나트륨 성분이 많은 규산나트륨($2Na_2O \cdot SiO_2$)이 주로 사용된다.

2) 세제 조건과 세제 효과

동일한 세제를 사용하더라도 그 사용 조건에 따라 세정 효과는 달라질 수 있다.

가) 세정 농도와 세정 효과

농도를 올리면 세정 효과는 향상되지만 4% 정도가 상한선으로 그 이상 농도를 올려도 효과는 그다지 변하지 않는다.

나) 세정 온도와 세정 효과

규산나트륨은 세정 온도에 의해 세정성이 좌우되지만 활성제의 첨가에 의해 온도의 영향은 적게 받는다.

저온 탈지 첨가제를 넣을 경우 세정 온도가 낮은 범위($40\sim50℃$)에서도 작업이 가능하다.

다) 전류 밀도와 세정 효과

전기 밀도가 증가하면 세정성이 급격히 상승하고 실제 공정의 전류 밀도는 $5\sim40A/dm^2$ 정도이다.

3) 전기 청정 작업

전기 청정은 냉연 강판에 묻어 있는 작은 철분이나 그 밖의 불순물이 포함되어 있는 기름을 알칼리 세제와 스프레이나 브러시로 기름을 제거하거나 물이 전기 분해될 때 발생하는 산소나 수소 기포의 힘을 이용하여 기름을 완전히 제거하는 작업이다.

전기 청정 작업은 직류 발전기를 사용해서 냉연 강판을 1개의 전극으로 하여 전기 분해한다.

일반적으로 많이 쓰이는 것은 다극형 청정용으로 쓰이는 전해 용기를 사용한다.

냉연 강판의 극성을 음극(−)으로 하는 음극 청정과 양극(+)으로 하는 양극 청정의 두 종류가 있으며 전해통의 최종 전극을 어느 쪽으로 하느냐에 따라 청정 효과가 다르게 된다.

철분 등은 양극(+)으로 송전되어 있어 냉연 강판과 반발하므로 양극 청정으로 하는 것이 좋다.

보통 전극 수는 2~3조로 하며 전류 밀도는 양면에 3~10A/dm², 전압은 3~10V이고 총 전류는 4,000~8,000A에 다른다.

작업 중 전극에는 먼지나 기체가 부착되어 그리드와 용액 사이에 저항이 증가하게 되므로 적당한 시기에 극성을 바꾸어 주어야 한다.

4) 브러시 롤 관리

알칼리 세정액으로 유화하여 부풀어 있는 오염물을 냉연 강판 표면에서 분리시키는 기능은 브러시 롤 압하력에 크게 좌우되는 반면 압하력은 롤의 수명에 영향을 끼친다. 따라서 브러시 롤 압하력 관리와 점검을 철저히 하여 필요한 시기에 교체하여야 한다.

5) 린스 관리

린스(rinse) 관리상의 중요한 점은 수은, 수량, 분사 압력 및 수질이다. 수온은 세척성과 수질성의 측면에서 볼 때 높은 편이 좋으며 출구측의 사랑 린스의 온도는 85~90℃로 되어 있다.

사용 수량은 분사 용량, 적정 분사 압력에 의하여 결정되며 수질은 일반적인 경수가 사용된다.

6) 폐액 관리

공해 방지를 위하여 세정 폐액은 중화법에 의해 처리되어 폐기된다.

4. 풀림과 조질 압연

냉연 강판에 적절한 열처리를 하여 기계적 성질을 개선하여 가공성을 부여하는 풀림 공정과 풀림한 강판에 가벼운 냉간 압연을 하여 기계적 성질을 개선하고 형상 교정, 평활도, 표면 광택 등을 부여하는 조질 압연이 있다.

이 공정은 분리된 경우도 있으나 생산성 향상을 위하여 연속 풀림 공정과 같이 하나의 공정으로 되어 있는 것도 많다.

열간 압연 후 성장한 결정 조직은 냉간 압연에 의해 큰 변형을 받아 결정 조직에 내부 응력이 남게 된다. 이와 같이 가공에 의해 경도가 높게 되는 현상을 가공 경화라 한다.

풀림(Annealing)의 목적은 회복, 재결정 및 결정립 성장의 단계를 거쳐 내부 응력을 제거와 조직의 연화로 냉연 강판의 경도, 항복점, 인장 강도를 낮추고 가공성을 향상시키는 데 있다. 풀림 방식에는 배치식(Batch)과 연속식으로 나눌 수 있으며, 배치식 풀림에도 여러 가지 형태의 노(Furnace)가 있는데 노의 이동 여부에 따라 이동로와 정치로가 있다.

1970년대부터 상용화된 연속 풀림은 제품의 품질, 제조 원가, 생산성 등이 우수하여 많이 사용되고 있다.

가. 풀림 방식의 종류 및 특징

1) 배치 풀림

배치 풀림(Batch Annealing)은 냉간 압연 후 코일이 감긴 상태 그대로 풀림 하는 방식으로 설비의 형태 및 코일의 권취 상태에 따라 분류한다.

타이트 코일(Tight Coil) 풀림과 오픈 코일(Open Coil) 풀림이 있으며 코일을 팽팽하게 감은 상태로 풀림 하는 타이트 코일 풀림이 많이 사용되고 있다. 연속 풀림에 비해 열처리 조건의 조절이 쉬우므로 다양한 열처리 재질을 얻을 수 있는 장점이 있다.

균열 온도는 600~750℃ 범위이고 고온일수록, 균열 시간이 길수록 연신율이 증가하며 가공성이 향상된다.

2) 연속풀림

냉연 강판은 냉간 압연을 할 때 형성된 강판 내부의 응력 증가로 인해 경도가 높고 가공성이 떨어지므로 풀림로에서 600~850℃로 가열하여 일정 시간 동안 유지함으로써 재결정 현상에 의해 경도가 내려가고 가공성이 좋아진다.

연속 풀림은 전해 청정, 열처리, 조질 압연 및 청정 검사 기능을 결합하여 판 상태로 연속으로 처리함으로써 균일한 재질, 좋은 성형성, 적당한 강도를 얻을 수 있다.

또한 노 내에서 장력을 제어하기 때문에 판의 평활도가 좋으며 라인 출측에서 불량부를 제거할 수 있어 조질 압연 능력 및 실수율이 향상된다.

연속 풀림은 짧은 시간 동안 풀림을 하기 때문에 생산성 향상과 에너지 비용이 적다.

가) 화학 성분의 영향

연속 풀림은 단시간에 풀림하기 때문에 제품의 재질은 압연재의 화학 성분에 영향을 받는다. 림드강 및 캡드강에 영향을 주는 성분은 탄소, 규소, 황, 산소 등이며 알루미늄 킬드강에서는 탄소, 망간, 질소 알루미늄 등이 있다.

나) 열연 권취의 영향

연속 풀림에서 가공성이 좋은 강판을 제조하기 위해서는 열연 고온 권취가 필요하다. 열연 고온 권취의 목적은 냉연 재결정 때 탄소의 고용 지연, 황(MnS)의 적정 분산, 냉연 전의 결정립 조대화, 알루미늄 킬드강에서는 알루미늄을 석출시키며 질소를 고용하는 데 있다.

다) 풀림 가열 속도의 영향

연속 풀림의 가열 속도는 시간당 수만도(℃/hr)로 이러한 급속 가열의 경우에는 열연 고온 권취를 하므로 서서히 가열하는 배치식보다 성형성이 우수한 냉연 강판을 제조할 수 있다.

라) 풀림 온도의 영향

연속 풀림의 온도 범위는 재결정 온도에서 A3변태점까지지만 제품 특성에 맞는 최적의 온도로 한다.

마) 냉간 속도의 영향

가공용 연속 풀림 제품은 급속 냉각에 의한 고용 탄소 증가에 대한 대책으로 과시효 처리를 한다.

3) 풀림 공정

풀림은 냉연 강판의 재질을 좌우하는 중요한 공정으로 압연 방향으로 길게 연신되면서 변형된 결정 조직을 600~850℃로 가열하여 일정 기간 유지하면 변형 조직으로부터 새로운 결정립이 생성되어 성장하는 재결정 현상을 일어나게 하는 공정이다. 따라서 냉연 강판의 제품 종류에 따라서 풀림 온도, 풀림 시간, 승열 속도, 냉간 조건 등의 풀림 사이클이 결정된다.

가) 배치식 풀림 공정

코일을 베이스(Base) 상에 3~5단을 쌓고 그 위에 내부 덮개를 씌워서 외부 공기와 차단하여 덮개내의 약환원성 분위기 가스로 치환한다.

배치식 풀림로인 벨을 씌우고 코일이 일정한 온도가 될 때까지 가열하여 일정 기간 균열시킨 후 벨을 들어낸 후 냉각시킨다.

가열 시간이 길다는 단점이 있지만 다른 풀림 방식보다 코일 표면에 결함이 거의 없고 설치비가 저렴하다는 장점이 있다.

나) 연속식 풀림 공정

그림 4-7은 연속식 풀림의 공정을 나타낸 것으로 최근에는 연속 풀림에 의한 가공용 냉연 강판의 새로운 제조법이 개발되어 사용되고 있다.

이 방법은 급속 가열, 단시간 균열에 의한 재결정과 성장 후 다시 급속 냉각, 과시효 처리에 의한 과포화 고용 탄소를 석출시켜 배치식 풀림과 같은 좋은 재질을 얻으면서 생산이 효율성도 높이고 있다.

전해 청정 　　예열　 풀림　 서랭, 급랭 　　최종 냉각　 조질 압연

[그림 4-7] 연속식 풀림 공정

나. 조질 압연

풀림을 마친 냉연 강판은 항복점 연신을 가지고 있어 스트레쳐 스트레인(Stretcher Strain)이라고 하는 주름이 표면에 발생하여 가공품의 외관을 나쁘게 한다.

따라서 기계적 성질을 개선하고 표면 사상과 형상을 수요자의 요구에 맞추기 위해 0.3~3% 정도의 가벼운 냉간 압연을 하는데, 이것을 조질 압연이라 한다.

1) 조질 압연의 목적

풀림을 마친 냉연 제품의 기계적 성질을 개선하고 표면 사상 부여 및 형상을 개선하는 데 목적이 있다.

가) 형상 개선

냉간 압연에서는 압하율이 높기 때문에 좋은 형상을 얻기가 어렵고 풀림 작업으로 열응력에 대한 변형이 가해져 있는 냉연 제품을 조질 압연 작업으로 형상을 교정하고 평탄한 형상을 얻는다.

나) 스트레쳐 스트레인 방지

풀림 후 냉연 강판은 가공성이 좋지만 압연 가공을 할 때 가공도가 비교적 낮은 평탄한 부분에서 스트레쳐 스트레인이라는 국부적인 선상 또는 수지상모양의 결함이 발생한다. 따라서 이 현상을 방지하기 위해 낮은 압하율을 주어 항복점 연신을 제거한다.

다) 표면 사상의 결정

냉연 강판의 사상에는 작업 롤의 조도에 따라 거친 표면(Dull Finish)과 매끄러운 표면(Bright Finish) 등으로 구분하여 생산하고 있다.

2) 조질 압연기

조질 압연기는 4단식 또는 6단식이고 1스탠드(Stand)식과 2스탠드 식이 있다. 일반적으로 냉연 강판의 조질 압연은 1스탠드식이 쓰이며 용기용 강판(석도 원판)과 같은 얇은 판에는 표면 정밀도, 표면 광택, 형상 등이 엄격히 요구되어 2스탠드식이 사용되고 있다.

3) 조질 압연 작업

조질 압연은 제품의 성질을 결정하는 최후의 완성 과정으로서 매우 중요한 공정이다.

가) 압하율 조정

압하율은 제품의 기계적 성질에 큰 영향을 주므로 제품의 용도에 따라 압하율이 결정된다. 경도, 인장 강도는 압하율의 증가에 따라 높아지고 연신율이 낮아진다.

항복점은 특징적으로 압하율 1% 부근에 극소점이 있고 그 전후에서는 높다. 또한 항복점은 변형은 압하율 1% 정도에서 소멸되므로 보통 1~2%를 최적 압하율로 한다. 보통 압연 가공을 할 때 가공도가 큰 소재일수록 조질 압하율을 적게 한다.

나) 형상 및 표면 조정

조질 압연에서의 형상 교정은 재료에 따라 압하율을 일정하게 유지해야 하는 조건 때문에 원판의 형상이 나쁜 경우에는 교정 작업이 어렵게 된다.

압연재의 형상은 원판 형상, 압연유의 종류, 롤 커브, 압연력, 롤 표면의 모양 및 치수 등에 따라 좌우된다.

보통 작업에서는 롤 커브를 선정함으로써 교정 작업을 하지만 최근에는 조질 압연 설비에 유압 작동 장치를 설치하여 교정 작업을 쉽게 하고 있다.

롤의 거칠기와 압연 윤활제는 조질 압연 효과를 좌우하는 중요한 요인이므로 정확하게 관리해야 한다. 압연 윤활제의 필요조건은 마찰 계수가 크고 압연재와 롤의 미끄럼을 방지할 수 있을 것, 점도가 적을 것, 화학적으로 안정될 것, 세정력이 뛰어날 것 등이며, 주석 도금 강판 소재의 경우에는 윤활유 없이 압연한다.

조질 압연 작업은 조질 압연유의 사용에 따라 표 4-3과 같이 습식 압연과 건식 압연으로 구분된다.

[표 4-3] 습식 압연과 건식 압연의 비교

구분		습식(Wet) 압연		건식(Dry)압연
압연액	종류	수용성	유성	없음
	농도	5~10% 용액	100% 원액	
압연특징		• 마찰 계수가 높기 때문에 일반적인 조질 압연에 용이 • 화재 위험성이 적음	• 방청성 양호 • 마찰 계수가 낮기 때문에 저 연신율 소재에 대해 제어가 곤란함.	• 마찰 계수가 가장 높음 • 화재 위험성이 없음
작업성	생산 능률	크다.	적다.	
	형상 제어	보통	용이	
	표면 결함관리	용이	곤란	
방청 효과		좋음		없음
시효 방지 효과		보통		양호

5. 정정 및 교정설비

정정 작업에는 리코일링(Recoiling), 슬리팅(Slitting), 시어링(Shearing), 레벨링(Leveling), 사이드 트리밍(Side Trimming) 등이 있다.

가. 권취작업

권취(Recoiling) 작업은 조질 압연을 거친 냉연 코일 표면에 녹을 방지하기 위하여 방청유를 바른 후 수요자 요구에 맞도록 적정한 중량으로 코일을 분할하는 공정으로 판결함에 대한 최종 검사가 이루어진다.

리코일링 공정에는 냉연판을 소정의 폭만큼 절단하는 슬리팅(Slitting), 양쪽 가장 자리를 따내는 사이드 트리밍(Side Trimming), 냉연판의 평탄도를 향상시키는 레벨링(Leveling) 작업 등이 있다. 그림 4-8은 권취와 슬릿 작업을 나타낸 것이다.

언코일러는 되감기 작업을 위해 코일을 풀어 주는 장치이며 핀치 롤은 판이 통과할 때 판의 앞부분을 끌어당기는 기능을 하는 롤이다. 레벌러는 코일의 평탄도를 향상시키는 장치로 롤러 레벌러 라고도 하며 압축 및 인장의 반복 응력을 가해 평탄도를 향상시킨다.

텐션 릴은 장력을 주면서 감는 장치로 권취기라고도 한다.

그림 4-8은 리 코일링 작업과 같은 공정에서 이루어지는 슬릿 공정을 나타낸 것이다.

(a) 권취 작업

(b) 슬릿 작업

[그림 4-8] 권취 작업과 슬릿 작업

나. 전단 작업

전단 작업은 냉연 코일을 전단(Shearing)하여 냉연 강판(Sheet)으로 만드는 공정으로, 수요자가 주문한 길이에 맞게 자른 후 방청유를 도유한다.

전단 방법은 연속 전단법과 정지 전단법이 있으며 냉연 강판을 정지하지 않고 전단 할 수 있는 연속 전단법이 생산성을 높이는 데 효과적이다.

전단 작업을 할 때에는 길이가 정확해야 하는데 전단기의 기계적인 정밀도에도 영향을 받지만 압연재 표면이 향상에 따라 이송 롤 사이에 미끄럼이 생기는 경우가 있으므로 주의해야 한다. 그림 4-9는 전단 작업 공정을 나타낸 것이다.

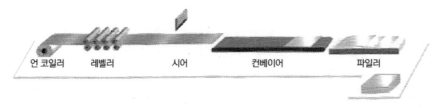

언 코일러　　레벨러　　시어　　컨베이어　　파일러

[그림 4-9] 전단 작업 공정

루프 피터는 라인 가동할 때 레벨러 부근과 트리머 이후의 속도 균형을 맞추기 위해 강판 표면을 느슨한 상태로 유지시키는 장치이며 레벨링 후 루프 피터와 트리머를 통과하면서 강판 길이 방향으로 발생되는 굽힘 현상을 보정하고 전단기에 판을 유도시키는 장치이다. 플라잉 시어와 플라잉 다이 시어는 판을 적당한 길이로 전단하는 장치이며 파일러(Piler)는 전단된 시트를 최종 제품으로 포장하기 위해 일정 매수를 받는 장치로 제품 품질에 따라 파일러의 위치가 다르다.

오일러는 표면에 방청유를 떨어뜨려 롤과 접촉하는 시트의 상면에 방청유가 묻도록 한다.

다. 공정별 주요 결함 발생 현황

[표 4-4] 공정별 주요 결함 발생 현황

공정	발생 결함	발생 원인	발생률(%)	사용상 주의
원자재	Scale	원자재의 불순물 산화, 녹 제거 부족	0.32	표면 사용 제품
	Lamination	블로 홀(Blow Hole)이 열간 압연됨		가공용
	Coil Break	열연 권취할 때 발생	0.11	P/O 강판
산세	황변	코일이 5분 이상 정지할 경우 발생		P/O 강판
압연	Off Gage	자동 치수 조절 장치 이상 또는 원자재 프로 파일 불량 때 발생	0.09	
	Roll Mark	롤에 이물질	0.06	표면 사용 제품
	Burnt Oil	압연판에 압연유 등이 존재		
	Chatter Mark	연마기 불량		Bright판

공정	발생 결함	발생 원인	발생률(%)	사용상 주의
전청	탈지 불량	탈지력 부족		도금용
	Scratch	판의 홈(주로 하부쪽)		양면 사용 제품
풀림	밀착	국부 가열 등으로 발생	0.24	표면 사용 제품
	TMC (Tempercolor)	분위기 가스 성분이 불량할 때	0.05	표면 사용 제품
	흑점	I/C, 베이스 오염 물질 혼입		표면 사용 제품
조질압연	Dull Mark	롤에 오물이 묻어 압입될 때	0.05	표면 사용 제품
	Slip Scratch	판끼리 스쳤을 때	0.46	표면 사용 제품
	Zebra	압하력과 장력의 불균형에 인한 불균일 잔류응력 발생하였을 때		표면 사용 제품
	Reel Mark	슬리브 없이 작업할 때 세그먼트 모양 프린트		손실 발생
정정	Rust	공정 체화할 때 습기 침투	0.49	
	Dent	판에 흠이 생길 때(주로 하판)	0.45	표면 사용 제품
	Reel Mark	코일 내경에 발생(TM과 동일)		손실 발생
	Leveller Mark	레벨러 작업 롤에 이물질 혼입		표면 사용 제품
	Oiling불량	오일링이 불량할 때		녹 결함 발생
포장보관	Skid Mark	0.60 이하 제품이 스키드 버팀 봉에 닿아 발생		

6. 표면처리

가. 표면 처리

표면 처리(Surface Treatment)란 부품의 금속 재료 표면상에 이종 재질을 전기적, 물리적, 화학적 처리 방법 등을 통해 보호 표면을 생성시킴으로써 소지 금속의 방청, 외관 미화, 내마모성, 전기 전열, 전기 전도성 부여 등의 폭넓은 목적을 달성시키고자 하는 일련의 조작을 말한다.

금속 제품은 같은 소재라도 용도에 따라 금속 표면을 아름답게 보이도록 하거나 표면의 내식성 또는 내마멸성의 개선, 또는 표면을 단단하게 하는 등 표면 성질을 개선한다. 일반적으로 금속은 공기 중에 있는 산소, 수분, 이산화탄소 등의 작용에 의하여 그 금속의 산화물, 수산화물, 탄산염 등으로 된 피막을 만들면서 금속 표면이 광택을 잃는데, 이들이 녹의 주성분이 되는 수가 많다. 그러나 가장 일반적인 녹은 산화물이다.

1) 표면 처리 목적과 방법

녹은 보통 시간이 경과함에 따라 그 금속의 내부로 진행하는 경우가 많고 녹이 발생하여 금속이 소모되는 현상을 부식이라고 한다.

이러한 녹을 방지하는 데에는 금속 표면이 공기나 습기에 직접 닿지 않도록 하며, 아래와 같은 녹 방지 대책을 세워야 한다.

① 금속 자체의 내식성을 향상시키는 방법

② 물체의 표면에 금속을 입히는 방법

③ 물체의 표면에 비금속을 입히는 방법

④ 사용 환경을 조절하는 방법

⑤ 전기 화학적인 방법

또한 이러한 여러 가지 표면의 부식을 방지하기 위해 표면 처리를 하는데 표면 처리의 목적은 아래와 같다.

① 녹을 방지한다.

② 제품의 수명을 늘인다.

③ 금속이 지니는 원래의 성질을 장기간 유지시킨다.

④ 각종 기계적 성질을 개선한다.

⑤ 외관을 아름답게 한다.

2) 금속 표면 처리의 종류

[표 4-5] 표면 처리의 분류

표면 처리법		개 요
도금	전기 도금	전류를 이용하여 음극에 연결한 금속 및 비금속으로 된 제품에 각종 금속 피막을 만드는 방법
	화학 도금	화학 반응에 의하여 제품에 금속 피막을 만드는 방법
	용융 도금	철강 등을 다른 금속의 용융액에 통과시켜 금속 피막을 만드는 방법
	금속 침투	금속 표면에 다른 금속을 확산 침투시켜 피막을 만드는 방법
	금속 용사	용융시킨 금속을 각종 소재로 된 제품에 분산시켜서 금속 피막을 만드는 방법
	진공 증착	진공 중에서 금속을 가열, 그 증기로 제품을 도포하여 피막을 만드는 방법
	음극 스퍼터링	진공 중에서 이온화된 아르곤 등이 음극에 충돌할 때 유리되는 물질을 제품에 입히는 방법
	이온 도금	진공 중에서 증발된 금속을 글로 방전 구역(Glow Discharge)에 통과시켜 양이온으로 바꾼 후, 음극으로 대전된 제품에 충돌시켜 피막을 만드는 방법
	화학 증착(CVD)	금속 화합물 증기를 가열된 제품 표면에서 분해시켜 피막을 만드는 방법
	양극 산화	전류를 이용하여 양극에 연결한 알루미늄 등의 금속을 전해하여 산화 피막을 만드는 방법
	화성 처리	금속 표면을 화학 반응시켜, 산화피막이나 무기염의 얇은 피막을 만드는 방법
	도 장	금속에 도료를 칠하여 내식성이나 장식성을 향상 시키는 방법
	라이닝	금속 표면에 고무나 합성수지 등을 입히는 방법
	법랑 코팅	금속 표면에 합성수지, 법랑, 세라믹 등의 투명한 수지 피막이나 유리질 피막을 물리적으로 입히는 방법
	표면 강화	금속 표면에 탄소나 질소를 침투시켜 경도와 내마멸성이 큰 피막을 마드는 방법

3) 표면 처리법

금속 표면 처리란 금속의 부식을 방지하고 금속 표면의 색조와 광택을 좋게 할 목적으로 금속 표면 위에 박막 형태의 물질을 증착시키거나 금속 산화물을 형성시킴으로써 금속 표면의 물성을 변화시키는 공정을 말한다. 일반적으로 금속 표면을 아름답게 보이게 하거나 표면의 내식성이나 내마모성을 개선할 때, 표면을 경화 처리할 때 등 다양한 목적을 위하여 처리한다.

가) 전처리

연마 후부터 도금 직전까지의 탈지, 수세, 녹 제거, 수세 공정을 전처리라 한다.

① 탈지(Degreasing)

깨끗하지 못한 면에 전기 도금을 하게 되면 도금층의 밀착성이 떨어져 박리가 일어나며, 흠이나 부풀음 등이 발생하고, 광택이 나빠지게 된다. 탈지(Degreasing)는 금속 표면에 묻어 있는 산화물, 수산화물, 각종 기름때 등을 제거하여 불순물이 없는 깨끗한 표면을 만들어 주는 작업이다.

② 녹 제거

녹 제거란 금속 표면에 존재하는 산화물, 수산화물 및 그 밖에 부식 환경에서 형성된 화합물들을 제거하는 것을 말한다.

녹을 제거하는 방법에는 산에 의한 녹 제거, 알칼리에 의한 녹 제거, 용융염에 의한 녹 제거와 같은 화학적 녹 제거 방법과 기계적인 녹 제거 방법이 있다.

산세(Pickling)는 열처리에 의하여 발생한 스케일(Scale)이나 장시간 동안 대기나 수분에 방치하여 생긴 다량의 녹을 제거하는 과정으로 산성 수용액에 녹을 제거한 물품을 담가서 표면에 존재하는 산화물이나 그 밖의 화합물을 제거한다. 탄소강이나 합금강은 10% 내외의 황산 용액으로 산세를 한다.

나) 전기 도금법

전기 도금은 전기 분해를 응용한 도금 방법으로 금속염을 용해시킨 도금액 중에 도금하려는 금속 소재를 음극에 연결하여 담그고, 양극판을 마주 보게 넣어 직류를 통하면, 도금액 내에 용해된 금속 이온이 제품의 표면(음극)에 고르게 석출되어 얇은 금속 피막을 입히는 방법이다.

① 구리 도금

구리 도금의 용도는 공업적 용도인 전기 주조, 두께(인쇄 롤), 인쇄 회로기판의 도금과 장식적 용도인 니켈 도금 등의 바탕 도금에 사용되고 있다.

② 니켈 도금

니켈 도금은 백색의 미려한 색조를 가지고 있고 내식성이 좋으며 더욱이 기계적 강도가 우수하기 때문에, 철강이나 구리 합금 위에 단독으로 도금해서 방식과 장식의 효과를 준다. 자동차 부품 등 집 밖에서 사용되는 부품에는 크롬 도금의 바탕 도금으로 사용된다.

③ 크로뮴 도금

크로뮴 도금의 목적은 녹슬지 않는 아름다운 광택 표면을 얻는 것과 마멸에 강한 피막을 얻기 위해서이다. 외곽이 아름답고 대기 중에 변색되지 않으며, 염산 이외의 산이나 알칼리에 잘 부식되지 않는다. 보통 구리 도금이나 니켈 도금을 바탕 도금으로 한다.

④ 아연 도금

아연 도금은 철강의 방식을 주목적으로 하고, 크로메이트법이 개발되어 도금의 광택과 내식성이 높아졌다.

아연은 철보다 이온화 경향이 큰 금속이기 때문에, 부식 환경에서 철보다 우선적으로 부식되어 소재인 철을 보호하게 된다. 즉, 아연이 철에 대한 희생 양극으로 작용한다. 아연 도금은 철에 대하여 방청 효과가 매우 크지만, 아연 자체는 대기 중에서 쉽게 산화아연이나 탄산아연(백색의 녹) 등으로 변화 되므로 비교적 빨리 부식된다. 그러므로 아연 도금 후에는 광택 및 내식성을 향상시키기 위하여 크로메이트 처리를 한다. 크로메이트 처리의 원리는 아연 도금면의 일부를 용해시키고, 크로뮴산 아연을 함유한 피막을 생성시키는 것이다.

다) 용융 도금법

용융 도금은 기지보다 융해점이 낮은 금속을 용해한 도금 탱크에 도금할 기지를 통과하거나 담가서 도금층을 얻는 기술이다. 현재 기지로는 철강이 주종을 이루며, 용해점이 낮은 아연, 주석, 납 및 알루미늄 등이 주로 이 방법으로 도금되고 있다. 일반적인 처리 공정은 탈스케일, 탈지, 산세 등을 거쳐 용제 처리한 후 용융 금속에 담가 도금한다. 코일, 선 및 관은 연속 도금 공정에 의하여 처리한다.

① 용융 아연 도금(Galvanizing)

아연은 철강에 비하여 전기 화학적으로 활성이 크고 부식 속도가 느리므로 이를 철강 표면에 도금하게 되면 철강의 부식을 경제적으로 방지할 수 있다. 선재, 강관, 형강 및 가단주철 등의 내식성 향상을 목적으로 널리 응용되고 있다. 이 방법은 용융 상태의 아연에 강재를 담금 처리하여 표면에 아연 및 아연과 철의 합금층을 형성시키는 기술이다.

② 용융 주석 도금

고가인 주석을 절약하기 위해 주로 전기 도금법을 적용하는 데 용융 주석판은 광택도 좋고, 설비비도 저렴한 편이므로 아직도 이용되고 있다.

③ 용융 알루미늄 도금

용융 알루미늄 도금은 내산화성, 내식성, 내황화성 및 내마멸성이 좋아서 용도가 다양하다. 일반적으로 아연 도금에 비하여 내열성 및 내식성이 뛰어나지만, 스테인리스강의 대체품으로 값싼 용융 알루미늄 도금 강판이 이용되고 있다.

④ 용융 납 도금

납은 황산 및 황산 증기에 대하여 저항력이 크므로, 화학 장치용 관류, 저장 탱크, 교반기, 혼합 장치 등에 용융 납 도금한 재료가 사용된다.

라) 양극 산화법

양극 산화 처리는 아노다이징(Anodizing)이라고도 하는데, 전해액에서 물품을 양극으로 하고, 전류를 통하여 양극에서 발생하는 산소에 의하여 금속 표면이 산화되어 산화 피막을 형성시키는 처리이다. 알루미늄 산화 피막은 매우 가벼우며, 내식성, 착색성, 절연성이 있기 때문에 일상 취사도구, 건축 자재, 전기 통신 기기, 장식품기계 부품, 자동차 부품 등에 이용되고 있다.

마) 화성 처리 및 착색

화성 처리란 금속 표면에 화학적으로 내식성이 좋은 산화 피막이나 무기염의 얇은 피막을 만드는 것을 말한다. 만들어지는 화합물층이 반드시 그 금속의 화합물일 때에만 화성 처리라 한다. 화성 처리는 일종의 금속 착색이라고 볼 수 있으나, 착색의 목적보다는 방청 피막이나 도장의 하지로 쓰는 것이 주목적이며, 표면의 색상도 변화시킬 수 있다.

화성 처리 중 크로메이트 처리는 6가 크롬을 함유하는 액 중에 담금법이나 전해방법으로 각종 금속 표면에 크롬 화합물 피막을 만드는 처리를 말한다. 또한 인산염 피막 처리는 철강, 아연 도금 제품 및 알루미늄 등을 희석된 인산염에 처리하여 내식성을 지니는 피막을 형성하는 기술로 **파커라이징**(Parkerizing)이라고도 한다.

착색이란 금속 표면에 1종 또는 2종 이상의 금속 화합물을 화학 변화에 의해 형성시켜 표면의 색상을 변화시키는 것으로 동시에 소재의 방식, 내마멸성, 내열성을 가지도록 하기 위해서도 실시된다. 염료에 의하여 그 표면의 색상을 변화시키는 것, 그 밖의 금속염 등으로 침착시키는 것도 **착색**이라 한다. 철강의 착색은 흑색, 청색, 흑자색 등이 이용된다.

바) 도장과 법랑 코팅

금속 표면을 도장하거나 코팅하는 목적은 내식성, 내약품성, 내유성 등을 향상시키며, 색채,

평활성 및 촉감을 증진시키거나 전기 절연, 방음, 방열 등을 하기 위해서이다. 도장은 아래와 같은 과정으로 이루어진다.

탈지⇨수세⇨녹 제거⇨수세⇨밑바탕 처리⇨수세⇨건조⇨마무리 도장⇨건조

법랑(Porcelain)은 바탕 금속 위에 용해시킨 물질을 도포하여 얻어지는 유리질 피막을 말한다. 법랑 처리함으로써 강판이나 주물 및 알루미늄 제품의 외관을 미려하게 하고, 금속 표면이 보호된다.

사) 표면 처리 강판

최근 표면 처리 강판이 철강업계에서 큰 관심의 대상이 되고 있는 것은 자동차, 가전, 건설, 용기 등과 같은 주요 수요 분야에서 강재 특성의 요구가 증대하기 때문이며 특히 내식성, 윤활성, 내지문성, 광택성, 용접성, 경관성에 대한 수요 요구는 크게 증가 하고 있다.

이와 같은 각종의 용도에 대응하는 요구 특성에 따라 철강재의 표면 처리 기술도 다양하게 구사되고 있다. 표면 프로세스와 처리 기술의 설계는 연속 공정으로 제조되는 박강판 소재에 있어서 제품의 생산성과 품질을 좌우하는 중요한 요소가 되고 있다.

표면 처리 강판은 전기 도금 강판, 용융 도금 강판, 유기 피복 강판 등으로 분류된다. 강판의 방청성을 높이기 위해 실시되는 표면 처리로 대표적인 것에는 주석 도금과 아연 도금이다.

주석 도금은 석도 강판이라 불리는 내식성, 가공성이 우수하여 옛날부터 식료품 캔 및 음료수 캔에 이용되었는데, 주석이 고가이므로 틴 프리(Tin Free)강이라 불리는 금속 크롬층과 금속 수산화물 층을 균일하게 한 도금으로 대체 사용되기도 한다. 아연 도금은 값이 싸므로, 건재, 자동차 자체, 가전 부품에 다량 적용되었다. 최근에는 도장 공정의 생략 및 프레스 현장의 작업 환경을 개선하기 위해 아연 도금위에 유기 피막을 한 유기 복합 도금을 넓게 사용되게 되었다.

표면 처리 강판의 프레스 성형성은 모재 강판의 기계적 성질과 피막 물성의 영향을 받는다. 일반적으로 전기 도금 강판에는 보통 강판(냉연 강판 또는 열연 강판) 위에 도금하기 때문에 모재의 기계적인 성질은 보통 강판과 거의 같다.

그러나 용융 도금 강판은 제조 공정에서 모재가 받은 열처리가 보통 강판과는 다르므로 기계적 성질도 다르고, 통상은 보통 강판보다 떨어진다. 또 피막의물성에 관해서는 주석 도금 및 납 도금의 피막은 연성이 풍부하므로 프레스 성형에는 적합하다. 그러나 아연 도금 및 합금화 아연 도금에는 피막 박리, 윤활 불량, 모재의 변형 구속에 의한 재질 열화 등의 성형상의 문제가 있을 수 있다. 따라서 여러 나라에서는 최근까지 표면 처리 강판의 새로운 표면 처리 방법을 개발해 나가고 있다.

생활 문화의 고도화 함께 강판에 요구되는 기능이나 특성은 최근 더욱 다양해지고 고도화되고 있다.

자동차, 가전, 건재 분야의 Cr-free화 관련에서는 대형 가전 제조사와 복사기 제조사 등이 가장 먼저 채용하기 시작했다.

OA, AV 기기 용도를 대상으로 도포형 크로메이트 처리 강판 및 내지문성 강판 등 전기 아연

도금계의 표면 처리 강판을 다수 사용하고 있다. 그 요구 성능은 내지문성 및 내식성, 접지성, 도장성, 가공성 등이며 철강 제조사들은 이 성능을 만족시키기 위해 Cr-free 표면 처리 강판의 개선, 상품 완성도 향상을 위해 주력한 결과, 전기 아연 도금계 Cr-free 표면 처리 강판개발을 거의 완료한 것으로 보인다.

[표 4-6] 표면 처리 강판의 분류와 특징

분류	명칭	특징	주요도
전기도금	전기 도금: Sn 도금	내가공성, 내식성 솔더링성	식용 캔
	전기 아연 도금 강판	가공성	전기 부품, 자동차 차체
	전기 아연 니켈 강판	내식성, 가공성	전기 부품, 자동차 차체
용융 도금	용융 아연 도금 강판	내식성	전기 부품, 건재
	합금화 용융 아연 도금 강판	내식성, 용접성	자동차 차체 부품
	알루미늄 도금 강판	내열성, 내식성	자동차 배기계 부품
	턴시트: Pb-Sn 도금	내가공성, 내식성 솔더링성	연료용 탱크
유기 피복	도장 간판 라미네이트 강판	내식성, 외관 가공성, 도장 생략	전기 부품, 용기, 건재, 자동차 차체

제3절 제품의 결함

1. 결함

가. 결함의 종류와 발생원인

냉연 소재의 표면에 영향을 미치는 결함으로는 곱쇠(Coil Break), 릴 마크(Reel Mark), 롤 마크(Roll Mark), 긁힌 흠(Scratch), 덴트(Dent) 등이 있다. 냉연 강판용 소재의 표면 검사는 일반적으로 산세의 마지막 부분에서 실시된다. 이러한 검사는 통상 산세 공정 중에서 산세나 트리밍(Trimming) 등의 작업과 동시에 실시되기 때문에 강판 표면의 편면 검사로 가능하지만, 강판 표면의 성상이 엄격하게 요구되는 경우에는 양면 검사를 실시하기도 한다.

특히 최근에는 생산성 향상 및 자동화 등을 위해 표면 흠 자동 검사 장치가 개발 되고 있다.

1) 곱쇠

곱쇠(Coil Break)는 저탄소강의 코일을 권취 할 때 작업 불량으로 코일의 폭 방향에 불규칙적으로 발생하는 주름 또는 접혀진 상태를 말한다. 돗자리 표면상으로 나타내며 고온에서 재작업을 할 때 발생한다.

발생 원인으로는 냉각 불량 상태에서 언코일링(Uncoiling), 권취, 부적정한 장력 및 프레스 롤 압력, 소재의 항복점 신장, 압연 권취 온도불량, 고온 권취 코일 형상 불량, 디플렉터 롤의 접촉 각도가 작은 경우에 나타난다.

이러한 곱쇠는 표면이 불량하며, 가공 불량의 원인이 된다. 또한 조도 불량으로 나타난다. 따라서 언코일링 할 때 장력 및 프레스 롤 압하 장치를 조정하거나, 코일을 충분히 냉각시키고, 가능한 저온 권취를 하여야 한다. 또한 권취 온도를 적정하게 유지하고, 스킨 할 때 레벨링 (Leveling)을 실시하여 항복점 연신을 제거하여야 한다.

2) 릴 마크

릴 마크(Reel Mark)는 권취기의 맨드릴 세그먼트(Segment) 및 코일 끝 부분에 의한 코일 내권으로부터 수권까지 발생하는 판의 요철 홈을 말한다.

이러한 현상은 맨드릴 세그먼트의 팽창으로 진원도가 불량하거나 유닛 롤(Unit Roll)의 캡 (Gab) 및 공기압이 부적정할 때 나타나는데, 냉연 강판의 표면이 불량해지며 도장 불량의 원인 이 된다. 따라서 맨드릴을 교체하거나 유닛 롤의 캡 및 공기압을 적정하게 유지해야 한다.

3) 롤 마크

롤 마크(Roll Mark)는 판의 표면 또는 이면에 일정한 피치(Pinch)를 가지고 있는 부정형의 홈으로 요철 형이 불균일하게 나타난 것이다. 즉, 압연 및 정정할 때 각종 롤에 이물질이 부착하 여 판 표면에 프린트 된 홈이 발생하는데 이것을 **롤 마크라** 한다. 이 결함으로 90℃ 밴딩 (Bending)을 할 때 크랙이 발생하고, 표면이 불량해진다. 따라서 이물질의 칩입을 방지하고, 스트립(Strip)을 수시로 점검하거나 교체하여야 한다. 또한 정정 귀불량재 작업 시 롤을 확인하 여야 한다.

4) 긁힌 홈

긁힌 홈(스크래치, Scratch)는 압연 방향으로 오목형으로 긁힌 상태의 홈을 말하며, 백색 광 택이 나고 압연 라인은 주로 하부(이면)에서 발생한다. 정정 라인에서는 상부(표면), 이면(하부) 에서 발생하며, 기계적 찰과상에 의한 예리하게 할퀸 모양의 홈으로 나타난다.

긁힌 홈은 런 아웃 테이블(Run Out Table) 롤의 회전 불량 및 이물질이 부착했을 때 발생하 며 열연 권취 이후 이송과정에서 스트립과 스트립의 마찰로 발생한다. 이 결함으로 표면과 가공 불량이 나타나는데, 이를 예방하기 위해서는 런 아웃 테이블을 수시로 점검하며, 코일 권취 형상 을 개선하여야 한다. 또한 코일 언 코일링 할 때 장력 및 속도 저하 등에 주의를 기울여야 한다.

나. 내부 결함

소재의 내부 품질은 제강이나 조괴법, 연속 주조법에 따라서 크게 영향을 받으며, 내부 결함은 대부분 비금속 개재물 또는 편석에 기인한다. 일반적으로 내부 품질이 불안정한 부분은 강괴에서 상부와 바닥부 연속 주조 슬래브(Slab)에서는 주조의 처음과 끝부분, 연연주시의 연결부에 집중한다. 실제의 제품에서는 이런 개재물이 가공할 때 크랙(Crack)의 원인이 되는 경우가 있다. 그 밖에 이중판이나 파이프(Pipe)라고 하는 미압착부, 제강할 때의 내화물의 혼입에 의한 내부 결함이 있다.

내부 결함을 검사할 때 비금속 개재물에 관해서는 초음파 탐상법이 쓰이며 일반적으로 산세 출측에 설치되어 연속 측정한다.

1) 편석

용탕이 응고할 때 처음에 생기는 결정과 나중에 생기는 결정으로 인하여 불순물이 응집되는 것을 편석이라 한다. 편석이 심하면 압연 중 균열이 발생할 수 있다. 편석은 강괴의 최종 응고부가 되는 중심 상부에 발생하며, 주로 C, Mn, S의 성분이 대부분이다.

2) 비금속 개재물

비금속 개재물은 탈산, 탈황 생성물 내화재의 미세한 것이 강괴 내부에 잔존하는 것을 말한다.

3) 파이프

파이프는 강괴의 수축공이 산화되어 압연 가공 중 압착되지 않는 것으로 피쉬테일(Fishtail)의 일부가 남아 있는 것이다. 표 4-7은 강종별 가공정도이다.

[표 4-7] 강종별 가공정도

가공 정도	적용 소재
연신 20% 이하	1종(SCP1)
연신 20~30%	2종(SCP2)
연신 30~35%	3종(SCP3), SCP3-N
연신 35 이상	초심 가공용 강판

다. 냉연 강판의 특성

1) 가공성

프레스 가공 분야가 냉연 강판의 주된 용도이며, 프레스 가공에서 요구되는 특성은 성형성과 형상 동결성, 시효, 표면 거칠기, 2차 가공취성 등의 문제가 있다. 성형성의 시험 방법은 인장 시험, 경도 시험, 에릭슨 시험, 굽힌 시험 등이 있다. 가공은 장출 변형, 굽힘 변형, 연신 플렌지(Flange)변형, 심가공 변형 등으로 구분되며 이들의 가공 특성에 맞는 기계 시험값과 특성을 고려해야 한다.

[표 4-8] 성형성과 시험 방법

시험법			성형성을 나타내는 특성
기초	인장 시험		항복점, 인장 강도, 연신율, 랜크포트값, 가공 계수, 항복-연신율, 폭 수축
	경도 시험		경도(로크웰, 비커스, 브리넬)
모델 시험법	심가공성	Swit Cupping, CCV	한계 수축비(LDR), CCV
	스트레칭(Stretching)성	에릭슨, 올젠컵	에릭슨, 올젠컵 값
	스트레치 플랜지(Stretch-Flange)성	HER 시험	기공 팽창률
	굽힘성	굽힘 시험	내측 곡률 반경

2) 시효성

시간이 경과함에 따라 금속의 성질이 변화하는 현상으로, 냉연 강판의 경우에 경중고용 탄소 및 질소가 문제가 된다. 이들 고용 원소는 가공할 때 결함을 유발하며, 조질 압연, 알루미늄 킬드 비시효강, IF강의 사용 등이 있다. 냉연 강판은 강 중에 탄소, 질소 등을 포함하고 있어 시간이 흐름에 따라 기계 시험치들이 열화 된다. 따라서 제조부터 사용할 때까지의 소요 시간 등에 의한 열화 특성을 파악하는 것이 중요하다.

익힘 문제

1. 언코일러(Uncoiler)의 역할은 무엇인가?

2. 산세(Pickling)액으로 염산 사용 이유를 설명하시오.

3. 풀림의 목적을 설명하시오.

4. 루퍼(Looper)의 역할을 설명하시오.

5. 권취기는 무엇을 하는 장치인가 설명하시오.

Chapter

05 » 압연 용어와 해석

제1절 공 정

1. 소성변형

가. 분 류

- 공칭 응력(S)=하중/초기단면적=P/A0
- 공칭 변형율(e)=인장후표점거리/초기표점거리=(L−Lo)/Lo
- 비례한계: 응력과 변형률과의 관계에서 변형률이 응력에 직선적으로 비례
- 탄성한계(영률: E): 단순 인장시 응력/단순 인장시 탄성변형
- 항복점(Y): 탄성한계하중/초기 단면적
- 연신율=(최종 표점거리−최종단면적)/초기단면적
- 단조(Forging): 고온에서 외력을 가하여 압축 성형 단련
- 압출(Extrusion): 고온의 금속편을 다이스 구멍으로 밀어내어 봉재, 형재, 관재 생산
- 인발(Drawing): 금속의 봉 또는 관공 등을 다이스를 통해서 소요의 단면 형상으로 뽑아내는 가공으로 와이어 생산 등
- 전조(Thread Rolling): 금속봉을 나사형이 있는 2개의 롤 사이에 끼워서 절단하지 않고 나사나 기어 생산
- HHT: Hors power Hours per Ton
- 압연 가공
  ① 열간 가공: 결정입자 성장과 결정립이 조대화하므로 계속 압연하며 마무리 온도가 낮을수록 결정립은 미세함
  ② 냉간 가공: 압연 가공도가 클수록 섬유조직이 심하며 강도, 경도, 항복점이 증가하고 연신율과 인성은 감소하며 냉간가공도가 커짐에 따라 전기전도율, 투자율 감소 및 항자력의 증가와 냉간가공도가 커질수록 가공 경화가 증가

나. 압연의 공식

- 롤 스프링(Roll Spring): 압연재가 롤 사이로 들어가면 압연기의 구조 부분의 틈 때문에 롤 간극의 증가가 생기는 것
- 패스(Pass): 압연재가 롤 사이로 통과하는 것
- 감면비: $F1/Fo$
- 감면율: $((Fo-F1)/F1)\times100$
- 압하량: $(ho-h)$
- 압하율: $(ho-h1)$
- 압하비: $h1/ho$
- 연신비: $l1/lo$
- 증폭량: $b1-bo$
- 증폭비: $b1/bo$

다. 접촉각과 재료의 통과 속도

1) 압연작용의 전제 조건

- 압연 전, 후의 재료 속도는 같은 크기이다.
- 압연재에는 접촉부 이외에서는 외력은 작용하지 않는다.
- 접촉부 안에서의 재료의 가속은 무시한다.
- 압연 방향에 대한 재료의 가로 방향의 흐름 즉 증폭량은 무시한다.

2) 접촉각

- 접촉각이 크다는 것은 압하량(두께 감소량)이 크다는 것이며 마찰계수가 크다는 의미이며 1회 압하량도 크게 할 수 있다는 뜻이다.
- 압연재가 롤의 주속과 같은 속도로 통과하는 것을 중립점이라 하며 중립점의 위치는 전진이나 후진 및 폭 증가의 크기를 결정한다.

2. 연소이론

가. 연료유와 연소

- 중유: A, B, C가 있으며 저장, 운반, 연소 조절이 쉽고 고온을 얻기 쉬우며 발열량이 약 10,000kcal/kg 정도로 탄화수소가 주성분

- 가스: 고로가스(BFG)의 주성분은 CO이며 발열량은 약 800kcal/Nm³ 코크스로가스(COG)는 수소, 메탄, CO가 연소 성분이고 발열량은 약 4,500kcal/Nm³
- 천연가스는 탄화수소를 주성분으로 발열량은 약 10,000kcal/Nm³
- 연소 조건: 산소 공급, 착화온도 이상 가열

나. 가열로의 종류

- 균열로: 잉곳트의 열효율을 높이고 강괴 내외부 온도를 균일하게 유지
- 가열로: 냉각된 강괴 또는 빌릿 등을 열간 압연하기 위하여 가열하는 로

다. 클링킹(Clinking)

가열속도가 빨라 불균일로 재료의 내외부 온도차가 생기고 응력에 영향을 미치어 균열을 일으키는 것으로 가열 균열이라고도 함

라. 공형

1쌍의 롤 사이에 가공된 홈 공간을 공형이라고 하며 개방 공형과 폐쇄 공형

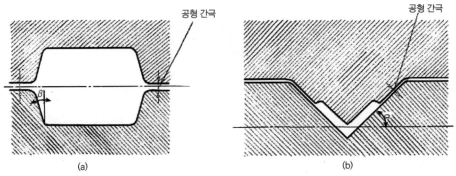

(a)　　　　　　　　　　　　(b)

(a) 개방공형: 1쌍의 공형이 반씩 패어 있고 중심선과 롤선이 일치되며 롤과 롤의 간격에 간극이 있으며 공형 간극선이 롤축과 평행이 아닌 경우로써, 각도가 60°보다 작을 때를 개방 공형이라 한다.
(b) 폐쇄공형: 각도가 60° 이상일 때는 개방 공형이라 하며 롤의 지름은 크게 되나 재료의 성형이 잘되므로 형강의 성형 압연에 대부분 사용

3. 세부 공정

가. 언코일러(Uncoiler)-Shear-Weld-Loopper-산세와 수세

- 언코일러(Uncoiler): 열연코일을 코일 풀어주는 장치
- 전단(Shear): 일정의 크기로 전단
- 용접(Weld): 연속적으로 용접
- 루퍼(Looper): 스탠드 사이에서 재료에 일정한 장력을 주어 각스텐드간 압연상태를 안정시키고 제품폭과 두께의 변동을 방지하고, 압연재 장력 조정
- 산세(Pickling): 열간 압연 과정에서 생긴 스케일층은 표면에 나쁜 영향을 주므로 냉간 압연하기전 염산 등을 통하여 스케일을 제거

나. 산세에서 염산의 역할

- 스케일제거 능력이 크게 한다.
- 산세 표면을 깨끗하게 한다.
- 고속 산세가 가능하다.

다. 냉간 압연 청정

냉간압연은 수요자가 요구하는 제품 치수와 용도에 맞는 재질 확보를 위해 균일한 두께와 형상 제어로 첨단 제어기기 및 프로세스 컴퓨터를 이용하여 제품을 생산한다.

1) 알칼리-전해 청정

전해청정은 표면 이물질 제거 즉 풀림을 앞둔 공정에서 표면에 붙어있는 오일, 철분, 먼지, 알칼리 등 이물질을 제거하며 알칼리 용액을 통과한고 알칼리는 인산소다, 올소규산소다, 가성소다, 수산화나트륨으로 스케일 발생을 억제한다.

2) 루퍼-풀림-루퍼-조질압연

- 루퍼(Looper)는 스탠드 사이에서 재료에 일정한 장력을 주어 각 스텐드간 압연 상태를 안정시키고 제품폭과 두께의 변동을 방지하는 역할을 한다.
- 풀림은 응력제거와 재질의 연화로 연속 풀림(CAL)과 상자 풀림(BAF)이 있다.
- 조질압연은 기계적 성질, 표면 형상, 평탄도 개선과 표면 조도부여 및 연신응력을 방지한다.

3) 런아웃 테이블-핀치롤-권취

런아웃 테이블은 완성 스탠드를 나온 스트립은 냉각 후 런 아웃 테이블을 통과하여 권취가 된다. 핀치롤은 소재를 권취가 원할 하도록 안내 해준다.

4) 정정

제품 최종 공정으로 모든 결함의 판단과 수요자의 주문 치수, 사이드 트리밍, 단중 분할 실시 후 마킹 하여 제품을 완성한다.

루퍼는 스탠드 사이에서 재료에 일정한 장력을 주어 각스텐드간 압연상태를 안정시키고 제품 폭과 두께의 변동을 방지하는 역할과 압연재 장력을 제어하는 장치이다.

- 냉간압연은 판 두께의 제어이다.
- 전해청정 ECL(Electric Cleaning Line)은 표면의 이물질을 제거한다.
- 풀림 CAL(Continous Annealing Line: 연속풀림설비)은 재질의 연화와 응력을 제거한다.
- 조질압연(TPM=Emper Pass Roll)은 기계적 성질과 양호한 형상을 개선한다.
  조질압연 공정은 형상 교정 → 코일분할 → 트리머 작업 → 검사이고, 조질압연의 목적은 형상교정과 판의 기계적 성질을 개선하여 표면을 성상 개선시켜 품질을 향상시키고, 표면에 조도를 부여하는 것을 목적으로 한다. 또한 단시간에 가능한 압연한다.
- 권취는 강판을 냉연 코일로 만들며 텐션릴은 장력을 주면서 감는 장치이며 언코일러는 되감기 위하여 코일을 풀어주는 장치이다.
  완성 스탠드를 나온 스트립은 런 아웃 테이블을 통과하여 권취된다.
- 리코일링에는 슬릿팅(소정의 폭만큼 절단)-베벨링(평탄도 향상)-사이드 트리밍(양쪽 가장자리를 따냄)-표면검사-도유-출하한다.

4. 압연용 소재

- 슬랩(Slab): 단면이 직사각형의 판용 두께 50~350mm, 폭은 350~2,000mm, 길이 1~12m
- 블룸(Bloom): 한변이 160~480mm, 단면적이 25,600mm² 이상의 사각이고 길이 1~6m
- 빌릿(Billet): 한변이 160mm 미만, 단면적 25,600mm² 미만의 강형강편으로 소강편
- 시이트 바아(Sheet Bar): 분괴 압연기에서 압연 한 것을 다시 압연한 것으로 슬 랩보다 폭이 작음
- 시이트(Sheet): 두께 0.75~15mm 정도의 판재
- 스트립(Strip): 두께 0.75~15mm 정도의 코일 상태의 긴 대강 판재
- 플레이트(Plate): 두께 6~18mm, 폭 20~450mm 정도의 편평한 재료

311

- 라운드(Rounds): 지름 200mm이상의 환봉재
- 바아(Bar): 지름 100mm 이하의 봉재 또는 100mm×100mm이하의 각봉재
- 로드(Rod: 지름 12mm이하의 환재로 긴 것 또는 코일상태의 재료
- 섹션(Section): 각종 단면재

5. 압연 설비

가. 롤 배치의 압연기

1) 2단식: 분괴, 열간 조압연기에 사용한다.
2) 3단식: 라우드식 3단 압연기로 중간 롤의 지름이 작으며 상, 하부 롤이 같은 방향, 중간 롤은 반대 방향으로 회전한다.
3) 4단식: 후판 압연기, 열간 완성 압연기, 조질 압연기, 냉간압연기, 조질압연기, 스테겔식 냉간 압연기용이며 넓은 폭의 대강 압연에 적합하다.
4) 5단식: 데라 압연기(냉간압연기) 큰 지름의 받힘 롤과 작은 지름의 작업 롤로 구성되어 있으며 넓은 폭에서 특히 폭 방향판 두께가 균일하다.
5) 6단식: 클러스터 압연기(냉간 압연기)용으로 단단한 재료를 얇게 압연하기 위하여 작업 롤을 다시 작은 지름으로 하고 폭 방향의 롤의 휨을 방지하여 판두께를 균일화한다.
6) 다단식: 센지미어 압연기(냉간압연기), 규소 강판, 스테인리스 강판의 압연기로 많이 사용 되며 압하력이 매우 크고 생산되는 압연판은 정확한 평행이다.
7) 유성압연기: 센지미어식 유성압연기(받힘 롤 구동), 프래져식 유성압연기(받힘롤 고정), 단축식 유성 압연기로써 상, 하부 받힘 롤 주변에 각 20~26개의 작은 작업롤을 유성상으 로 배치하여 단한 합금 재료의 열간 스트립 압연을 1패스로 큰 압하가 얻어져 작업 롤의 표면 거치름이 적다.

나. 압연기와 롤

1) 작업 롤의 요구 성질

강도, 내압성, 내마멸성, 내충격성, 표면 균열의 저항성, 경화 심도 등이 우수하여야 함

2) 롤의 재질

- 분괴용 롤: 구상흑연 주철
- 선재, 중간 다듬질 롤과 형강 완성 롤: 보통 칠드

- 형강완성롤, 후판 롤, 열연 박판롤: 합금 칠드
- 냉간 대강 압연기용 롤: 주강, 합금 주철
- 형강용 롤: 구상흑연주철
- 선재, 봉강용 롤: 구상흑연주철

3) 베어링

- 작업 롤러(WR) 베어링: 열간 압연기에서는 합성수지 베어링 사용
- 받힘 롤러(BUR) 베어링: 유막 베어링이 대부분 사용되나 냉간 압연기에서는 롤러 베어링 사용
- 유막 베어링의 특징
  - 지름을 크게 할 수 있다.
  - 부하 용량이 회전 상승과 함께 감소하지 않고 일정하다.
  - 마멸이 적다.
  - 수명이 길다.
  - 분해와 조립이 간단하지만 정밀도가 필요하다.

4) 압연 설비의 윤활

- 주요 윤활 개소: 롤 베어링, 하우징, 압하장치, 피니언 스텐드, 감속기, 테이블 급유, 보조설비 급유

5) 구동 장치

- 스핀들: 정동기로부터 피니언 또는 피니언과 롤을 연결
- 유니버설 스핀들: 분괴, 후판, 박판 압연기 등에 사용
- 연결(Wobbler)스핀들: 롤 축간 거리의 변동이 적고 경사각이 1~2° 사용
- 기어스핀들: 연결부분이 밀폐되어 내부에 윤활유를 유지할 수 있고 고속 압연기에 사용
- 피니언: 동력을 각 롤에 분배
- 감속기: 전동기의 동력을 피니언에 전달하는 것
- 구동 전동기: 압연기의 원동력으로 직류 전동기가 사용되며 속도 조정이 필요하지 않은 경우에는 3상 교류 전동기 사용
- 구동기구: 전동기의 회전력은 커플링이나 스핀들에 직접 또는 전동기 뒤에 직결되어있는 기어를 통하여 전단됨

6) 압연 안내 장치와 리피더

- 입구 가이드: 압연재를 압연기를 출구 쪽으로 안내하는 역할
- 사이드 가이드: 압연재가 롤에 물릴 때 넘어지는 것을 방지하기 위해서 정확히 조정해주는 것
- 비틀림 가이드: 수평 스탠드로 압연할 때 압연재에 일정한 압축을 가하기 위해서 압연재는 스탠드 사이를 90° 회전하며 비틀어지는 역할을 함
- 리피더: 작은 봉강, 선재용 압연기에서 여러 패스를 거치면서 길게 되는 압연재를 다음 스탠드의 공형으로 유도 함

다. 부대 설비

1) 공형 설비

가) 공형의 조건

- 제품치수, 형상이 정확하고 표면이 좋을 것
- 롤에 국부 마멸이 없고 수명이 길 것
- 압연할 때 재료의 흐름이 균일하고 작업이 쉬울 것
- 능률과 실수율이 높을 것
- 강도, 압연 토크 및 롤 스페이스를 만족 시킬 것

나) 공형의 용어

- 데드 홀: 한쪽의 롤에만 파진 오목한 공형부이며 언더 필링이 생길 수 있다.
- 리브 홀: 양 롤 사이에 파진 공형으로 오버 필링이 생기는 경우가 많다.

다) 공형 설계의 실제

- 플렛 방식: 강판 압연과 유사하며 성형아 단순하고 작업변동이 적고 고능률, 고실수율이 양호
- 버터플라이 방식: U 향강의 압연에 적합
- 스트레이트 방식: 3단 압연기와 2단 압연기에서 복수회 통과가 가능하고 I 형강에 적합
- 다이애거널 방식: 스트레이트 방식의 결점을 위해서 공형을 경사시켜 직접 압하 레일의 압연에 이용된다.
- 리프팅 테이블과 틸팅테이블: 3단식 압연기에서 압연재를 하부 롤과 중간 롤의 사이로 패스한 후 다음 패스를 위하여 압연재를 들어 올려 중간 롤과 상부 롤의 사이로 넣는 것으로 리프팅 테이블(테이블이 평행으로 올라가는 것)과 틸팅 테이블(어느 고정점을 기준으로 회전하여 필요한 위치로 올리는 것)이 있다.

- 강괴전도기: 균열로 안에 장입한 잉곳을 균열하기 위하여 스트리퍼 크레인으로 균열로 에서 수직으로 인출하여 분괴압연기의 어프로치(Approch)테이블로 이동하는 것으로 수 직에서 수평방향으로 전도 시키는 장치이다.
- 코일 반송 설비: 벨트컨베이어, 체인 컨베이어, 워킹빔, 혹 컨베이어(혹을 와이어에 단 단히 묶어 그 혹이 레일 위를 이동하도록 되어있는 장치)등이 있다.

2) 전단 설비

- 전단기: 전자식, 로터리, 4본 크랭크 전단기
- 톱: 호트소, 콜드소

3) 교정기

- 교정 프레스: 압연재에 굴곡을 가할 때 소성변형을 일으키는 것을 이용하여 교정한다.
- 형강용 롤러 교정기: 강성이 높은 프레임에 교정 롤러가 2열로 배치되어 있고, 1열의 롤러 는 상부에 다른 1열의 롤러는 하부 배치하여 통과하는 강재가 상하로 휠 수 있도록 한다.
- 연신 교정기: 압연재를 탄성한계 이상으로 연신하여 교정한다.
- 경사 롤라 교정기: 원형 단면을 가지는 압연 제품의 교정에 사용하는 것으로 회전하면서 휨 또는 압축력이 가해지면서 교정하며 로타리 스트레이터 교정기가 있다.

4) 권취 설비

- 에덴 보온식 권취기: 지름 12mm 이하의 선재 고속 압연 할 때 사용한다.
- 가렛식 권취기: 지름 40 이내의 선재 권취에 적합하며 압연재는 완성 압연속도로 회전하고 권취 버킷 안으로 들어간다.
- 스크랩 권취기: 선재 압연 공장에 사용되며 불량품이 발생할 때 발생한 스크랩을 코일로 권취하기 위하여 사용한다.
- 대강용 권취기: 맨드릴이 조합되어 장력을 걸어 권취 할 수 있으며 가장자리의 손상이 감소 되고 간격이 없이 코일에 감긴다.

6. 압연 윤활

가. 압연유

1) 구비조건: 윤활 성능(마찰계수 작을 것), 유성 및 유막강도 클 것, 탈지성, 안전성 등

2) 윤활제: 광유(석유계로 주성분은 파라핀 및 나프텐계의 탄화수소와 올레핀, 방향족), 유지
(지방산과 글리세린과의 에스테와 파암유)

나. 급유 방식

1) 직접방식: 아연도금강판이나 박판의 고속 압연에 적합
2) 간접방식: 중후판이나 박판 고속 압연에도 활용

다. 윤활 장치

1) 유막 베어링 급유장치: 롤 축부의 치수 제약과 고속, 고하중에 견디는 위하여 받힘 롤
베어링에 사용한다.
2) 오일 미스트 급유장치: 급유개소에 기름을 분무 상태로 뿜어 윤활에 필요 최소한의 유막을
형성 유지할 수 있으며 오일 미스트발생 장치, 미스트 배관, 노즐로 구성되어있다.
3) 그리스 윤활장치: 마찰면이 저속운동, 고하중이거나 액체 급유가 이용되지 않을 때 또는
먼지 등에 대한 밀봉이 요구 될 경우 사용한다.

라. 압연용 가열로

1) 균열로

가) 조건: 국부가열 피하고 가열조작 및 노내분위기 제어가 용이하며 건설비가 저렴하여야
한다.

나) 가열 작업

- 급속 가열법: 보통강 대상으로 가열하는 방법으로 1, 2단계를 거치면서 노내 설정 온도
와 추출 온도를 조정한다.
- 프로그램 가열 방법: 고탄소강, 합금강 등 열균열 감수성이 높은 재료에 사용되며 가열
곡선을 설정하고 연료를 제어한다.
- 노상보호: 잉곳의 스케일이나 박리에 의한 물질로 인한 노벽의 손상을 방지하기 위하여
주나이트($2MgO \cdot SiO_2$) 등을 깔아준다.

2) 가열로

가) 단식로: 연속식으로 사용 할 수 없는 특수재질이나 큰 치수의 가열에 보조적으로 사용
한다.

나) **연속식로**: 균일한 치수의 강편을 연속적으로 장입, 배출하는 가열로이다.

- 푸셔식 가열로: 노 내의 슬랩, 빌릿 등 강편에 사용한다.
- 위킹빔식 가열로: 슬래브를 압연 가능온도(약 1,150℃)까지 가열시키는 것으로, 노상이 가동부와 고정부로 구분되어있으며 이동노상이 상승 → 전진 → 하강 →후퇴의 과정을 거친다.
- 회전로상식 가열로: 노상을 회전시키면서 가열한다.
- 롤식 가열로: 롤리 회전하면서 롤 위에 강편이 가열, 배출되는 형식이다.

7. 강 편

가. 공정 별 기능

1) **가열로**: 잉곳을 압연에 적합한 균일한 온도로 최단시간에 최소의 연료로 가열한다.

2) **열간스카핑**: 열연강편의 표면을 지정한 깊이만큼 일정하게 스카프하여 표면흠 제거한다.

3) **강편압연**: 블룸 등을 재가열하지 않고 계속해서 압연하여 빌릿, 시트바드 소형 강편으로 한다.

4) **절단**: 압연된 강편은 끝부분의 귀, 내외부의 결함을 제거한다.

5) **마킹**: 번호, 품종 등을 표기한다.

6) **냉각**: 수송과 손질 등을 신속하게 가능한 저온까지 냉각시킨다.

7) **냉각손질**: 강편을 검사하여 표면흠, 형상, 치수 등을 판정한다.

8) **형강 압연**

- 대형공장의 압연 공정: 가열 → 압연 → 절단 → 교정 → 검사
- 잉곳을 소재로 할 경우: 제강 → 강괴 → 균열로 → 분괴압연 → 형강압연
- 잉곳을 소재로 할 경우: 제강 → 소강괴 → 강괴 냉각, 손질 → 가열 → 형강압연
- 분괴 강편을 소재로 할 경우: 제강 → 강괴 → 균열로 → 분괴압연(강편) → 강편냉각, 손질 가열 → 형강 압연
- 연속주조 강편을 소재로 할 경우: 제강 → 연속주조(강편) → 강편냉각 → 가열 → 형강압연

나. 강편의 품질관리

1) 표면 결함의 원인

- 파이프: 단면에 발생하며, 압탕틀의 조립 불량, 킬드강의 형발시 머리부분의 타발, 두부의 과열, 피시테일의 절삭 부족
- 부품: 압연 중 표면에 생기는 팽창이며, 중심부 편석의 용융, 균열로 내에서 과열
- 선상 흠: 압연 방향에 단속적으로 나타나는 얕고 짧은 형상이며, 표층부의 블로홀, 대형 개재불의 노출
- 세로균열: 압연 방향에 연속하여 나오는 깊은 선상이며, 냉각시 열응력
- 가로균열: 압연 방향에 직각으로 나오는 흠이며, 용강 주입의 불량
- 귀 균열: 측면 및 모서리에 발생하며 P, S가 높을 경우 균열로에서 과열과 압하량 증대
- 실금 균열: 바늘 모양이며 균열로의 과온, 합금강에 발생
- 민둥상 흠: 비교적 벗겨지기 쉬운 라프상 흠이며 주입시 발생
- 죽순 흠: 죽순 껍질 같은 깊이가 들어간 것이며 강편에 죽순 모양이 들어감
- 겹 들어감: 압연 방향에 겹들어간 것이며 롤 조정 불량, 압하 스케줄 불량
- 표면 갈라짐: 요철이며 재질 불량, 공형의 지나친 사용
- 스케일 흠: 두꺼운 스케일 들어간 것이며 1차 스케일의 압착, 슬래브 평면부 발생
- 공형흠: 오목 또는 볼록상이며 롤 조정 불량, 공형 불량
- 긁힌 흠: 긁힌 흠이며 유도 가이드의 설치 불량

다. 내부 결함

- 성분 편석: 응고 부분인 중심 상부에 존재하며 C, S, Mn 등의 성분이 많은 부분에 생기며 기계적 성질, 연신율, 냉간가공성 저하
- 비금속 개재물: 탈산 생성물, 내화재의 잔존하며 피로강도, 냉간 가공성 저하
- 백점: 수소가스가 원인이며 고탄소강에 생기는 균열로 용강에 대한 수소의 침입을 방지하고 서냉하여 확산하여야 함
- 파이프: 수축공이 산화되어 압연가공 중에 압착되지 않은 것이며 피시 테일의 일부가 잔존

라. 소재 압연

1) 중 후판 소재

- 림드강: 표층부에 불순물이 적은 림층이 강판의 휨이나 연신, 연성을 향상시키어 프레스 성형성이 요구되는 용도에 사용된다.

- 세미킬드강: 중 후판 소재로 림드강과 비교하여 내부 편석이 적고 회수율이 높다.
- 킬드강: 내부 성상이 균일하며 성분적으로 광범위하게 사용하고 고급 제품 이상의 고장력 강, 합금강에 사용된다.

2) 소재의 균열

- 스킷마크: 압연할 때, 스킷에 접한 부분의 변형저항 때문에 판 두께에 편차 생김
- 스케일 생성: 소재가열시 안에서 가열하면 외층부가 외기와 접해서 스케일이 얇게 형성되며 고압수로 제거한다.

마. 압연 작업

- 컨트롤드 롤링: 압연 중에 소재 온도를 조정하여 최종 패스의 온도를 낮게 하면 제품의 조직이 미세화 하여 강도의 상승과 인성이 개선되는 방법
- 크로스 롤링: 중후판 소재의 길이 방향과 소재의 강괴축이 직각이 되는 압연작업
- 롤크라운: 중후판용 롤의 중앙부가 양단부보다 굵게 되어 있는 현상
- 롤벤딩: 롤을 압연 하중에 의하여 비틀림을 방지할 수 있는 방향으로 굽혀 압연 현상을 개선할 수 있는 롤벤딩 장치

1) 열연 박판 압연

가) 제조 공정: 슬랩 → 가열로에서 가열 → VSB(Vertical Scale Breaker)와 조압 연기를 통과하여 1차 스케일이 제거되고 두께와 폭을 조정하여 완성압연기(FSB: Finishing Scale Breaker)를 통과하여 소정의 제품으로 완성 → 호트런 코일 테이블 → 스킨패스밀 → 시어라인 → 열연 강판, 호트코일, 슬릿코일, 호트코일 생산

- RSB=VSB: 고압수를 분사하여 1차 스케일을 제거 시키는 장치
- FSB: 고압수를 분사하여 2차 스케일 제거

나) 열연 박판용 소재: 탄소 함유량이 0.3% 이하의 저탄소강이며 특수한 소재로는 고탄소강, 스테인리스강, 규소강이 있고 열연박판용 잉곳은 림드강, 캡트강, 세미킬드강, Mn, Cr, Ni, Nb, V, Mo 등 특수원소를 첨가하는 실리콘 킬드강, 탄소량 0.1% 이하인 킬드강 및 고규소 강판용강(전자강판 용) 등

다) 열연 작업

- 폭압연기: 제품 폭에 따라 소재(슬래브 등)를 폭 방향으로 압연
- 전연속압연기: 열간 압연 박판에서 능률이 좋아 대량 생산에 적합하며 5~6대의 완성압

연기와 2~3대의 권취기로 구성
- 조압연기: 가역식으로 소재 즉 제품 두께 감소를 한 1차 압연 작업
- 조압연과 산화물 제거: 가열로에서 배출된 슬랩은 산화물을 제거한 다음 수대의 조압연 기에 의하여 소정의 두께로(25`40mm)압연
- 에지 히터: 에지 부분의 드롭(Drop)즉 강하하는 온도의 보상 가열로 유도가열 방식
- 크롭시어: 압연재의 선, 후(앞과 뒤) 부분을 절단
- 사상압연기(완성 압연=피니싱압연): 연속식 압연기(6~8대)로 1차 압연 재를 최종 두께 까지 연속 압연기로 입구에 크롭시어가 설치되어 압연재의 전후단을 절단하며 스텐드 사이에는 사이드 가이드와 트리퍼가 설치되어 압연재를 안내-냉각장치: 라미나 플로우 분사 장치에 의해 압연된 제품을 냉각
- 런 아웃 테이블: 냉각 중의 압연 소재를 권취기까지 이송하는 장치
- 핀치 롤: 권취기에 판재를 인입(끌어들여 집어넣음)시키는 기능
- 권취작업: 완성 스텐드를 나온 스트립은 런 아웃 테이블을 통과하여 권취기에 감기게 함
- 다운 코일러: 압연된 소재를 코일 형상으로 권취(화장실에 사용하는 두루마기 화장지처 럼 감는 것)

라) 조질 압연과 절단: 열간 압연한 호트코일을 상온까지 냉각시킨 다음 0.1~4.0% 정도가 가벼운 냉간 압연을 하여 열연 박판의 각종 성질을 향상시키기 위한 작업이다.
- 형상 교정, 기계적 성질 개선, 표면 모양의 개선
- 열간 절단 작업: 코일을 풀어주는 언코일러, 스트립의 양쪽 면을 절단하는 사이드 리머, 소정의 길이로 절단하는 절단기, 강판을 평탄하게 교정하는 레벨러가 있고 절단되는 코일은 열연 상태의 절단되는 코일은 열연 상태의 것과 스킨패스를 한 것 등이 있다.

마) 냉간 압연
(1) 제조 공정: 산세(스케일 제거) → 냉간 압연 → 표면청정 → 조질압연 → 절단, 포장 및 출하
- 언 코일러: 열연 코일(핫 코일)을 판 형상으로 냉연 설비에 공급
- 쉐어링 머신(Shear M/C): 열연 코일 간의 용접이 용이하도록 판의 선, 후단 부분을 절단
- 웰딩 머신(Welding M/C): 압연 소재의 단중(절단 된 한 개의 소재)을 위해 코일간 접합
- 루퍼: 용접, 압연 공정간 코일의 통과 속도와 장력 조정
- 산세: 쇼트블라스트, 와이어 브러시의 기계적 방법과 황산, 염산을 사용하는 화학적 방법
- 산세조(산세탱크): 열연코일(핫 코일)의 표면에 부착된 스케일을 염산 용액으로 제거
- 수세조(수세탱크): 산세 후에 제품표면에 묻어있는 염산을 물로 세척하여 제거

- 냉간 압연: 산세된 두께 1~6mm의 호트코일은 여러 패스를 거쳐 원하는 두께까지 압연하며 재결정을 위한 풀림 작업하고 다시 압연 또는 조질압연 함.
- TCM(Tandem Cold Rolling Mill)로 핫 코일을 상온에서 연속압연
- 표면청정: 알칼리성 세정액이나 부러싱 또는 전기분해로 잔류된 탄화물을 제거
- 조질압연: 풀림한 스트립은 압하율 0.6~3%의 압연에 의하여 항복점, 연신율의 제거, 표면 거칠기 조정 및 형상 교정을 한다.
- 절단, 포장 및 출하: 검사, 결함부의 제거, 절단, 코일 분할을 거친 후 포장 출하

(2) 냉연용 소재: 림드강, 킬드강, 세미킬드강, 캡드강, 연속주조강과 스테인리스강, 내열강, 구소강판용 강 등
- 품질 조건: 재질이 균질할 것, 치수와 형상이 정확할 것, 표면에 제거하기 쉬운 스케일을 가질 것

(3) 스케일 작업
- 산세 작업: 스케일 제거, 코일의 대형화, 산세후 스트립에 오일의 도장, 스트립의 규정 폭 절단
- 산세용액: 황산과 염산 용액
- 쇼트 블라스트 작업: 작은 입자의 강철 쇼트를 원심력으로 사출

(4) 냉연 작업
- 가역식 냉간 압연기: 코일컨베이어코일오프닝장치피드릴통판테이블압연기본체전, 후면의 텐션릴벨트 루퍼코일 불출용 코일카 및 후면 코일 컨베이어구동장치 등으로 구성
- 탠덤 압연기: 컨베이어페이 오프 릴스텐드압연기 본체텐션밀칭량코일접속기 등으로 구성
- 신지미어 압연기: 스테인리스강, 고합금강과 같은 변형저항이 높은 재료나 비철 금속 등에서 정밀도가 극히 높고 매우 얇은 박판 압연에 적합 한 20단 압연기
- 더블가역식 압연기: 주석도금강판 등 극히 얇은 박판을 압연에 사용되며 틴퍼스트법과 라스트법
- 냉연 스트립의 탈지 작업: 알칼리 세제에 의한 탈지, 브러싱 청정, 전기분해
- 알칼리 탱크: 냉간압연시 판에 부착된 압연유를 알칼리 용액으로 제거
- 전해 탱크: 압연시 판에 부착된 철분을 전기분해하여 제거
- 온수 탱크: 압연유나 철분이 제거된 판표명을 온수(따뜻한 물)로 세척
- 풀림: 압연된 제품의 내부응력제거와 기계적 성질의 개선 및 가공성 부여
- 조질압연의 주목적: 압연된 제품의 형상 교정과 표면 조도 개선을 위한 압하(경압하)

- 조질압연 특징
  - 재료의 항복점 없애고 가공시 스트레처 스트레인 방지
  - 인장강도 높이고 항복점 낮추어 소성변형 범위를 넓힘
  - 에지 부분의 드롭(Drop)즉 강하하는 온도의 보상 가열로 유도
  - 가열 방식형상 교정
  - 적정한 표면 거칠기 완성
  - 압하율 조정
  - 형상 및 표면 조정
- 코일러: 압연된 최종 제품을 콩일 형상으로 권취
- 절단 작업: 스트립을 정지시키지 않고 절단하는 연속 절단법 사용
- 슬릿 작업: 스트립을 소정의 폭으로 자르고 형상 교정, 검사, 선별, 방청유를 칠하면서 소정의 코일로 귀를 맞추는 작업
- 리와인딩(리코일링): 슬릿 작업에서 양쪽 가장자리의 귀만 따내고 다시 감음

제2절 압연 용어해설

- HHT: HP · H/T(Hors power Hours per Ton)
- Clinking: 가열 균열, Ingot: 강괴
- MMT(Mini Track Time): 최소 트럭타임(Track Time)
- TT: 트럭타임(강괴 주입 완료부터 균열로 장입 완료까지의 시간)
- Grooves=Caliber(공형): 한 쌍의 롤 사이에 가공된 홈 공간
- Reverse mill: 가역식 압연기, Indicator: 지시계, Levelling: 교정
- WR(Work Roll): 작업 롤, BUR(Back Up Roll): 받힘 롤
- IR(Intermediate Roll): 중간롤
- WRB(Work Roll Bending): 작업 롤 벤딩
- BURB(Back Up Roll Bending): 받힘롤 벤딩
- Wobbler: 연결, Entry guide=Fuhrung: 입구 가이드
- Twist Guide: 비틀림 가이드, Spindle: 동력 전달 장치
- Shear: 전단기, Crop Shear: 압연재 절단기
- Hot Strip Mill: 열간 스트립 압연기, Billet Mill: 강편압연기

- Blooming Mill: 분괴압연기
- Hot Charge Rolling: 열편 장입, Hot Direct Rolling: 직송 압연
- RSB(Roughing Scale Breaker)=VSB(Vertical Scale Breaker): 1차 스케일 제거장치
- FSB(Finshing Scale Breaker): 2차 스케일 제거장치
- Looper: 압연재 장력 제거 장치
- Side Guide, Stripper: 압연재 안내, Tension: 장력
- Uncoilr: 코일 풀어주는 장치, Side Reamer: 스트립 양쪽면 절단기
- Crown량: 중앙부의 양단의 직경차
- Suface Cleaning: 표면 청정, Dull Finishing: 거친사상
- Double Cold Reducing Mill: 2단 냉간압연기, Rever Cold Mill: 가역식 냉간 압연기
- Rewinding=Recoiling: 양쪽 가장자리 귀만 따내고 다시 감는 장치
- AGC(Automatic Gage Control): 판두께 제어 장치
- ER(Edger Roll): 폭퍼짐량 제어기
- AWC(Automatic Wedge Control): 폭 압연 제어 장치
- Manesmann 천공기: 압연 강관 제조기
- Recuperator: 환열기, Ingot Buggy: 강괴 이송 설비, Extractor: 추출기
- Dilution: 희석공기, Manipulator: 강괴전도기, Hot scarfing: 열간용삭기
- Cold Scarfing: 냉간 용삭기
- Cobble Gard: 스트립 통판시 스트립 선단 상향방지
- RM(Roughine): 조압연기,
- FM(Finshing Mill): 사상압연기=완성(다듬질압연기)
- Skin Pass: 조질압연, Roll Force Cylinder: 압하량 조정 설비
- CR(Controlled Rolling): 제어 압연
- CBM(Continuous Billeting Mill): 연속강괴압연기
- TPM(Temper Pass Roll): 조질압연기
- CPC(Center Position Control): 전해청정 설비 중 센터 검파기에서 검출된 중앙부 이동을 전력증폭기에 전달, 유압 조정하여 스트립의 센터만큼 POR을 이동하는 설비
- POR(Pay Off Reel): 입측 구동모터
- EPC(Edge Postion Control): 장력 폭방향 위치조정
- CCT(Carrying Chan Transfer system): 콜드 스카핑 작업(분괴 정정 작업에서 구동하는 체인상에 냉각된 Slab를 이송시키고 흠부분은 스카핑)
- ECL(Electric Cleaning Line): 전해청정라인, Inhibitor: 부식억제제
- Rinsing Tank: 수세조, Bright Annealing: 광휘풀림
- SV: 검화가(시료 1g을 검화하는데 필요한 KOH mmg 수)

- AV: 산가(시료 1g중에 존재하는 유리지방산을 중화하는데 필요한 KOH mmg 수)
- IV: 시료 100g에 염화요소를 반응시켜 반응한 량을 요소로 환산하여 g으로 표시
- ECL(Electric Cleaning Tank): 전해청정탱크, ECL Dirt: 전해청정 오염
- Chock Clamp: 압연기 롤(WR 및 BUR)이탈 방지
- Hot Strip Mill: 열연 공장 설비, Run Down: 열간 압연시 앞부분에서 뒷부분으로 갈수록 두께가 두꺼워지는 현상
- Side Wave: 양파, Down Coiler: 권취기, Laminar Flow: 권취온도 제어기
- Kinked=Snarl: 꼬임, Crack: 균열, Sticker: 판붙음
- Stretcher Strain: 시효, Oil Stain): 기름얼룩
- DCI(Ductile Cast Iron): 연성 주철
- BP(Black Plate): 석도 원판, DR(Double Reduced): 경량 강판
- NOF: 무산화 가열로
- HNX gas: 수소와 질소의 혼합가스
- PO(Pickling & Oiling)제품: 스케일 제거 및 방청
- PL/TCM(Pickle Line coupled Tandem Cold rolling Mill): 산세와 압연을 동시에 한 기계에서 조업함
- TPL(Temper Process Line): 뜨임 공정 라인
- CAL(Continous Annealing Line): 연속 풀림 설비
- DCR(Double Cold Reducing Mill): 풀림 공정이 완료된 코일을 재압연과 조질 압연을 동시 조업
- ORG(On-line Roll Grinder): 압연 중 연삭
- HDR(Hot Direct Roller): 연주 Slab을 가열로에 장입가열하지 않고 직접 압연핫코일 생산
- HCR(Hot Charge Rolling): 연주 Slab을 가열로에 장입가열하여 홋 코일 생산
- DDC(Direct Digital Control): 직접 디지털 제어
- AP Line: 연속풀림설비: 스테인리스 강관제조 공정에 설치
- CPL(Coil Prepare Line): 코일 준비라인
- BP(Black Plate): 주석도금원판
- CQ(Commercial Quality): 일반용
- DQ(Drawing Quality): 가공용
- DDQ(Deep Drawing Quality): 시효 심가공용
- EDDQ(Extra Deep Drawing Quality): 초심가공용
- SEDDQ(Super Extra Deep Drawing Quality): 극초심가공용
- SQ(Special Quality): 경질용
- SDDQ(Special Deep Drawing Quality): 비시효성 심가공용

- HSS(High Strength Steel): 고장력강(고강도강)
- SS(Structural Steel): 구조용강
- AOD(Argon Oxygen Decarurization)
- ASM(Argon Secondary Metallurgy)
- MRP(Metal Refining Process)
- AOD-L(Argon Oxygen Decarburization-Lance)
- UBD(Under Bath Decarburization)
- K-BOP(Kawasaki-Basic Oxgen Process)

[찾 아 보 기]

I. 제 선 편

II. 제 강 편

III. 압 연 편

[참 고 문 헌]

- 철강제련공학(진문사)

- 제철제강공학(문운당)

- 금속재료학, 신금속재료학(문운당)

- 제철제강(한국산업인력공단)

- 한국직업방송(한국산업인력공단)

- 금속 기계재료 이론, 금속재료, 금속열처리(한국산업인력공단)

- 제선·제강, 압연, 금속제련 1종도서(교육과학기술부)

- 금속제련(교육과학기술부)

- 제선, 제강(교육고학기술부)

- 금속제조(교육과학기술부)

- 제선·제강, 열간압연, 냉간압연(충청남도교육청)

- 제선, 제강, 열연기술, 냉연기술 등 일반교육자료(포스코)

- 전로제강법(기전연구사)

- 기타 철강관련자료(한국철강협회, 포스코, 인터넷, 신문, KS) 등

- 한국철강협회(일반자료)

- 기초·중급철강지식(한국철강신문)

■ 저 자 소 개 ■

김완규	한국산업기술협회연수원 교수
김공영	포스코 포항제철소 명장
김민정	성균관대학교 교수
김종찬	수원과학대학교 교수
배대성	한국폴리텍대학 광주캠퍼스 교수
손일만	현대제철 당진제철소 명장
이병찬	한국폴리텍대학 울산캠퍼스 교수
이상기	한국폴리텍대학 대구캠퍼스 교수
오진주	합덕제철고교 교사
조수연	한국폴리텍대학 인천캠퍼스 교수

제철공학

발행일 2019년 7월 15일

지은이 김완규, 김공영, 김민정, 김종찬, 배대성
손일만, 이병찬, 이상기, 오진주, 조수연
펴낸이 박승합
펴낸곳 노드미디어

편 집 박효서
디자인 권정숙

주 소 서울시 용산구 한강대로 341 대한빌딩 206호
전 화 02-754-1867
팩 스 02-753-1867
이메일 nodemedia@daum.net
홈페이지 www.enodemedia.co.kr

등록번호 제302-2008-000043호

ISBN 978-89-8458-330-6 93580

정가 26,000원